为了人与书的相遇

Understanding Arguments

An Introduction to Informal Logic

Walter Sinnott-Armstrong & Robert J. Fogelin

说服与不被说服的艺术

论证中的演绎、归纳和谬误

[美] 瓦尔特・辛诺特-阿姆斯特朗
[美] 罗伯特・福格林 著
陈晰 译

广西师范大学出版社
・桂林・

Understanding Arguments: An Introduction to Informal Logic, Concise Edition
by Walter Sinnott-Armstrong, Robert J. Fogelin

Cengage Learning Asia Pte. Ltd.
151 Lorong Chuan, #02-08 New Tech Park, Singapore 556741

著作权合作登记图字：20-2020-152

图书在版编目(CIP)数据

说服与不被说服的艺术：论证中的演绎、归纳和谬误 /
(美) 瓦尔特・辛诺特-阿姆斯特朗, (美) 罗伯特・福格林著；陈晰译.
— 桂林：广西师范大学出版社, 2020.10（2022.3重印）

ISBN 978-7-5598-2915-3

Ⅰ. ①说… Ⅱ. ①瓦… ②罗… ③陈… Ⅲ. ①证明
Ⅳ. ①B812.4

中国版本图书馆CIP数据核字(2020)第110132号

广西师范大学出版社出版发行

广西桂林市五里店路 9 号　邮政编码：541004
网址：www.bbtpress.com

出 版 人：黄轩庄
全国新华书店经销
发行热线：010-64284815
山东韵杰文化科技有限公司

开本：880mm × 1230mm　1/32
印张：17.375　字数：354千字
2020年10月第1版　2022年3月第2次印刷
定价：69.00元

如发现印装质量问题，影响阅读，请与出版社发行部门联系调换。

目录

第四部分　谬误

前言

传统上认为，逻辑是关于论证的最普通的科学。逻辑的任务是发现能够区分论证好坏的基本原则。

出于特定的目的，论证被作为推理的抽象模式而获得最好的研究。于是，它就专注普遍形式，而不是像你尝试和银行证明错误在他们而不在你的这种特殊论证。对能够让一些论证模式有效而另一些无效的普遍原则的研究，被称为形式逻辑。本书有两章处理形式逻辑。

一种不同但具有补充性的看待方法，则将论证视作对语言的特殊使用：表述论证是我们用语言做的一件重要事情。这种方法强调论证是一种语言学活动。与将论证作为抽象模式研究不同，它把论证放在它们出现的具体环境中检验。它提出如下这类问题：

在语言整体中，论证处于何种位置?

什么词汇或表达是论证的特征?

这些词汇如何起作用?

论证应执行的任务是什么?

如果侧重这些来理解论证，这种研究就被称为非形式逻辑。尽管有大量研究处理形式逻辑，但一如本书副标题所示，《说服与不被说服的艺术》[1]主要还是一本有关非形式逻辑的教科书。

《说服与不被说服的艺术》的精简第九版和第八版有很多不同。最重要的变化是进行了简化。多个章节得到了缩短和精简。我们目标是去掉让学生困惑的额外和复杂内容，使要点更容易理解。除此之外，我们重新安排了各类归纳论证的次序，让各个主题之间衔接更顺畅。为了更清楚明白，我们将若干小节分割开并重新组织。有些比较艰深难懂的主题被删除了。我们也更新了全书中很多例子、练习和讨论问题。最后，这本精简版删除了论证领域的阅读材料以降低价格和复杂性。想要获取额外材料的读者可以参阅完整版的第九版。

第九版的另一个重要创新是，《说服与不被说服的艺术》的读者将能够免费获取第一到十七章中全部材料的详尽课程、练习

1 本书原名为 *Understanding Arguments : an introduction to informal logic*，即《理解论证：非形式逻辑导论》。——编者注

和测试。有超过一百个针对近一千个相应问题的迷你课程。这些补充材料可以在Coursera网站(https://www.coursera.org)名为《再思考一下：如何推理和论证》的慕课上免费获取。我们希望这些课程和练习能够帮助读者从本书中得到最大收获。

这一新版也反映了我们与诸多同事对本教材的教学活动。对此，我们尤其要感谢兰姆·内塔，他和瓦尔特·辛诺特-阿姆斯特朗在Coursera网站上共同教学，同时也要感谢很多Coursera和杜克大学教学技术办公室的工作人员，他们教会我们如何使这些内容更容易理解和生动。我们也得到了两名学生助理乔·梅茨和杰森·鲍尔斯的宝贵协助，除此之外，还有很多其他对之前版本有所帮助的学生。我们也要感谢以下评论者：辛普森大学的丹·博格尔，内华达大学拉斯维加斯分校的威廉·布朗森，奥本大学蒙哥马利分校的艾伦·科布，华盛顿与李大学的纳撒尼尔·戈尔德贝格，奥古斯塔那学院的德克·古尔德，托马斯学院的罗伯特·布鲁斯·凯尔塞，长滩城市学院的权正，纽约州立大学波茨坦分校的朱迪思·利特尔，麦卡利斯特学院的戴安·米歇尔菲尔德，内布拉斯加大学林肯分校的拉杰·摩尔，诺福克州立大学的丹尼斯·蒙哥马利，梅萨社区学院的帕特里斯·楠格，旧金山州立大学的库尔特·那汀，蒙特瓦洛大学的迈克尔·帕顿，圣里奥大学的马克·普格列斯，佐治亚州普罗梦达大学（牛顿）的埃里克·罗维以及布里奇沃特州立大学的凯瑟琳·沃麦克。在圣智学习和全球前媒体出版社，我们也得到了高级策划编辑乔安·科济列夫、产品经理黛布拉·马特森、项目经理普拉珊塔·卡马瓦拉普、开发编辑伊恩·拉格、美术指导克里斯汀娜·摩西-李班以及助理编辑约书亚·邓肯的专业建议与帮助。没有这些工作人员，本书的错误肯定比现在呈现出来的要多得多。

瓦尔特·辛诺特-阿姆斯特朗

罗伯特·J. 福杰林

第一部分

如何分析论证

形形色色的论证遍布在我们周围。在广告中，在法庭上，在政治、道德以及宗教讨论中，在数学、科学、历史、文学以及哲学的各类学术课程中，甚至在我们面临职业、资金以及家庭抉择时的个人生活中，论证都充斥耳边。不理解论证，我们就无法彻底领会生活中这些至关重要的方方面面。本书的目的就是帮助我们理解论证，从而理解我们的生活。

我们将把论证看成工具。为了了解某种工具，我们需要知道它的用途、制造它的材料以及它自身的形态。例如，锤子通常用来钉钉子或者敲打那些有延展性的东西。它通常由一个金属头和一个木头、塑料或金属做的手柄组成。典型的锤子手柄细长，金属头垂直于手柄。与之相似，为了理解论证，我们需要了解论证的目的、素材和形式。

第一章讨论论证的主要目的或用途。语言是组织论证的素材，因此第二章和第三章就分别探讨一般语言和特殊的论证语言。第四章和第五章运用前几章的理论来详细分析论证的具体例子。之后的章节是关于论证的形式，包括第二部分的演绎形式（第六章和第七章）以及第三部分的归纳形式（第八章到第十二章）。每种论证形式都有自己的自足标准。第四部分（第十三章到第十七章）将讨论论证出错的几种主要方式，包括含混谬误、歧义谬误、相关谬误以及空虚谬误。整本书结束时，我们会对论证有更好的理解。

第一章

论证的用途

论证是什么？在我们看来，论证是工具。因此理解论证的第一步是讨论用它来做什么——人们给出论证的时候希望达到什么目的。这一章将首先给出一个论证的定义，然后探讨论证的两种主要目的：证明和解释。证明和解释都是为了给出理由，不过是不同种类的理由。证明应该提供理由，使人相信其结论，而解释则应该给出理由，告诉我们为什么结论为真。这些目的中的任何一种都比通常想象的更复杂、更迷人。

论证是什么

论证（arguement）这个词也可以指争吵或口角。当小孩说她父母吵了场架（having an argument），她说的就是这个意思。这种意义上的争吵通常包括指责、辱骂以及叫喊。这些不是本书要讲的。我们的目的不是要叫你大声喊叫，变得更粗鲁，也不是为了让你吵赢对方让他认输。

我们的主题是巨蟒剧团在他们著名的《争论诊所》（Argument Clinic）中所定义的那种论证。在这部滑稽短剧中，一名客户来到诊所，希望买到一个论证。然而，在第一间诊室中他仅仅得到指责而非论证。最终，他找到能得到论证的正确诊室，但本应给他一个论证的那个人只是简单地回绝了他所说的任何话，因此他抱怨说，单纯的否决与论证不同，因为“论证是由相互连接的陈述序列所建立的明确的命题”。这一定义已经八九不离十了。我们将会看见，论证的目的不必总是去“证明”它的结论，因为有些结论已经预先设立，同时也有很多理由是无定论的。不管怎样，巨蟒剧团的定义只需稍稍修改就可以称为完善的定义：

论证是相互连接的一连串句子、陈述或命题（即“前提”），用以给某一句子、陈述或命题（即“结论”）理由。

这一定义不一定精确无误，但是它确实告诉我们论证由什么构成（句子、陈述或命题）以及他们的目的是什么（给出理由）。

这一定义的另一个优势在于它足够灵活，从而能够涵盖人们日常使用的各种各样的论证。不同的论证意在提供种类千差万别的理由。这些理由可以是让我们相信或者不相信某一主张的辩护性理由。或者，它们也可以是对某事为什么发生的解释性理由。它们甚至可以是让我们去做某一行动的实践性理由。因为理由有如此多的种类，故而论证在日常生活的各种情景中都很有用。你试图确定电脑为什么崩溃、为什么你的朋友那么做、明天是否下雨时，还有你要决定投票给哪位政治候选人、在足球比赛到达决胜点时选择进攻还是防守、去哪上大学，以及支持还是反对死刑时——以上全都包含衡量与评价理由。

因此，认为论证服务于单一目的是不准确的。大家常常假设你总是使用每一个论证去说服他人相信你所信的东西，或是改信听到、读到这个论证前不相信的东西。然而事实上，一些论证用来实现这个目的，但是其他的并不是。为了充分理解论证的方方面面，我们需要区分论证的不同用途。尤其是，我们将集中于以下两种典型的目的：证明和解释。

证明

论证最突出的一个用途是证明有争议的议题。比如，我说 2001 年 9 月 11 日是星期二，而你不相信或稍表怀疑，那么我们可以找个日历看看。但是，假设我们没有 2001 年的日历。很幸运，我们确实找到一本 2002 年的日历。现在我能通过给出如下论证来证明我的主张：日历显示，2002 年 9 月 11 日是星期三；2002 年不是闰年，因为 2002 不能被 4 整除；平年有 365 天，也就是 52 周多一天；因此 2001 年的 9 月 11 日一定是星期二。你现在应该信服了。

我做了什么？我说的这个论证让你相信了一个你之前不相信的结论，从而产生改变你思想的**效果**。当然，我也能通过给你洗脑来改变你的想法。但通常我并不想用洗脑这个办法。我也不想通过伪造有错误日期的假的 2002 年日历来改变你的想法，或是用一个不好的论证来愚弄你。这些诡计不能充分实现我的目标。这说明改变你的思想并不是我试图实现的全部目标。我想要的不只是简单地说服你和让你信服。还有什么是我想要的？我额外的目标是展示你应该改变你的想法，以及为什么。我希望我的论证是好的，并且给你一个好的理由去改变自己的想法。我希望我的论证不仅说服了你，还要让你有理有据地相信我的结论。

以上例子是很典型的一类证明，不过还有很多其他类型。假设我和你一样，疑惑 2001 年 9 月 11 日是星期几。那么，我可能会用你用过的论证来验证我的想法。事实上，你甚至不需要真的存在。假设只有我自己，我想确定 2001 年 9 月 11 日是星期几，可能也会从相同的论证来思考。这里的目标并不是去劝服其他人，但是一样可以用论证来找出使结论可信的好的理由。

在以上这些例子中，我们可以说论证被用于客观的规范证明。证明是规范性的，因为它的目标是找到一个好的理由。它是客观的，因为它寻找的是每一个有能力理解这一论证的人会接受也应该接受的好的理由，无论这个人的身份如何。它的目的是展示存在一个使结论可信的理由，不论谁有一个这样的理由。相较之下，其他论证针对的是特定人群，目标是显示那些特定的人坚信结论或是有理由相信结论。这样追求论证个人化的使用是所谓的私人证明。

不同的人有不同的理由并非令人惊异。我爬山可能是为了欣赏山顶的风光，而你爬山则是为了锻炼，你的朋友爬山可能又是为了在你爬山的时候和你聊天。不同的人做相同的事可能有不同的理由。与之相似，不同的人可能有不同的理由去相信同一个结论。假设舞厅中有人被用左轮手枪谋杀了。我有好的理由相信孔雀小姐不是凶手，因为凶案发生时我看见她在图书馆里。我告诉你我看见她的时候你可能并不相信我，但是你仍旧有好的理由相信她是无辜的，因为你相信是芥末上校一人犯案。即便我怀疑是否是芥末上校所为，我们仍旧各有自己的理由同意孔雀小姐是无辜的。

当各具不同信念的人牵涉其中时，我们需要问的是谁被设定接受论证中给出的理由。一个演讲者给出论证可能是要向受众展示演讲者有相信某事的理由，即便演讲者知道受众可能不接受也不需要接受这一理由。假设你是一个无神论者，而我是一个基督教福音派。你问我为什么相信基督死而复生。我可能会回答，圣经上说耶稣死而复生，而圣经所说的必为真，因此耶稣死而复生。这个论证告诉你我信我所信的理由，即使你不接受它。我的论证能够用来向你展示我有理由以及这些理由是什么，不论你是否相信它们合理，也不论它们是否真的合理。

相反的情况也可能发生。演讲者可能给出一个论证来向受众展示听的人有理由相信某事，即便演讲者并不接受这个理由。假设你经常在我的卧室旁办聚会吵到半夜。我想说服你结束聚会或至少安静点。幸运的是，你认为每个公民都应该遵守法律。我不这么认为，因为我是一个无政府主义者，暗中颠覆所有政府和法律。但是，我希望明天抗议游行前能睡个好觉，因此我会论辩说，夜里制造这么多噪音是违法的，而你必须遵守法律，因此你应该停止举办这样吵闹的聚会。这个论证能够表明，你必须遵从结论，即便我认为它的前提是错的。

当然，是否能成功向受众展示他们有理由相信我的结论也取决于受众是谁。我的论证对不在乎法律的吵闹邻居不会起作用。因此，我们需要知道谁是受众以及他们相信什么，这样才能向他们展示他们有什么理由去相信结论。

在上述所有例子中，论证都用来展示某人有理由相信论证的结论。这也是为什么这些应用都能被视为提供了不同种类的证明。当我们试图评估这些论证时，差别就变得至关重要了。如果我的目的是向你展示你有理由相信某事，那么使用你拒绝的前提就应该被批评。然而，如果我只是想向你展示我相信结论的理由，那么你的批评信念就没有根据。因此，要适当地评价一个论证，我们常常不仅要判断论证是否被用以证明一个信念，还要判定需要哪种证明以及受众是谁。

练习 1

写出你能想到的最好的简明论证，向某个不相信你的人证明下列断言。

1. 9 不是素数。

2. 7 是素数。

3. 每个水分子中有三个原子。

4. 水不是由碳元素组成的。

5. 美国总统住在华盛顿特区。

6. 地球不是平的。

7. 人类曾经登陆月球。

8. 大部分自行车有两个轮子。

讨论问题

如果可以的话，什么时候尝试说服其他人相信基于你自己都不承认的前提而建立的事实是正当合理的？考虑各种情况。

解释

给出解释是论证另一个同等重要的用途。解释回答的是有关事件如何或者为何发生的问题。通过指出獴在栅栏下挖的洞，我们就解释了它如何从笼子里逃走。通过说明史密斯靠诉讼程序细节逃脱惩罚，我们就解释了他为什么被判无罪。解释的目的不是证实事件确有发生，而是让事件合情合理。

以下示例能够凸显出证明和解释之间的差别。某人声称学校的旗杆高 10 米，其他人则要求她证实这一判断。作为回应，她可以提供一份出自忠诚旗杆公司的收据，证明买的是一个高 10 米的旗杆。或者，她也可以在地上插一根木棒，测量出木棒长度和它的影子长度，然后再测量出旗杆影子的长度，最后计算出旗杆长度。然而这些证明都无法回答一个不同的问题：为什么旗杆是 10 米高［而不是其他高度］？根据不同的状况，这个新问题可以通过各式各样的方法得到解答：学校买不起更高的旗杆，委员会决定买它因为这个高度适合学校的场地，有现货的旗杆只有这一高度，又或者州法规限定旗杆高度不得超过 10 米，等等。这些回答帮助我们理解为什么旗杆要 10 米高。它们解释了旗杆的高度。

有时候，只要补足事件的细节就能为其提供解释。例如，我们讲述逃离银行的劫匪被一个小女孩绊倒时，实际就解释了一个两岁小女孩如何阻止了一起银行抢劫案。这里，我们把一件匪夷所思的事放回可信的具体叙述中去，就能够使它合情合理起来。两岁小女孩挫败一件劫案非同寻常，但是一个人在人群拥挤的地方横冲直撞时被小孩绊倒却稀松平常。

尽管具体叙述可能是日常生活中最常见的解释形式，但我们也常常使用论证来做出解释。如果能从已确立的原理和公认的事实推导出某件特定的事情，那么我们实际上也对它做出了解释。这种论证具有如下形式：

（1）普遍原理或法则

（2）对原始条件的陈述

∴（3）对要解释现象的陈述

∴读作“所以”，表示横线上的前提应该给予横线下的结论以理由。“原始条件”指语境中与普遍原理和法则一起使我们能够推导出待释事件确有发生这一结论的事实。

这听上去很抽象，不过例子可以让我们理解其中的基本想法。设想我们在玻璃杯中放入一块冰块，再倒满水。冰块会浮出水面。冰块开始融化后会发生什么？水会溢出，还是会维持原来高度，或者会回落？这里我们实际是要求做出预测，而要求做出预测的人对他/她自己所做预测进行证明显然是合情合理的。这个问题很难，我们就让冰块融化看看会发生什么。我们观察到水平面维持不变。又做了几次试验之后，我们确信结果一直如此。现在出现了一个新问题：为什么会出现这样的结果？现在，我们想要一个关于这一现象的解释。解释的根据是浮力原理。按照浮力原理，浸在水中的物体所受到的浮力，其大小等于它排开水量的重量。这则原理意味着，如果我们将一个物体投入水中，它会一直下沉，直到它所排开的水量的重量与自身重量等同（或者，物体沉到容器底部）。记着这个原理，然后再回头看最初的问题。冰块本身就是固态的水。因此，当它融化后，刚好填满它所排开的水量，所以水位保持不变。

现在，我们来看一看这一解释如何符合上面提过的论证模式：

（1）普遍原理或法则（主要是浮力原理）

（2）最初条件（一块冰块浸在倒满水的玻璃杯中）

∴（3）现象得到解释（冰块融化后水面保持不变）

这一解释相当不错。稍微懂点科学的人也能看懂，并且理解为什么水面会维持不变。我们也应注意到这并不是一个完整的解释，因为某些事情被简单地认为是理所当然的——比如，物体从固态转化成液态时自身重量不发生改变。要让上述解释具有完美的论证形式，这个假定以及其他众多假定都应当被明晰地表述。日常生活中从不要求这么做，即便在大多数精密科学中也很少如此。

这个解释真的那么好吗？当解释能够以关注某件事发生的特殊语境的方式，告诉我们此事如何以及为何会发生，并且由此消除相关困惑或惊异，这样的解释就是令人满意的。我们的例子看上去确实做到了。然而，即便最好的解释也很有可能不是非常有用，因为它们暗含太多未加证明的预设。在解释为什么冰块融化后水面维持不变的过程中，我们引用了浮力原理。现在，这个原理为什么一定为真？什么解释它？为了解释浮力原理，我们可能必须从其他更普遍或是更清楚明白的原理中推导出它。事实上，已经有人这么推导过了。阿基米德从杠杆原理中推导出浮力原理，由此同时证明并解释了浮力。那么杠杆原理呢？能否从更高更普遍的原理中推导出它们，以使它们得到证明和解释？也许可以。然而理由也有穷尽的时候，最终解释（比如证明）也到达了极限。科学和所有理性追问的任务就是将界限不断向后推。但是即便有更多需要解释的东西，也不意味着某个有限的解释一无是处。如我们所见，不完善的解释也一样有用，即使它们没有被用来证明任何有争议的论题。因此，解释是论证的独立运用。

练习 2

在印度尼西亚，屋内的电源插口常常在墙中间而不是在地脚线上。为什么？一种解释从荷兰常受洪水威胁开始。然而，援引这一事实不会有什么帮助，除非有人还记得印度尼西亚曾经是荷兰的殖民地。我们能够理解为什么荷兰人在本国会把电源插口装在高于地脚线的地方。在一个洪灾肆虐的国家，这样更安全。然而，洪水在印度尼西亚是否也一样危险呢？显然不是；那么为什么荷兰人在印度尼西亚还要这么做呢？答案就是殖民者想保留他们居家的传统、习惯和风格。荷兰人继续建造荷兰式的房屋，将电源插口安排在（对他们来说）惯常的地方——在墙壁中央而不是地脚线上。用论证的形式重述这一解释（即指明它的前提和结论）。

练习 3

写一个简明的论证解释下列问题。标出你给出的解释中涉及的事实和普遍原则（不要忘记那些太明显而易被忽视的原理）。

1. 为什么比空气轻的气球会升起？

2. 为什么会有国际日期变更线？

3. 为什么越靠近赤道平均温度越高？

4. 为什么大一新生中计划上医学院的人数往往高于高年级本科生中仍打算上医学院的人数？

5. 为什么几乎没有厚过 46 厘米的教科书？

6. 为什么大多数汽车有四个轮胎（而不是更多或者更少轮胎）？

7. 为什么梵·高的画价格如此高昂？

8. 为什么失业率下降的时候工资会上涨？

讨论问题

人们有时会说科学能告诉我们事情如何发生但不能告诉我们它们为什么发生。这一论点在什么情况下是对的，什么情况下是错的？

结合：一个范例

尽管证明和解释是论证的不同使用，但我们通常既想知道发生了什么也想知道它为什么发生。这时我们需要结合证明和解释。通过考虑一桩虚构的案件，我们能够看到如何结合。

想象麦迪逊因为谋杀丈夫维克多而被捕。现在她在审判中，而你是陪审团成员。如果警察和检察官不相信麦迪逊犯下了谋杀案，想必不会逮捕、起诉她，但是他们的看法是否被证明了？她是否应该被判有罪并被送进监狱？这取决于你和其他陪审团成员如何决定。

当然，你不想武断地判她有罪，所以你需要论证来证明你认为麦迪逊有罪的想法是正确的。检察官的目标就是提供这样的证明。他们实现这一目标的方式是在审判过程中提供证据和论证。尽管公诉人的最终结论是你应该认为麦迪逊犯下谋杀罪，但在整个过程中他们还是需要证明很多小的诉求。

虽然看上去太过明显到不值一提，但是控方首先需要论证来证明受害者已经死了。毕竟，如果没有人死亡，就没有人被杀。这第一个论证可以相当简单：这个人头部中枪之前在走路说话，现在他心脏停止跳动已经有一段时间，因此他肯定死了。这里可能会出现困境，因为一些枪击受害者能够复苏过来，但是让我们假定这样的论证证明了受害者已经死亡的断言。

我们也想知道受害者是谁。假定维克多的好几个朋友都辨认过尸体，控方就仅需要论证这样的辨认通常都是准确的，那么死的就是维克多。这第二个论证也提供了一个证明，但是这个证明与第一个论证有诸多不同。第一个论证直接指涉表明维克多已经死亡的事实，而第二个论证并未提到那些显示受害者就是维克多的特征。相反，这一论证依靠信任其他人——维克多的朋友，而不需要知道受害者长得什么样，以让他们相信那就是维克多。第三章和第十五章会详细讨论这种诉诸权威的方法。

第三个问题是死因。通常的做法是求助于医学权威。在我们的案例中，验尸官或法医进行观测或科学实验，为证明一颗射入头部的子弹造成维克多死亡的这个结论的论证提供前提。这一论证同样诉诸权威，但是这里的权威是科学专家而不是某个朋友。

然而，基于子弹上的烧痕，另一个论证可能能够让你确认子弹来自特定的枪。其他更多的论证，比如可能根据目击者的证言，证明麦迪逊就是向维克多开抢的人。诸如此类。

这些论证都依赖隐藏前提。当看到杀死维克多的子弹上的烧痕与从嫌疑犯手枪中射出的另一枚子弹的吻合时，你假设了枪支都会在子弹上留下特殊的烧痕，而且没有人替换子弹。一个好的检察官会为这些假设提供论证，但是没有人能够证明每一件事。论证总是从假设开始。在此后若干点上我们都会处理这一问题，包括第三章和第五章的几个部分。当前的重点只是控方需要提供若干不同类型的论证证明麦迪逊杀死了维克多这一控诉。

杀人违反法律也至关重要。如果不是如此，那么麦迪逊不需要因为杀害维克多而获罪。那么，检察官要如何证明这种凶杀违法的假设呢？他们通常只是引用成文法或是援引普通法准则，并将其用于案子中，但是那样的论证假定了许多背景信息。在成文法下，必须有一个适当的选举出来的立法机构，它的司法管辖权必须涵盖凶案发生的地点和时间。它必须遵从必要的程序，而且法律内容必须是宪法许可的。在这种情况下，如果立法机构说某一特定的凶杀是非法的，那么它就是非法的。仅靠宣称一件事非法就让它变得非法太有诱惑力了。我们将在第二章中探索这种行为以及言语行为。现在，我们将简单假设所有论证在需要时都是已证的。

即便如此，麦迪逊可能有杀害维克多的正当理由，比如正当防卫。其行为的正当理由基本会以如下形式出现在论证中：我有理由保护自己的生命，我需要先杀死维克多来保护自己的生命，因此我有理由杀死维克多。这种证明与我们到目前为止讨论过的那种证明在很多方面都不同。首先，这个论证为另一个人提供理由——为麦迪逊提供一个理由——然而之前的论证是提供给做陪审员的你。这一论证提供理由的对象也不同，因为它证明一个行为（杀害维克多）合理，然而之前的论证是要证明一个看法（相信是麦迪逊杀害了维克多）合理。它提供了一个实践的理由而非理智的理由。然而，尽管有这些不同，如果她的辩护律师想要表明麦迪逊有这种新的正当理由，他们需要给出一个论证显示她做所做的事情是正当的。

即便麦迪逊没有证明支持，她仍旧可能有一个抗辩理由。如果正当理由用来表明行为是应该做的正确的事，那么抗辩理由则承认行为是错的，但试图表明当事人不对其负全责。例如，麦迪逊可能会辩称她确实相信如果不先杀了维克多，自己就会被他杀害。如果只将这个作为抗辩理由，她可以承认她的信念是错误的，这样她没有正当理由杀害维克多。取而代之的是，她要求对他的死不负全责，因为她只是试图保护自己。

这样的抗辩理由实际上是解释。通过提到她的错误，麦迪逊解释了她那么做的原因。如果她杀害维克多是因为恨他或想拿到他的钱，那么她将没有抗辩理由。然而，如果她是失手，她的行为就不再应受那么多谴责。当然，在开枪射击某人之前应该小心，因此，麦迪逊仍旧有粗心或疏忽的罪责。但是这并不像出于愤恨或金钱杀人一样罪大恶极。她的错误甚至可能是合理的。假设维克多用枪指着她，那么即便事后证明枪没上子弹，任何处于她的状况下的有理智的人可能都会认为维克多准备射击。这种合理的错误可能会减轻甚至去除罪责。这样，通过将自己的行为解释成一个错误，麦迪逊使其行为看上去比不解释显得好很多。通常，一个抗辩理由就是对一个行为的解释，以减轻当事人的责任，使行为看上去更好。

为了给出抗辩理由，麦迪逊的辩护律师需要提供目的不是证明而是解释的论证。这个辩护理由将决定她犯什么罪。麦迪逊是犯一级谋杀罪，还是受到一些较轻的指控，比如二级谋杀或过失杀人，甚至可判无罪，都取决于对她杀害维克多这一行为的解释。

之前的一些论证也提供解释。法医援引头部的伤解释为什么维克多停止了呼吸；受害人的身份解释了为什么他的朋友说他是维克多；子弹从特定的枪里射出解释了为什么它有特殊的烧痕；议会的投票解释了为什么杀人是违法的；等等。

这样，最先出现的简单案例实际上是依靠证明和解释结合在一起的复杂论证链。这些证明和解释都能以论证的方式明晰地展现出来，从而获得理解。

最后一点至关重要。假如麦迪逊无法为杀害维克多提供正当理由或抗辩理由。检察官对麦迪逊杀害了维克多所提出的任何陈旧论证仍旧不够。控方不能依靠合理怀疑去证明有罪。举证责任使得论证强度至关重要。即便你认为麦迪逊有罪，作为陪审员，你也不能判她有罪，除非控方的论证达到了这么高的标准。与很多个案中一样，在这个案子中仅能够认同论证并理解其目的还不够。你还需要决定它的力度。

出于这些理由，我们都需要理解论证并能够评估它们。这一需求不仅在法律上有，在日常生活中也有，比如当我们要决定选哪个候选人、上哪门课、是否相信你的伴侣背叛了你，等等。本书的目的就是教大家一些技能，以理解、评估与上述这些重要议题相关的论证。

讨论问题

2003年2月5日，美军进入伊拉克前42天，美国国务卿科林·鲍威尔在联合国安理会上所作的著名证词，为他的主要结论，即萨达姆·侯赛因当时仍在为核武计划积极获取裂变物质提供了多种论证。他的论证混合了证明和解释。请确定他的每一个论证是证明还是解释。每个论证是如何证明的？论证强度如何？如果你不同意则要如何反驳？你要如何为该部分辩护而不受批评？当然，没看完本书就回答这些问题将会很难。然而，能反映你一开始已经理解了多少也是有价值的。同时能让你在更深入学习论证的时候记住一些具体例子也是很有用的。

> 我现在再说说核武器。我们没有发现有迹象表明萨达姆·侯赛因曾放弃他的核武器计划。相反，我们有十几年的证据显示，他仍然决心获得核武器。
>
> 要充分理解我们当今面临的挑战，就应记住，在

1991 年，核查人员第一次搜查了伊拉克各主要核武器设施，结果一无所获，无法断定伊拉克拥有核武器计划。但 1991 年 5 月，根据叛离人员提供的情报，萨达姆·侯赛因的谎言被揭穿了。事实上，萨达姆·侯赛因拥有一个大规模的秘密核武器计划，它涉及几种不同的浓缩铀技术，其中包括电磁同位素分离、气体离心和气体扩散。

我们估计，这一非法计划要耗费伊拉克人几十亿美元。但伊拉克继续告诉国际原子能机构（IAEA）说，它没有核武器计划。如果萨达姆不曾被制止，伊拉克可能在 1993 年就生产出了核弹，比战前做出的最坏估计还早好几年。

1995 年，由于又有一个人叛离，我们得知萨达姆·侯赛因在入侵科威特后，违反伊拉克对联合国的义务，启动了一个速成方案，以制造一枚粗核武器。萨达姆·侯赛因已经拥有制造核弹所需的三个关键部分中的两个。他有一个拥有专门技术的科学家小组，并做出了核弹设计。

从 1998 年起，他重组核计划的努力一直集中在获得第三个也是最后一个部分上：进行核爆炸所需的足够的裂变材料。要制造裂变材料，他需要有能力浓缩铀。萨达姆·侯赛因决心染指核弹。

他的决心是如此之大，以至于一再秘密地试图从 11 个不同国家获得高规格铝管——甚至是在恢复核查后。这些铝管之所以受到核供应国集团的管制，恰恰是因为它们可用作离心机，进行铀浓缩。

现在几乎人人都已听说这些金属管，大家都知道，对金属管有不同的说法，对它们的用途有争议。大多数美国专家认为，它们是用作生产浓缩铀的离心机的转子的。其他专家和伊拉克人自己声称它们确实是用于生产一种常规武器——多管火箭炮——的火箭的。

让我指出对这些金属管无争议的意见。第一，所有分析过我们所掌握的金属管的专家都同意，这些金属管可改用于离心机。

第二，伊拉克没有权力为任何目的购买这些金属管。它们是对伊拉克禁止的。

我不精通离心机金属管，但仅作为一名老兵，我可以讲一二点。

第一，我感到奇怪，这些金属管的耐受度大大超出美国对同类火箭的要求。或许伊拉克生产的常规武器标准比我们高，但我不相信。

第二，我们实际上已检查了几批在运达巴格达前被秘密截获的金属管。我们注意到，这几批金属管的技术要求不断提高，其中最后一批金属管内层和外层极其光滑，而且经过阳极电镀。

如果只是为了造火箭，一发射就炸成碎片，他们为什么不断提高技术要求，不厌其烦？

这些高能度铝管只是其中一部分。我们还有来自多方面的情报，证明伊拉克正企图获取磁铁和高速平衡机。这两种材料都可用于制造气体离心机，生产浓缩铀。

1999年和2000年，伊拉克官员曾同罗马尼亚、印度、俄罗斯和斯洛文尼亚公司谈判，想采购一个磁铁生产厂。伊拉克想用这座厂来生产重20克到30克的磁铁。这一重量同伊拉克在海湾战争前的气体离心机方案中使用的磁铁相同。

这一情况加上那些铝管，再次显示伊拉克企图重建其核武器计划。

从2000年中到去年夏季所截获的通讯情报表明，伊拉克幌子公司曾企图购买可用来平衡气体离心机转子的机器。其中一家幌子公司还曾参与在2001年偷运铝管进入伊拉克，但未能成功。

人们将继续争论这一问题，但我毫无疑问。这些非法采购的企图表明，萨达姆·侯赛因一心想获得他的核武器计划中仍然缺少的一个关键部分——生产裂变材料的能力。[1]

1 此处翻译摘自联合国官方网站所刊联合国安理会2003年2月5日临时逐字记录中文版，译文个别错字已修改。http://www.un.org/chinese/peace/unmovic/spv_4701/powell_2_5.htm，2016年9月26日。

第二章

语言的网

论证由语言组成，所以如果不先理解语言，我们不可能理解论证。本章将检视语言的一些基本特征，尤其强调三种主要的观念。第一，语言是约定俗成的。词句是在语言习俗和规则的丰富体系中获得意义。第二，语言的用途是多种多样的。我们用语言来交流信息，但我们也用它来提问、发布指令、写诗、记分、建构论证以及完成无穷无尽的其他任务。第三，意义的传达常常是不直接的。要理解许多言论的意义，我们必须越过字面意义去检视交谈中它暗示的意思。

语言与习俗

上一章强调了论证是一种实践活动。更确切地说，它是一种语言活动。论证是我们通过词句所能做的诸事中的一种。事实上，与那些用或不用词句都能完成的事情不同（像是让大家开心、生气或是诸如此类的），论证是我们只能借助词句或其他意义符号实现的事情。这就是为什么从来没有人类之外的动物能够给出论证。要理解论证如何运作，理解语言如何运作就至关重要了。

不幸的是，我们对人类语言的理解还远未完满，而语言学又是一门非常年轻的学科，对很多重要问题都还存在分歧。然而，一些关于语言的事实已经达成共识，认识它们将为理解论证如何发挥作用提供背景。

语言是约定俗成的，任何花心思想过这个问题的人都知道。作为讲英语的人，我们为什么用“dog”这个词指称狗，而不是猫、树或我们太阳系里行星的数目是不需要理由解释的。任何词语过去都可能被用来代表任何事物。除此以外，看上去没有理由解释为什么我们按照现在的方式组织词语。英语中，我们将形容词放在所修饰的名词前。因此，我们说“green salad”（绿色沙拉）。法语中，形容词通常跟在名词后，因而，法国人不说“verte salade”而说“salade verte”（绿色沙拉）。我们对自己语言的惯例习以为常，发现其他语言有不同的惯例时会觉得很奇怪。有个法国外交官曾赞扬自己的语言，据他说是因为法语遵从思维的自然顺序。说英语的人觉得这很愚蠢，但在明白它为什么愚蠢时，我们看到自己语言中的词语顺序也是约定俗成的。

尽管认识到语言是约定俗成的这一点很重要，但是不要误解这一事实也同样重要。从语言是约定俗成的这一观念很容易得出结论，认为语言是完全肆意的。如果语言是完全肆意的，那么我们使用什么词以及怎么把它们组织在一起似乎就完全没有关系了。只要稍微想一下就会发现，不论这种观点看上去多么新颖，它都曲解了惯例在语言中的角色。如果我们想与他人交流，就必须遵从他人也使用的惯例体系。葡萄柚长得更像大的柠檬而不像葡萄，因此你可能会叫它们“巨型柠檬”。然而，如果你在餐馆里点了一杯巨型柠檬汁，得到的可能是惊奇的眼神和诡异的笑容，而不是一杯葡萄柚汁。刘易斯·卡罗尔的《爱丽丝镜中奇遇记》著名选段背后也有相同的论点。

> “这有你的荣耀！”
>
> “我不知道你说的‘荣耀’是什么意思。”爱丽丝说。
>
> 不倒翁轻蔑地笑了。
>
> “我告诉你之前你当然不知道了。我是说‘这有一个很好的能辩赢的论证给你’！”
>
> “但是‘荣耀’的意思不是‘一个很好的能辩赢的论证’。”爱丽丝反对道。
>
> “当我使用一个词，”不倒翁用一种相当讽刺的语调说，“它就表示我选择让它有的意思——不多也不少。”
>
> “问题是，”爱丽丝说，“你是否能让同一个词表示这么多不同的事。”

当然，重点在于不倒翁不能让一个词表示他随意想让它具有的意思，而且如果他用自己独特的方式使用这些词，不管它们到底是什么意思，他都不能与人交流。交流只能发生在一个共有的惯例体系中。惯例不会肆意决定意义以破坏它；惯例让意义存在。

误解了语言的惯例本质会导致无意义的争论。有时在讨论中，有人会宣称“所有的问题都只是定义的问题”或者“按照你的定义，你说的是对的，但是按照我的定义它就是错的”。有时定义很重要，所说的是否为真取决于它们，但通常来说都不是这样的。假设有人摔下悬崖，马上要撞死在下面的岩石上。当然，我们用“死”这个词来描述坠崖后猛烈的突然停止的结局，是惯例的缘故。我们有可能用其他词汇来替代这个词，比如“生”。但对正在坠崖而亡的人来说，高喊“我说的‘生’是死亡的意思”显然没有任何帮助，即便每个人都同意这些词汇的新用法也于事无补。如果我们所有人都决定采纳这一新惯例，那么我们会说，“他从悬崖上掉下去要摔生了”而不是“他从悬崖上掉下去要摔死了”。但是这样说将不会改变事实。这并不会救他一命，也不能让关心他的人感觉好一些。

这个简单的例子说明我们说的真相（truth）几乎很少只是定义的问题。我们讲过的话是真是假大部分取决于现实发生的事情究竟如何。亚伯拉罕·林肯还在做出庭律师时，据说曾对证人做过如下交叉询问：

> “一匹马有几条腿？”
> “四条。”证人回答。
> “如果我们把尾巴也算作一条腿，那么一匹马有几条腿？”
> “五条。”证人回答。

> “错，”林肯说，“把尾巴算作一条腿并不能让它真的成为一条腿。”

通常来说，尽管我们说话的意思取决于惯例，但它的真相却不是。

上一句中我们用了一个修饰词“通常来说”。说一个观点通常来说有效意味着可能存在特例。需要限定是因为有时话语是否为真仅仅取决于定义。举个简单的例子，认为三角形有三条边从定义上说为真，因为三角形被定义为“具有三条边的封闭图形”。还有，如果有人说罪行是错误的，根据定义他／她说的为真，因为罪行被定义为所有事中“错误的事”。在这些特殊情况下，事情仅仅根据定义为真。然而通常来说，我们所说的话的真相并不需要诉诸定义来决定，而是考察事实。这样，即便语言是约定俗称的，它却不是肆意的。

言语行为

在上一部分中，我们看到语言是一套共有的习俗系统，使得我们能够相互交流。如果我们仔细考察语言，就会发现它包含不同种类的惯例。这些惯例决定了我们所说的语言行为、言语行为以及会话行为。我们将首先讨论语言行为。

如我们所见，词语具有惯例所赋予它们的意思。“dog”（狗）这个词按惯例指代狗。按照我们的词语含义，把狗称作“airplanes”（飞机）会不正确。适当的名字也是惯例所赋予的，比如，哈利·琼斯也可能被叫作韦尔伯·琼斯。但是，因为他的名字并不是韦尔伯，所以叫他韦尔伯就不恰当。像这样决定意义和所指的规则就被称作语义学规则。

另有一些规则有关词语如何组合成句。这些规则通常被叫作句法或是语法规则。用“约翰”、“打”和“哈利”三个词，我们能够组成意思截然不同的句子，比如“约翰打了哈利”以及“哈利打了约翰”。我们能够识别这些句子具有不同的意思，因为我们理解语言的语法。这一语法理解使得我们明白“打约翰哈利”这个句子不具有确定意涵，即便里面每个词都看得懂。（注意“打约翰！哈利！”确有明确意思：这是告诉哈利去打约翰。）语法规则之所以重要是因为它们参与了对词语连接（比如句子）的赋意。

有些语法规则对赋予词语连接意义这项重要任务贡献有限。“如果我是你，我不会那样做”（If I was you，I wouldn't do that）的语法有误，但是说话人要传递的信息仍旧是清楚的。所谓语法的文风规则对于逻辑来说相对没那么重要，但是影响语言意义或内容的语法规则对逻辑分析来说就至关重要了。这类语法规则能够决定我们说的是一件事而不是另一件，或者它根本没有说出任何东西，是完全无意义的。

有时候很难区分什么是无意义的。想一想这句话：“The horse raced past the barn fell”（那匹马冲过了谷仓摔倒了）。大家刚听到这个句子的时候，第一印象会觉得它是没有意义的。要想表明它们是有意义的只需要加上两个词：“The horse that was raced past the barn fell”（冲过了谷仓的那匹马摔倒了）。英语允许我们省略“that was”，最初的句子和稍做补充后的版本含义相同。类似这样的句子叫作“花园幽径句”（garden path sentences），因为通过暗示某些词可能有它实际并不具有的语法功能，句首的几个词“将你引入花园幽径”。在这个例子中，“The horse raced”（那匹马冲过了）给人“raced”（冲过了）是主要动词的第一印象。它让人不容易看出来主要动词其实是“fell”（摔倒了）。

另一个有名的例子是“Buffalo buffalo buffalo”（水牛水牛水牛）。同样，这个句子乍一看毫无意义，但再一想就会发现“buffalo”（水牛）也可以用作动词，指“使迷惑”。这样，“Buffalo buffalo buffalo”实际在说“北美野牛迷惑了北美野牛”。事实上，我们甚至能让“Buffalo buffalo Buffalo buffalo buffalo buffalo Buffalo buffalo Buffalo buffalo buffalo”说得通。这句的意思是“被纽约布法罗北美野牛迷惑的纽约布法罗的北美野牛也迷惑了被纽约布法罗北美野牛迷惑的纽约布法罗北美野牛”。

以上这些例子说明看上去毫无意义的句子能够具有语言学上的意义。要有意义，句子既需要遵从控制单个词语意思的**语义惯例**，也要符合确定词语如何连接成有意义整体的**句法或语法惯例**。当一个句子满足基本的语义和句法惯例时，我们会说讲出这句话的人完成了一项**语言行为**：讲话的人用某种语言说了有意义的话。完成语言行为的能力展现了一种语言的指令。说话人讲的东西可能是错的、无关的、无聊的，等等，但是如果说出它的时候没有严重违反语言学规则，那么就可以认为说话人完成了一项语言行为。

稍后在本书第十三章和十四章中，我们将更仔细地考察语义和句法惯例，因为它们往往是谬误和误解的根源。尤其是我们将会看到这些惯例如何产生歧义谬误和含混谬误。然而，在检查语言的缺陷之前，我们应该首先承认语言是一个强大而精妙的工具，使我们能够完成各种各样对于我们生活在这个世界上来说十分重要的任务。

练习 1

依次大声朗读下列句子。你是否完成了一个语言行为？如果是的，请解释句子的意思，否则请说明句子为什么没有意义。

1. 那老年人那船（The old man the ship）。
2. 无色的绿色观念愤怒地睡觉（Colorless green ideas sleep furiously）。
3. 时间飞逝如箭。果蝇喜欢香蕉（Time flies like an arrow. Fruit flies like bananas）。
4. 做衣物的棉花是在密西西比种植的（The cotton clothing is made of grows in Mississippi）。
5. 松树的平方根是树（The square root of pine is tree）。
6. 吹口哨的男人在给钢琴调音（The man who whistles tunes pianos）。
7. “是滑菱鲆在缓慢滑动，时而翻转时而平衡”（“Twas

brillig, and the slithy toves did gyre and gimble in the wabe.")(引自刘易斯·卡罗尔)

现在有一些来自丹尼尔·韦格纳《隐藏脑损伤量表》中的怪异例子。如果你觉得这些句子有意义，这可能是脑损伤的象征。如果它们没有意义，请解释原因。

8. 人们一天告诉我一件事，但出来是另一件(People tell me one thing one day and out the other)。

9. 我感到多的昨天我做过的一如今天我做的(I feel as much like I did yesterday as I do today)。

10. 我的喉咙比它显现的更近(My throat is closer than it seems)。

11. 我已经丧失掉了所有衬衫里的感觉(I've lost all sensation in my shirt)。

12. 对我来说只有一样东西(There's only one thing for me)。

讨论问题

1. 当有人哼着(而不是唱出)《星条旗》(*Star-Spangled Banner*)时，她是否完成了一项语言行为？为什么是，为什么不是？

2. 如果不做任何语言行为，一个讲话的人能否在一个句子中说错一个词？为什么能，为什么不能？

言语行为

当被问到语言的功能是什么时，我们很自然会回答语言是用来描述对象、交流想法的。然而，这些仅是我们使用语言的部分目的。只要我们观察一下语言实际如何运作，使用语言的其他目的就会显现。将一列数字加总起来是一项语言学活动——尽管很少从这个角度看它——但它既没有描述任何对象（因为数字并不是对象），也没有和其他人交流任何想法。当我加总数字时，甚至没有和自己交流任何事情，我只是试图算出结果。只要看一眼我们每天的对话就能发现大量语言被用作其他用途的例子。比如，语法学家将句子分成不同句式，其中有：

陈述句：贝瑞·邦兹击出了一记本垒打。

祈使句：加油，打一记本垒打，贝瑞！

疑问句：贝瑞·邦兹击出本垒打了吗？

抒情句：贝瑞·邦兹太棒了！

第一句陈述了一个事实。我们能够用它来交流有关贝瑞·邦兹做过什么的信息。如果以这种方式运用它，我们所说的话将会有对或错。注意，除此之外其他句子都说不上对或错，即便它们也都有意义。

施为句

传统语法学家承认存在不同类型的句式，说明我们不仅仅用语言来传递信息，但是对于我们能用语言完成的种类繁多的事情，他们只给出了很少的例子。例如，有时我们会用语言来完成一个行为。在一个熟悉的场景中，如果一个人说“我愿意”，另一个人也说“我愿意”，并且最后第三个人说“我宣布你们结为夫妻”，那么前两个人的关系发生了根本性改变：他们因此结婚了。幸运的话，他们会开始一段幸福美满的婚姻生活，而他们之间的法律关系也发生了改变。比如，他们现在可以填写合并所得税申报表，而且在没有先获准离婚的情况下，不得与第三者合法结婚。哲学家奥斯丁称这种表达为**施为句**，以区别单纯陈述或描述某事物的行为。[1]

施为句形式多种多样。它们通常以第一人称出现（比如“我愿意”），但也不全是。例如，“游戏结束后你们都来我家吧”，虽然主语以第二人称形式出现，但说出这句话就完成了一个邀请行为。某些特殊情况下，甚至沉默也能算作一种施为行为。会议主席问对规章还有没有异议，没有人应声，则投票人实际上通过他们的沉默选择接受规章。

因为形式的多样性，很难给出一个涵盖所有施为句的定义，因此我们在这里就不尝试去定义施为句了。取而代之，我们将集中讨论施为句的一个十分明确的子类，即奥斯丁说的**显性施为句**。

1　例如 J. L. Austin, *How to Do Things with Words*。

所有显性施为句都是第一人称单数非现在进行时[1]陈述句。但不是所有前述句式都是显性施为句。有一个额外的要求：

当且仅当填入下列形式后产生真命题，上述形式下的语句是显性施为句，________：

在适当场合通过说“我____”，我因此就____。

例如，“我恭喜你”表达一个显性施为句，通过说“我恭喜你”，我因此就恭喜了你。这里，原本在“因此就”左边引号里的表达，出现在它的右侧。这说明上面的模板将我们从语言（引号内的）的部分带入世界（所发生的真实行为）之中。说，指的是模板中左边的部分，等于做，即“因此就”一词右边的部分。我们称其为显性施为句的因此就测试（thereby test）。

因此就测试包括一项重要的限定：话语的语境必须要适当。在周围空无一人的情况下，你说“我恭喜你”其实没有恭喜任何人，除非你在恭喜自己。演员在喜剧中说的恭喜不是真正的恭喜，诸如此类。

假设语境适当，以下所有句子都满足因此就测试：

我保证明天见你。

1　一个现在进行时的例子是“我每周花 10 美元买乐透”。因为不是用这句来买乐透，它以及其他现在进行时的句子就不能通过“因此就测试”，也不能算作显性施为句。

我出 66 美元。（在拍卖会上说）

我出一张梅花。（在桥牌游戏中说）

我从这家俱乐部离职。

我为迟到道歉。

注意，否定以上这些施为句没有任何意义。如果有人说“我出 66 美元”，回答“不，你不出”或“那是错的”是不合适的。然而，如果回答“你不能出 66 美元，因为叫价已经到了 70 美元”可能是合适的。这种情形下，这个人试图叫个价，但是没有成功。

很多显性施为句在建构论证中起到重要作用。其中包括以下这些类型的句子：

我断定这个议案应该被投票否决。

我将结论建立在我们不想伤害穷人的假设之上。

我规定任何收入低于 10000 美元的人都是穷人。

我向你保证这个法案会伤害穷人。

我承认我不是很肯定。

我承认这个议题争论双方都有很多话要说。

我支持替代议案。

我否认这个替代议案会伤害经济。

在这个论证中，我认为有些穷人是懒惰的。

我回答说大部分穷人对经济有贡献。

我对该议案提起的其他议题保留意见。

我们将这种施为句叫作论证施为句。研究这类论证施为句能够帮助我们理解论证究竟在做什么，这也是我们在这里研究施为句的一个主要原因。

与上述符合因此就测试要求的表述相反，下列这些表述统统不符合要求：

> 我同意你。（这描述了一个人的想法或信念，因此它不像施为句，是可以错的）
> 抱歉我迟到了。（这描述一个人的感觉，而且是可以错的）
> 昨天我出了 60 美元。（这是关于过去行为的陈述句，可能是错的）
> 明天我会见你。（这个表述只是一个预测，有可能验证为错）

疑问句、祈使句和感叹句都不是显性施为句，因为它们不能被恰当地填入因此就测试中。它们不具有正确的形式，因为它们不是第一人称单数非现在进行时陈述句。

练习 2

如前文描述的那样，使用因此就测试，指出下列句子中在适当语境中，哪些是显性施为句（EP），哪些不是显性施为句（N）。

1. 我宣誓效忠国旗。

2. 我们宣誓效忠国旗。
3. 我曾宣誓效忠国旗。
4. 我总在比赛开始时宣誓效忠国旗。
5. 你宣誓效忠国旗。
6. 他宣誓效忠国旗。
7. 他没有宣誓效忠国旗。
8. 宣誓效忠国旗！
9. 你为什么不宣誓效忠国旗？
10. 皮尔是南达科他州的首府。
11. 我说皮尔是南达科他州的首府。
12. 我命令你离开。
13. 滚出去！
14. 我没拿。
15. 我发誓我没拿。
16. 我不会和你说话。
17. 我拒绝和你说话。
18. 我没汽油了。
19. 我觉得悲痛欲绝。
20. 没用的东西！
21. 我宣称这片土地属于英国。
22. 我给你带回了家里的问候。

言语行为的类型

辨认出显性施为句引导我们认识到与语言行为完全不同的一种行为。我们将称它们为言语行为。[1] 它们包含的行为有陈述、许诺、发誓和拒绝。言语行为是一项由言论在语言交换中造就的惯例行动。也就是通过说来完成的事。

言语行为和语言行为不同，因为同一个语言行为在不同语境中能发挥不同的作用。下面简短的对话能够体现这个特点。

甲：是否还有剩下的比萨？

乙：是。

甲：你承诺周五还我钱？

乙：是。

甲：你发誓说的都是真话？

乙：是。

甲：你拒绝离开？

乙：是。

这里，同一个语言行为，即说出“是”这个字，用作了四种不同的事：陈述某事，做出承诺，发誓，以及拒绝做某事。

通过使用显性施为句的概念，我们能够让言语行为这个概念

1 奥斯丁把语言行为称为“非表意行为”（illocutionary acts）。见 J. L. Austin, *How to Do Things with Words*, pp. 98–132。

更清楚。基本的观点是，不同言语行为由出现在显性施为句中的不同动词命名。这样我们能够用因此就测试来寻找言语行为的不同种类。例如：

> 如果我说“我承诺”，我因此就承诺了。因此，“我承诺”是一个施为句，而承诺是一种言语行为。
>
> 如果我说“我辞职”，我因此就辞职了。因此，“我辞职”是一个施为句，而辞职是一种言语行为。
>
> 如果我说“我道歉”，我因此就道歉了。因此，“我道歉”是一个施为句，而道歉是一种言语行为。
>
> 如果我说“我质疑他的诚实”，我因此就质疑他的诚实了。因此，“我质疑他的诚实”是一个施为句，而质疑是一种言语行为。
>
> 如果我说“我判定她是有罪的”，我因此就判定她是有罪的。因此，“我判定她是有罪的”是一个施为句，而判定是一种言语行为。

在这些显性施为句中出现的主要动词能够被称作施为动词。施为动词命名言语行为的种类。

然而，同样的言语行为也能够在没有任何施为动词的情况下完成。不管是说“我否认”还是简单地说“不可能！”我都能否认对手的主张。两种表述都完成了否认的言语行为，尽管只有前一种是施为句。后一句不是施为句，也不包含任何施为动词，但是它仍旧完成了一个言语行为。

不管怎样，言语行为与施为句依赖语境的方式十分相似。如果在棒球比赛中裁判对击球员喊出“你出局了”，那么击球员就出局了。相反,如果看台上有人喊“你出局了”或是“他出局了”，击球员并不会因此就出局，尽管有人这么喊可能鼓励裁判判球员出局，或者抱怨裁判没有这么判。而且，如果球员没有上场击球，只是在投球或是还在球员席上，即使裁判也不能判球员出局。因此，说话人和受众的身份以及说话的环境决定一个言语行为是否完成。同样，在不那么正式的情况下，我不能邀请别人去你的派对（除非你许可我做这件事），而且我也不能恭喜你失去工作（至少不是发自内心的）。这个例子说明如果没有满足特定的规则和惯例，一个言语行为将无法实现或变得空洞。这些必须满足语言行为实现且不空洞的规则和惯例就被称为言语行为规则。

练习 3

下列哪些动词表示一个言语行为？

1. 抓住嫌疑犯
2. 宣称嫌疑犯有罪
3. 责备地盯着嫌疑犯看
4. 认为被告有罪
5. 处罚被告
6. 将被告带走

7. 吊销被告的驾驶执照

8. 欢迎犯人入监

9. 命令犯人安静

10. 锁上牢房门

练习 4

借助字典，找到十个本章中尚未提到的可以用来组成显性施为句的动词。

讨论问题

1. 宣誓结婚的言语行为是否以结婚双方不同性别为前提？这些言语行为是否应该预设这样的前提？为什么应该，为什么不应该？

2. 确定到底完成哪种言语行为的重要性能通过合同法的经典案例，即霍金斯诉麦克基案得到说明。[1]麦克基给霍金斯做了一个不成功的手术，霍金斯诉请赔偿。他不是就医疗事故起诉，而是起诉违反合同。他的代理律师认为医生发起了一个合同关系，为说服霍金斯同意手术而说“我会保证让这只手变成百分百完美的手”。他数度做出如上说明，而霍金斯最终同意接受手术正是因为这些言论。霍金斯的代理律

1 新罕布什尔州最高法院，1929 年，84.N.H.114, A. 641。

师坚持认为这些多次发生在医生办公室的交换行为构成了一份合同邀约，而霍金斯明确接受了。外科医生的代理律师回应认为，即便医生说过那些说法，它也不能构成一份合同邀约，而仅仅表达强烈的信念，有理智的人应该知道医生不能保证手术结果。

记住合同并不是只有写下来签过字才有约束力这一点十分重要。通常，适当的口头邀约和接受就足够构成一份合同。这样，这个案子就有两个问题：(1) 麦克基是否说出了他要负责的话？换言之，麦克基是否做过他需要负责的语言行为？陪审团认为他做了。(2) 第二个更有趣的问题是，当在特殊语境说出这些话时，是否能如霍金斯的律师认为的那样算作一份合同邀约，还是如麦克基的律师所坚持的仅仅表达了强烈的信念。换句话说，这个案子的核心问题是麦克基在说服霍金斯做手术的时候使用了哪种类型的言语行为。

解释你会如何判这个案子。（实际上法庭是支持霍金斯的，但是你有自由不同意法庭的观点。）

对话行为

在检查语言行为（用一种语言说出有意义的话）和言语行为（使用词语完成某事）时，我们很大程度上忽略了语言的一种核心特质：它通常是一项具有确定目标的实践行为。我们使用语言来告知人们事情、让他们做事、逗乐他们、让他们冷静下来，等等。通过引入对话交换（conversational exchange）的概念，我们能够掌握语言实践的一面，即不同的说话人用言语行为相互影响的情况。我们会把这种使用言语行为对他人产生标准影响的行为称为对话行为。

例如，假设艾米对鲍比说“有人跟踪我们”。在这种情况下，艾米完成了一项语言行为，也就是她用英语说出了一句有意义的话。艾米同时也完成了一个言语行为——具体来说，她陈述了她们正在被跟踪的事实。做这一言语行为的意义在于让鲍比产生特殊的信念，即她们正在被跟踪（艾米说这话可能还有别的目的，比如提醒鲍比注意危险，但是只有让鲍比相信她们正在被跟踪，其他目的才能实现）。如果艾米成功做到了，那么艾米就成功完成了让鲍比产生信念的对话行为。当然，艾米也有可能失败。艾米的语言行为可以是成功的，她的言语行为也是成功的，但是出于某种原因，鲍比并不接受艾米告诉她的是真实的事情。可能鲍比认为艾米太多疑或者只是开玩笑吓吓她。如果是那种情况，艾米没能完成她预期的对话行为，即使她完成了她想做的语言行为和言语行为。

这里有做出言语行为和对话行为之间差别的一些其他例子：

> 我们可以对某事向人们提出警告以使他们对其提高警惕。
> 这里的警告是言语行为；让他们提高警惕是预期的对话行为。

> 我们可以力劝人们做某事以说服他们去做这些事。

这里的力劝是言语行为；说服是预期的对话行为。

我们可以向人们保证某事以使他们逐渐建立信心。
这里的保证是一个言语行为；建立信心是预期的对话行为。

我们可以向人们道歉以使他们对我们印象更好。
这里的道歉是言语行为；让他们对我们印象更好是预期的对话行为。

以上每一个例子中，我们的言语行为都可能无法同时实现它预期的对话行为。我们的力劝、警告和保证可能无法实现说服、提高警惕或建立信心的目的。实际上，言语行为可能带来与预期完全相反的后果。吹嘘（一个言语行为）的人想给别人留下印象（预期的对话行为），实际上常常使人看轻他们（实际效果）。很多类似情况下，我们实现了言语行为但却没有实现预期的对话行为。

对话行为和言语行为的关系令人迷惑，因为二者可以在单一表述中同时完成。假设卡尔说："我邀请你来我的派对。"通过这句简单的话，他完成了说出有意义的句子这一语言行为、邀请你这一言语行为，可能还有使你来参加他的派对这一对话行为。实际上，在你没有受到邀请就不会参加他的派对的前提下，他不完成言语行为就不可能实现这一对话行为。他不完成以上或类似的语言行为，也不可能实现上述言语行为，因为他不可能用含糊不清的咕噜声邀请你，也不可能以问你"你是否被邀请去我的派对？”来向你发出邀请。

因此，问卡尔说的“我邀请你来我的派对”到底是语言行为、言语行为还是对话行为是没有意义的。这一句话同时执行了上述三种行为。然而，我们能够根据动词所描述的行为区分出他完成的那些不同种类的行为。有些动词描述言语行为，另一些动词描述对话行为。通过检验动词是否能通过因此就测试（如符合，动词描述的是言语行为），或者它是否描述话语的标准效果（如果是，动词描述的就是对话行为），我们能判断哪些动词描述哪一类行为。

练习 5

指出下列句子中的动词代表的是一个言语行为还是一个对话行为，或者二者皆不是。假设一个标准语境。解释你的答案。

1. 她认为是他做的
2. 她断言是他做的。
3. 她使他们确信是他做的。
4. 她在所有人面前指责是他做的。
5. 她质疑他的正直。
6. 她在所有人面前使他难堪。
7. 他否认做了。
8. 他们相信她。
9. 他们鼓励他承认。
10. 她叫他走远一点。
11. 他极尽所能地称赞了她。

12. 他的称赞让她高兴。
13. 他威胁要揭露她的秘密。
14. 他递交了他的辞呈。
15. 她的消息把他吓了个半死。
16. 他建议她换个行业。
17. 她怪他给她带来麻烦。
18. 他的课程启发了她。
19. 他的笑话逗笑了她。
20. 他的书让她困惑。

对话规则

正如有规范语言行为的规则、规范言语行为的规则，同样有规范对话行为的规则。这没什么大惊小怪的，因为对话本来就可能是复杂的人际活动，需要规则让它们更有效地达成目标。这些潜在规则对于语言使用者来说是不言而喻的，但哲学家保罗·格莱斯是详尽讨论它们的第一人。[1]

我们可以从考察标准的或日常的对话交流开始，这种情况下对话是一项合作探索，即参与对话的人在与他人交谈时有要达成

1 有关对话规则和暗示的讨论基于保罗·格莱斯（Paul Grice）重要论文《逻辑与对话》(Logic and Conversation),这篇文章是他所写《词语方式研究》（*Studies in the Way of Words*, Cambridge, MA: Harvard University Press, 1989）一书的第二章。为了避免英式用语给读者造成的困扰，我们在有些地方修改了格莱斯的原话。

的某些普通目标（正被审讯的犯人和被抢劫的店铺主不属于这种合作关系）。格莱斯认为，这种交流受他所说的合作原则约束。这一原则指出，对话中各方应遵从有利于实现他们共同目标的方式使用语言。这教会他们合作。

如果我们想想其他形式的合作，就会发现这种普遍原则具有更多的内容。木匠想要造房子就需要足够的钉子和木头，但也不用太多。他们需要适合样式的钉子和木头。他们也需要将钉子和木头以适当方式组合起来，即按照建筑图纸组合。当然，他们也想尽快地依正确次序完成这项工作。理性人想要在其他实践活动中实现目标，必须遵从类似的一般限制。因为合作对话属于这种实践活动，说话人想与另一对话人合作，就必须遵从与木匠遵守的规则相类似的规则。

格莱斯列举出四种这样的规则。第一种叫作量的规则。它告诉我们要给出正确数量的信息。更具体地说：

1. 使你贡献的信息量符合（当前交流目的）所需；

而且尽可能：

2. 不要提供超出所需的多余信息。

这里有一个这条规则的应用。一个人冲向你问："灭火器在哪儿？"你知道往下五层的地下室有灭火器，也知道就在走廊里也有灭火器。假设你说地下室有灭火器。这样你说了真话，但还是违反了量的规则的第一条，没有提供在该规则下应该给出的一条重要信息。违反规则第二条则是这样：当浓烟在走廊里蔓延，你说出从地下室开始每一层灭火器的位置。最后，你终于要说出走廊也有一个灭火器，但是你把这个关键信息埋葬在一堆不必要的信息中。

格莱斯的第二条规则称作质的规则。笼统地说：尽量保证你说的是真话。更具体地说：

1. 不要讲你认为是错误的话。

2. 不要讲你没有充足证据的话。

在合作活动中，你不应该说谎。除此之外，你最好也不要不假思索地随便说。做出一个陈述时，我们应该能够接受被人询问的挑战，“你真的相信那些吗？”或是“你为什么相信那些？”，一个人有权问这些问题，说明做出陈述受到质的规则的制约。

在法庭上，证人发誓讲出了全部真相并且只说真话不讲假话。只说真话不讲假话的要求反证了量的规则。讲出全部真相粗略地反映了量的规则。显然，不会有人真能说出他或她知道的每一件真事。这里全部真相指与案件相关的所有知道的真相。

这为我们引出了下一条规则，相关规则。简单地说，相关规则是说：

要相关！

虽然说起来容易，但这条规则其实不容易解释，因为相关本身就是一个很难的概念。不过，用例子来说明就容易多了。如果有人问我哪里能找到医生，我可能会回答在隔壁街区有一所医院。尽管没有直接回答问题，但是它并不违反相关规则，因为它提供了一则有用的信息。但是，如果我只告诉那个人我喜欢他的发型，那么我就违反了相关规则。对这一规则的明显违反常常包含改变话题。

另外还有一个关于对话方式的规则。我们被期待清楚地说出要说的话。笼统的方式规则下还有很多具体的规则：

1. 避免晦涩的表达。
2. 避免歧义。
3. 简要。
4. 有条理。

关于这项规则第四部分内容有一个例子，即描述一系列事件时，按照它们发生的时间顺序进行叙述通常很重要。两个人事实上是结婚之后才有了小孩，但是如果说他们有了小孩并且结了婚，还是会造成误解。

还有其他很多规则规范着我们的对话。“要礼貌！”就是其中之一。“要宽厚！”是另一个。也就是说，我们对他人所说的要尽最大善意去理解，并且友善地回复。我们应该避免挑刺和挑剔。然而，大多数时候，我们不需要顾虑这些规则。

练习 6

如果有的话，指出下列每个对话中加着重号的句子有哪些违反了格莱斯对话规则。假定标准语境。可能不止违反一条规则。

1. “你喜欢她唱的歌吗？”“她的衣服真好看。”
2. “州长有一个三岁的脑子。”
3. “独行侠骑马在落日余晖下远去，跳上了他的马。”
4. “如果没有她的帮助，我们将陷入困境。”
5. “帕罗奥多在哪儿？”“在地球表面。”
6. “明天要下雨了。”“你怎么知道的？”“我猜的。”
7. “狗是否要出去 s-a-n-b-u（拼读）？”
8. “鸡为什么要横穿马路？”“要到另一边去。”

对话暗示

通常情况下，人们通过合作达成共同的目标，这时他们常常非常遵守格莱斯的对话规则。普遍说来，如果没有做到这一点，我们可能无法完成现在进行的语言活动。例如，如果我们认为大家经常撒谎（即便是对非常细枝末节的事），交换信息的活动就将受到很大损伤。

即便如此，人们还是时常不遵守这些对话规则。他们隐瞒信息、无意义地赘述、坚持明知道是错的事、说一些不过脑子的话、偏离主题、说话含糊不清。如果我们仔细观察真实的对话，时常很难判断到底信息是如何交流的。

答案同样藏在这些对话规则中。我们不仅常常遵从这些惯例，也（1）无疑明白自己在遵守它们，（2）期望其他人也假定我们在遵守。对包含在对话行为中承诺的相互理解会导致以下重要后果：人们不用明说也能传达大量信息。

有个简单的例子能解释这一点。还是假设有个人，身后浓烟滚滚，焦急地向你跑来问："灭火器在哪儿？"你回答："大厅里有一个。"通过几种对话规则的组合，尤其是相关、量的和方式的规则，这要求你回答的是指最近的，至少是最容易得到的灭火器。而且，与你对话的人假定你遵守这些规则。当然，你实际并没有说出那是最近的灭火器，但是我们能够说你暗示那是最近的。当我们由于相互知晓对话规则，没有实际说出但却暗示了某事的时候，这种暗示叫作对话暗示。

明白对话暗示是人类交流中的一个普遍特征很重要。这不是我们为了获得特殊效果而临时使用的。实际上，每个对话其实都依赖这些暗示，而如果人们拒绝超越字面意思而将话里的暗示纳入考虑的话，大多数对话将无法进行。在下面的对话中，B 如下所示死抠字面意思：

A：你知道现在几点了吗？

B：如果不看表就不知道。

B 回答了 A 的提问，但是我们却不能说 A 得到了她想要的信息。

很有可能，她想知道当时的时间，而不只是当时 B 是否知道几点了。A 觉得 B 相当愚蠢，又问了一遍：

A：你是否能告诉我几点了？

B：哦，可以，我只需看看我的表就可以。

A 不死心地又试了一遍：

A：你会告诉我几点了吗？

B：我觉得只要你问我我就会告诉你。

最后：

A：几点了？

B：2 点。你为什么一开始不直接问？

注意在每一次信息交流中，B 都给出了针对 A 的提问直接且精确的回答。然而，除了最后一次回答，B 给出的所有答案都不是 A 想要的。像科幻电影中的一台计算机，B 总是太字面地理解 A 的问题。更准确地说，B 对 A 所问问题并没有超出字面的领会。在对话交流中，我们期待其他人能够通过我们说话的明显目的来领悟我们所说的话。我们期待他人对人们为什么发问有着和我们共同符合常理的理解。最低程度，我们也期待人们的回应能与我们的目的相关。一直到最后，B 才貌似完全明白了 A 发问的要点何在。正是它让 B 显得无用又烦人。

尽管所有我们已经考察过的对话规则都能够成为对话暗示的基础，但相关规则在这方面影响尤其重大。普通的对话里到处都是依靠相关规则的对话暗示。有人说“饭做好了”，我们马上会知道这是在叫人吃饭。为什么？因为饭做好了是一个叫人吃饭的非常明显的理由。这是大多数人都熟悉的一种情境。然而，如果换一个语境，对话暗示可能完全不同。假设同样的“饭做好了”是在客人迟到还没来的时候说的。在这种语境下，它很有可能通过恼怒的音调反映出来，而对话暗示将会相当不同。

练习 7

假设一个自然的对话场景，一个人说下列的话可能想要在对话中暗示什么？简要解释为什么会有这些对话暗示，也即解释说话者所说的字面意思和通过对话暗示意图所表达的意思之间的关系。最后，为每个例子找出一个标准对话暗示可能无法适用的语境，以及该语境下应有的对话暗示。

1. 这儿变得有点冷飕飕的。（在你家的访客说的）
2. 你是否介意我借用一下你的笔？（一个朋友学习时说的）
3. 我们没有苏打水了。（一个小孩对她的父母说）
4. 我比他先到这里。（排队买票的人说的）
5. 如果你遇到麻烦千万别怪我。（提醒过你别做你干过的那件事的人说的）

6. 这个座位有人吗？（表演开始前在剧场里说的）
7. 不要问我。（在回答一个提问）
8. 那天我不在城里。（回应派对邀约）

修辞手法

为了产生对话暗示，很多修辞手法明显违背对话规则。想想夸张手法。如果有人说饿到能吃下一匹马，我们不会就此以为她真的能吃下她说的那么多。这么做可能会让说话人太过明显地违反格莱斯质的规则第一条，即不要说你认为是错的话。因此，听到她这句话的人会自然明白她是在打比方，而不是字面意思。他们会默认她夸大自己的饭量是为了在对话中暗示自己非常饿。这种修辞手法叫作夸大或夸张。它的运用很常见，而且经常以很夸张的方式。

如此说来，我们时常并不想要别人从字面理解我们的话。更有甚者，我们常常期望听的人明白我们想表达的和所说的刚好相反。例如，它常常发生在反讽和讽刺中。假设比赛到了决胜点，二垒手投球超出一垒手头顶三米高，这时有人喊“扔得好”。说真的，那并不是一记好的投球；它与好的投球相反，而这也是说“扔得好”的人想要表达的。听者怎么知道说话人期待他如此理解呢？有时候是通过音调来传达的。讽刺的语调常常表示说话人意图表达与他／她所说的话相反的意思。即便没有讽刺的语调，这句“扔得好”也不太可能是字面意思。喊这句话的人知道那不是一记好的投球，听到的人也不会这么想。与其认为叫喊者有了明显错误的信念，我们其实认为他是为了让大家注意这一记投掷实际上有多烂而公然违反质的规则。

隐喻和明喻可能是比喻语言的最常见形式。粗略地讲，明喻是一种明白直接的比喻比较。诸如“像”“如同”这样的词使对话比较明白直接，而比较之所以是比喻的，是因为按字面理解会不适当。说主队打得像老虎一样，并不意味着他们撕扯对方并且狠狠咬住对方。说一个人蠢得跟柱子一样，并不是说他们根本没有脑子。

在隐喻中，我们也比较特定对象，但是不用“像”或是“如同”这样的词。隐喻的比较仍旧是比喻，因为就字面意思而言，所用词汇并不适合用于主题。按字面理解，乔治·华盛顿并不是他国家的父亲。如果要按字面理解，说某人是一个国家的父亲很难说通。但是这个隐喻如此自然（或者如此熟悉）以至于我们根本不会想到要从字面去理解这个说法，比如不会问那母亲是谁？

如果按字面理解，隐喻通常都明显错误，而且它们违背了格莱斯的质的规则。同样的情况对于反讽也是一样，当人们说了明显错误的话，我们要判断到底那个人想表达什么。他可能非常愚蠢或者是谎说得很瞎的人，但通常这两种建议都不可信。在这样种情形下，有时最好的推测是他说的是隐喻而不是字面意思。

练习 8

确定以下句子到底是反讽、隐喻还是明喻。用其他表达写出每句的真实意思。

1. 他离球一公里。

2. 他像瓷器店里的一头公牛。

3. 这场考试把我镇住了。

4. 他不得不食言。

5. 这真是团队努力的结果。（教练在他的队伍输了 40 分之后说的）

6. 别把小孩儿同洗澡水一起倒了。

7. 这事是尾巴摇狗。

8. “宗教是人民的鸦片。”（马克思）

练习 9

指出下列政治隐喻的实际内涵：

1. 我们不能接受一个需要在职培训的总统。

2. 是时候让福利马车上的人下车帮忙拉车了。

3. 怕热就别进厨房。

4. 我们需要重建平坦的比赛场地。

5. 特殊利益把他兜进他们的口袋里。

6. 他是一只跛脚鸭。

讨论问题

2003 年美伊战争开始时，一些人认为伊拉克就是另一个越南，而另一些人则认为萨达姆·侯赛因（伊拉克总统）是另一个希特勒。战争支持者使用了哪个隐喻，反对者用了哪个？你怎么判断？这些隐喻如何发挥作用？

总结

在这章中，我们呈现了语言运作方式的一幅相当复杂的图谱。在此过程中，我们区分了使用语言时所执行的三种或三个层次的行为。我们也考察了与每一种或每一层次行为相关联的规则。下表概括了整个讨论。

语言的三个层次

行为类型	支配的规则
语言行为是指用一种语言说出有意义的事的行为，它是形成语言任何部分都需要的基本行为	语义规则（比如定义）和句法规则（比如语法）
言语行为与一个人说出某事时采取的行动有关，显性施为句中的各种动词标示了不同种类的语言行为	言语行为规则与适合不同言语行为种类的特殊媒介和环境有关
对话行为是指说话人引发受众标准反应的行为；它是我通过说来完成的事——例如，我劝说某人做了某事	对话规则（合作原则，量、质、相关性以及方式）

练习 10

1. 很晚了，A 很饿。A 问 B："饭什么时候好？"

描述这一语境中说话人所使用的语言行为、言语行为以及一些对话行为。

2. 有人试图揭开下列谜题：13 个球中有一个比其他一样重的球重。用天平称重不超过三次，确定哪个球更重。这个人被难住了，因此有人对她说："开始先给每个秤盘上放四个球。"描述提建议的人所使用的语言行为、言语行为以及对话行为。

第三章

论证的语言

借助第二章中获得的方法，本章将考察组织论证的语言，并且提供方法从丰富性和复杂性去分析那些真正的论证。分析一个论证的第一步是发现它的基本结构。为了完成这一步，我们将考察标示着论证前提和结论的那些词汇、短语和特殊结构。第二步是研究用来保护论证的方法。这些包括捍卫前提以使它们免受批评、为有争议的议题提供保险、提早减少可能的批评。

论证标记

在第二章中我们已经看到语言有很多不同的用途。我们借助语言做的一件重要的事就是建构论证。论证由陈述构成，但是论证不仅仅是一连串的陈述。这里有一串简单陈述：

苏格拉底是人。

所有人都会死。

苏格拉底会死。

这串陈述不是一个论证，因为这些陈述没有一个被描述为其他陈述的原因。然而，这串陈述很容易转化为一个论证。我们只要加上一个小词“所以”就可以了：

苏格拉底是人。

所有人都会死。

所以，苏格拉底会死。

这样我们得到一个论证。“所以”这个词将它后面的陈述标示为结论，将它前面的一个或所有陈述作为这个结论的理由，这样它就把这些句子转化为论证。我们这样构造的论证是一个好的论证，因为结论从能够推导出它的理由中得出。

还有其他方法连接这些句子形成论证。这里有一个：

因为苏格拉底是人，

而且所有人都会死，

苏格拉底会死。

注意“因为”这个词与“所以”的使用方式几乎相反。“所以”一词是结论标记，因为它表明跟在它后面的陈述是结论。与之相反，“因为”一词是理由标记，因为它表明其后的一个陈述或几个陈述都是理由。在我们的例子中，结论出现在结尾，但是这也可能变化。有时，结论是在一开始给出的：

苏格拉底会死，因为所有人都会死并且苏格拉底是人。

“因为”标志出理由，剩下相关联的陈述就被认作结论，不管它出现在句子的开始还是结尾。

很多词语能够标记原因或结论，因而被用来在语言中引入论证的结构。这里列出部分：

理由标记	结论标记
因为（since）	所以（therefore）
因为（because）	因此（hence）
因为（for）	因此（thus）
因为（as）	那么（then）

我们将称这些词语为“论证标记”，因为每一个都将一个或多个陈述呈现为论证的一部分或支持其他陈述。

注意这些词并不总是被用作论证标记，这一点十分重要。“since”（因为／自从）和“then”（那么／然后）常常也被用来指示时间，比如，“1973 年开始他就是美国公民”（He's been an American citizen since 1973）和“他吃了一个热狗，然后又一个汉堡”（He ate a hot dog, then a hamburger）。“for”（因为

／为）经常作介词使用，比如“约翰为 IBM 工作”（John works for IBM）。因为这种词有一些有很多意思，所以不可能用只看词本身的机械方式来确认论证标记。我们有必要考察词汇在其出现的语境中的功用。测试一个词在特定句子中是否起到论证标记的作用，要看你是否能够用另一个论证标记来代替它而不改变句子的意思。在最后一个例子中，说“约翰因为 IBM 工作”（John works since IBM）毫无意义。

很多短语也能够表明给出的是一个论证。这有个小例子：

由此可以得出……

由此我们能够总结……

由此我们能够看到……

这表明……

这导致……

我们也可以用第二章中简要考察过的论证施为句来标记结论和原因。如果有人说“我的结论是……”，接下来的话就被认为是结论。更明显的例子，有人说“我这里的论证基于这样的主张……”，之后出现的就是理由。

对真实论证的考察将表明，通过使用两种论证标记，即理由标记和结论标记，我们有很多不同的方式将论证结构引入我们的语言。首先，在很多方面也是最重要的，着手分析一个论证要先确认结论和支持它的理由。为了完成这项任务，我们要高度注意这些论证标记。

如果……那么……（If...Then...）

如果–那么句，即所谓条件式，经常出现在论证中，但是它们本身并不表明论证。为了明白这点，考虑下面的条件式：

> 如果道奇的选手提高击球技巧，那么他们将会赢得西部赛区比赛。

在“如果”和“那么”之间的句子被称为条件式的前件。“那么”之后的句子被称为它的后件。说出这样一个条件式时，我们并没有主张前件为真，也没有断言后件为真。因此，说上面那句话的人不是在断言道奇队会赢得西部赛区的比赛。她所说的不过是如果他们提高击球技术的话，那么他们会赢。而且，她没有说他们确实会提高击球技术。因为说话人并没有保证这些主张中的任何一个，所以她不是在做出一个论证。当我们将这个条件式与确实构成论证的陈述对比时，这一点变得更加明显：

> **条件式**：如果道奇的选手们提高他们的击球技巧，那么他们将会赢得西部赛区比赛。
>
> **论证**：因为道奇的选手们会提高他们的击球技巧，他们将会赢得西部赛区比赛。

“因为”后面的句子是主张。这就是为什么“因为”是一个论证标记，而连接词“如果……那么……”不是一个论证标记。

即便条件式本身并不标志着论证，条件式和论证之间也有着十分紧密的关系：直陈条件式提供了能转化成论证的模型，不论前件是不是为真（论证也可以结论为假，但我们这里关注的是涉及前件的更简单的例子）。由此，我们常常听到人们以下面的方式进行论证：

> 如果通货膨胀持续扩张，经济危机就会发生。但是通货膨胀肯定要继续扩张，所以经济危机马上要来了。

第一句是一个直陈条件式。它完全不是在声称通货膨胀会扩张，也没有断言将会发生经济危机。第二句话肯定了条件式的前件为真，并且通过论证标记“所以”来表明得出了一个结论。我们也许可以说当直陈条件式的前件被证明为真的时候，这个条件式能够被转换为一个论证。

人们通常不会明确地说条件式的前件为真，但是会在前后文中加以暗示。当被问到要征召哪名球员入队时，教练可能只是说：“如果德翁有我们的球探说的那么好，那我们就会用德翁。”这个条件式并没有说德翁确实如球探说的那么好。然而，如果教练认为球探错了，那么他光说这个条件式就会是毫不相关甚至是无意义的。教练可能马上会接着说他不认同球探的报告。但是除非教练以某种方式取消前后的暗示，否则将他的话理解成为选择德翁所做的论证再自然不过了。在这样的情况下，一个直陈条件式能够在谈话中暗示论证，即便它并没有明白说出这个论证。

这使我们容易看出为什么直陈条件式是我们语言中一项有用的特征。通过提供论证的模型，在周围环境许可时，直陈条件式让我们准备好得出结论。我们关于周围世界的很多知识都包含在这样的条件式中。这有个例子：如果你的计算机无法启动，那么可能是插头松了。这是一条有用的实用信息，因为当你的电脑无法开启时，你会立刻推断可能是插头松了，然后就知道要去检查插头。

其他词语也以相似的方式起作用。当你的电脑无法启动时，一个朋友可能说："要么就是插头松了，要么你的麻烦就大了。"现在，当你确定"插头没有松"，你就能得出结论你麻烦大了。"要么……要么……"句型像条件式一样提供论证模型。然后，不管是如果-那么句型还是要么-要么句型，其本身都不能确定地给出一个完整的论证，因此"如果……那么……"和"要么……要么……"都不应该被当作论证标记。

练习 1

指出下列加着重点的词或短语哪些是理由标记，哪些是结论标记，哪些两者都不是。

1. 他道歉了，所以你应该原谅他。
2. 他道歉了，因此，你应该原谅他。
3. 因为他道歉了，你应该原谅他。

4. 假设他道歉了，你应该原谅他。
5. 基于他道歉的事实，你应该原谅他。
6. 他道歉了。因此，你应该原谅他。
7. 鉴于他道歉了，你应该原谅他。
8. 他道歉了，因此这样你应该原谅她。
9. 在他道歉以后，你应该原谅他。
10. 他道歉了。因此，你应该原谅他。
11. 既然他道歉了，你应该原谅他。
12. 他道歉了。仅为这个的缘故，你应该原谅他。

练习 2

指出下列句子中哪些是论证。

1. 查尔斯秃顶了，并且大多数男人秃顶了。
2. 查尔斯秃顶了，因为大多数男人秃顶了。
3. 我的室友喜欢滑雪，因此我也喜欢。
4. 我的室友喜欢滑雪，而我也喜欢。
5. 自从周二开始我就一直很忙。
6. 我很忙，因为我的老师布置了很多家庭作业。

标准形式的论证

因为论证有各种形式规格，一个陈述论证的标准方式将会很有助益。几百年来，逻辑学家一直使用下面的论证形式：

（1）所有人都会死。
（2）苏格拉底是人。
∴（3）苏格拉底会死。（由1—2得出）

理由（或前提）被罗列并编号。在原因之后画一条线。然后，结论被编号并且写在那条线下。符号“∴”——读作“所以”——添加在结论左侧以表示前提与结论之间的关系。最后，在括号中注明结论是从哪些前提中推导出来的。以这种方式呈现的论证就是**标准形式**的论证。

标准形式这个概念很有用，因为它能帮助我们了解同一个论证可以通过不同方式表达。例如，下列三句话表述的都是上述以标准形式呈现的那个论证。

苏格拉底会死，因为所有人都会死，并且苏格拉底是人。
所有人都会死，因此苏格拉底会死，因为他是人。
所有人都会死，苏格拉底是人，这表明苏格拉底也会死。

更重要的是，通过将论证填入标准形式，我们完成了分析论证中最明显的，也是某种情况下最重要的一步：确认它的前提与结论。

练习 3

确认下列句子中哪些是论证。对每个是论证的句子：(1) 圈出论证标记（或全部标记），(2) 指出它是理由标记还是结论标记，(3) 用标准形式重述论证。

1. 因为芝加哥在波士顿的北面，而波士顿在查尔斯顿的北面，芝加哥在查尔斯顿的北面。
2. 接近晚上的时候，云层聚集并且天色更加阴暗；之后暴风雨来了。
3. 得克萨斯的面积比托皮卡大，而托皮卡的面积比布朗克斯动物园大，所以得克萨斯面积比布朗克斯动物园大。
4. 国会参众两院都会通过法案，但是总统仍旧可能否决它。
5. 其他航空公司可能将承载更多旅客，因为美联航正在罢工。
6. 因为杰西·詹姆斯带着他的团伙走了，镇上平静了很多。
7. 镇上平静了很多，因为杰西·詹姆斯带着他的团伙走了。
8. 女巫能漂浮因为女巫是木头做的，而木头能浮起来。
9. 时间到了，所以你必须交卷。
10. 乔辞职了，因为他的老板总是骚扰他。

一个问题和解决方案

在确认一个论证并将它转化为标准形式之后，我们自然会问：这个论证怎么样？如果这个论证用于证明，那么我们可以这样重新表述这个问题：论证的前提是否提供了确信结论的好的理由？

之后几章中我们将集中讨论这个问题，但是有些简单的例子已经很清楚了。设想你想买栋房子，你的房产中介给你看了一处非常好的房子。然后房产中介告诉你这栋房子的价值会在未来十年内翻倍。你问："你怎么知道的？"房产中介论证说："这附近所有的房子未来十年内价值都会翻倍，所以这栋房子也会。"注意，如果你有理由相信它的前提为真，这个论证确实给了你一个相信结论为真的理由。然而，如果你无法相信前提，那么这个论证就没有给你提供任何可以相信结论的理由。简单地说，如果没有理由相信前提，这个论证就不成功。

房产中介要如何解决这个问题呢？他需要为前提提供一个论证，所以他接下来会说："这个城市所有房子的价值未来十年内会翻倍，所以这周边所有房子的价值未来十年内也会翻倍。"而如果你又质疑这个新前提，他可以继续为新前提提供论证："国内所有房产的价值在未来十年内都会翻倍，所以这座城市中所有房子的价值未来十年内会翻倍。"以此往复。

现在问题应该很清楚了：如果前提不能得证，意在提供证明的论证就不成功。然而，要证明一个前提，论证者需要给出以那个前提为结论的第二个论证。但是第二论证又依赖它自己的前提。

除非第二个论证自身的前提能够得证，否则第二个论证就无法证明第一个论证的前提。但是要证明这些新的前提又需要第三个论证，而这第三个论证又会依赖它有待证明的前提，以此往复循环下去。整个证明的过程似乎会永久继续下去，需要一个又一个论证，没有尽头。如此看来，每个论证如果想成功，都必将是无限长的。

这个潜在倒退在理论哲学中引发深层的问题，导致一些哲学家采取彻底的怀疑主义。然而，在日常生活中，我们试图通过依赖一些不受质疑的共有信念来避免这样的问题。除此之外，我们期待大家相信我们引述的信息，尽管这些信息只有我们掌握。但对于这种期待会有一些限制，因为我们都知道人们有时候会相信错误的事情，有时对知道的真相说谎。这代表一个实践问题：我们如何能够以一种不需要另一个论证——需要更多理由——的方式来表述我们的理由？这里我们想使用三种主要的策略：

1. 保证：指出还有其他备用理由，即便当下我们没有全部给出。
2. 保护：缓和我们的主张以使其免受攻击。
3. 抵消：预估批评并将它们排除出考虑范围。

通过这三种方式，我们为前提设立了防御范围。每种防御都很有用，但是也都可能被滥用。

保证

我们什么时候想要为所做的陈述提供保证？如果我们陈述的

是我们知道每个人都相信的事，保证就没有必要。对这类事情，如果每个人都相信，我们甚至根本不需要做出陈述；我们让其他人在论证中自行填入这一步。当觉得有人可能会怀疑或质疑我们所说的事的时候，我们才会提供保证。

提供保证有很多方式。有时会引用权威：

医生们同意……

最近的研究显示……

接近白宫的可靠消息来源说……

已经确认了……

这里我们指出权威有理由，但是不讲明它们的理由是什么。我们仅仅指出有很好的理由，即便我们自己不能说明白或是不准备说明白那究竟是什么。通常被援引的权威可信就足够了，但是权威通常能够被质疑，而且也应该被质疑。在第十五章中我们将详细讨论这一问题。

另一种给予保证的方式是强调我们自己的信念很可靠：

我很确定……

我确信……

我可以跟你保证……

我不是在开玩笑……

随着时间推移，我越来越确信……

同样，在使用这些表述时，我们并没有明确地说出理由，但却在对话中暗示有理由支持我们的主张。

第三种保证责备受众：

每个稍微理智的人都会同意……

当然，没有人会拒绝……

这就是常识……

毫无疑问……

除了傻子，没人会拒绝……

这些保证不仅没有给出任何理由，还表示你追问理由是不对的。我们把这个叫作**滥用保证伎俩**。

就像我们能够保证一件事为真，我们同样能够保证一件事为假。例如：

早已经不持（以下观点）……

假定如此是完全不合理的……

没有聪明人会真的认为……你如果真的以为……就太愚蠢了

最后三个例子明显包含滥用保证。

尽管很多保证是合理的，但作为评论者，我们对于保证还是要一直保持警惕。只有当存在好的理由时，人们才会倾向给出保证。但是保证的话语通常标示论证中最薄弱的部分，而不是最强的部分。如果有人说“我几乎不需要论证……”，那么问她为什么这里不需要，通常会很有用。当我们如平常一样，怀疑一个论证时，这里正是发现弱点的地方。如果用了保证，那么会有使用保证的理由。有时有很好的理由，但有时会是烂理由。在诚实的论证中，保证节省时间，简化讨论。而在不诚实的论证中，保证被用来掩盖漏洞。

保护

保护代表了使前提免受攻击的另一种策略。我们削弱自己的主张。因此，我们不宣称“所有”，只说“很多”。我们使用修饰短语，如“有可能是……”或“很有可能是……”代替斩钉截铁的断定。法学院的教授很喜欢用“可以论证，……”这一说法。这是很好的非结论性的表达，因为它并没有说论证有多强，但是仍旧能展开对论述的讨论。

宽泛地讲，有三种方式来保护我们所讲的东西：

1. 减弱所说内容的程度：从“所有”退到“大部分”，到“很多”甚至到“某些”。
2. 引入诸如“这几乎确定是……”“有可能是……”“可能发生……”等概率词汇。
3. 降低我们承诺的层次：从“我知道”变成“我相信……”，再到“我推测……”

当这样的说法用来代替更强的表述时，就能够保护前提。“麦迪逊很可能会退出排球队”（语气）比“她肯定会退队”弱，但是强过“她也许会退队”。因此，如果当下氛围让人期待确定的说法，比如“我知道她退队”，那么保护的说法就是“她很可能会退队”。与此相对，如果在猜测谁可能退出队伍的情境下，那么“她很可能退队”就不是保护的说法。当其他人只是在猜测时，那是一个相对很强的论断。因此，为了确定用语能否起到保护的功能，你要对语境保持高度敏感。当某种说法用作保护时，你必须能明确指出保护说法所替代的更强主张是什么，以及为什么那样的语境中会期待这个更强的主张。

保护的词语和表达通常合理且有用。如果想说服朋友给房子买火灾保险，你不需要告诉她她的房子将会被烧毁。你只需要告诉她她的房子有很高概率被烧毁。如果能从这样较弱的前提开始，你的论证会更好，因为这更容易辩护而且已经足够支持你的结论。

如果我们把一个主张减弱到足够程度，能使它完全免疫批评。对于“也许少数政客至少在某些场合中的诚实概率很小”的评论，我们又能反对什么呢？只有你对政客的评价非常低，才会否认这样的观点。另一方面，如果太过削弱前提，也会付出代价。前提无法为结论提供强有力的支持了。

使用保护词语的目的就是找到折中的方式：我们应减弱前提使其足以避开批评，但也不能削弱得太过致使前提无法再为结论提供足够证据。平衡这些因素是构思和评价论证最重要的策略之一。

如同关注保证词语很有用一样，留意发挥保护作用的词汇也对我们有帮助。其中一个原因是，像保证词语一样，保护词语也很容易被滥用。一种常见的伎俩是用保护词语拐弯抹角地讲出对话中不直接说破的话。想想下面这条评论的效果："国务卿有可能没有对国会开诚布公"。这可能并不是真的说国务卿对国会没有那么诚实，但是根据相关原则，它明显有这个暗示。更糟糕的是，它用一种很难应对的方式进行暗示。

另一种滥用保护词语的更精妙手法是以保护的形式引入观点，而后如同它完全没有得到过保护一样继续谈论它。

> 国务卿有可能没有对国会开诚布。当然，他有权维持自己的观点，但是民主国家官员应向国会做出解释。现在是让他对我们说实话的时候了。

本段开始的保护词语"可能"所具有的功能最后消失了，国务卿没有开诚布公被当作既定事实。这就是所谓逐渐消失的保护诡计(the trick of the disappearing guard)。

通常所说的回避（hedging）是与我们上面所举例子反向操作的一种狡猾手法。使用回避手法，就是从强主张转变为较弱的主张。如他们所说，"缓和"或"收回"原来的话。论证中一度很强的主张随后被毫无征兆地减弱，论点由此发生明显改变。承诺通过一条法律最后缩减为承诺对其进行表决。

抵消

抵消的一般形式是举出一个潜在批评以否定或反驳它。注意以下陈述不同之处：

戒指很漂亮，但是很贵。

戒指很贵，但是很漂亮。

两句话陈述了同样的事实——戒指很漂亮并且很贵。两句话也都显示两个事实之间存在冲突。然而这些陈述起到相反的作用。我们可能用第一句作为不要买戒指的理由；我们可以用第二句作为买戒指的理由。第一句话认可戒指很漂亮，但通过指出戒指也很贵来否定了漂亮这个优点。与之相反，第二句承认戒指很贵，但因为它很漂亮可以不考虑贵贱。由此，这种以“A 但是 B”形式出现的主张有四个要素。

1. 主张 A
2. 主张 B
3. A 和 B 之间可能存在某些冲突
4. 指出 B 的存在比 A 的存在要更重要

于是，“但是”这个词支持它之后的陈述，抵消了它之前的话。

“尽管”也是一个抵消连接词，与“但是”一词以相反的方式发生作用。我们能从相同的例子中看出来它们的区别：

尽管戒指很漂亮，它还是很贵。

尽管戒指很贵，它还是很漂亮。

这样，跟在“尽管”后面的部分被抵消了，以支持它后面的陈述。

可做抵消连词的部分典型词汇有下列：

虽然	即使	但是	尽管如
尽管	然而	可是	尽管如此

通常这些词汇并不用于抵消。例如,“still”（仍然／然而）这个词，在“他生病了,然而,他很高兴”一句中起到抵消的作用,而在“他仍然很高兴”（或是“他仍然坐着”）中则没有这一功用。通过检验更换抵消词汇后原句是否仍说得通，我们就能判断一个词是否被用作抵消词汇:说“他生病了，但是很高兴”说得通，换作“他但是很高兴”（He is but happy）就说不通了。辨明被抵消的反面情况也具有启发性。如果不能明确认识哪个反面状况被抵消，那么抵消词汇可能也并不是用作抵消。

最明显的抵消出现在我们处理指向完全不同方向的事实的时候。我们会忽视那些与我们准备采纳的立场相反的事实。但抵消往往比这种情况更微妙。有时我们用抵消来阻止言谈中的某些对话暗示。这种情况出现在下列类型的例句中：

琼斯是一个具有攻击性的球员，但是他并不卑鄙。

情况很严峻，但不是毫无希望。

共和党在国会中占上风，但只是暂时的。

虽然宣告休战了，但谁知道会持续多久？

以第一句为例。琼斯具有攻击性和他并不卑鄙之间没有冲突。两项都有可能成为琼斯入选我们队伍的理由。然而，说琼斯具有攻击性有可能暗指他很卑鄙。“但是”引导的从句虽然否定了这一暗示，却没有否认琼斯具有攻击性。

抵消词汇的细微差别可以很微妙，而正确的分析却并不总是轻松易得。同样，抵消词汇的作用往往很重要。在论证中，抢在对手提出批评之前预料到并抵消掉批评可以先发制人击败对手。对抵消的适当运用还可以帮你回避次要问题、应对话题突变。

然而，与其他我们讨论过的论证词语一样，抵消词语会被滥用。人们常常会花时间消除对自己的观点来说较弱的反对意见，从而回避那些自知更难应对的异议。另一个常用的伎俩是消除根本没人会提出的反驳。这招叫作攻击稻草人。想想下面的话：“一幢新的大楼会很宏伟，但是它不会是免费的。”这并不真的意味说话人的对手认为我们能免费盖一幢新的大楼，但言谈中却暗示他们可能这样想，因为不如此的话，抵消这一异议就没有意义。于是，说话人把对手完全不会说的话硬塞进他们的嘴里，以此让对手显得愚笨。要应对这样的伎俩，我们需要质疑被抵消掉的批评是否真的会被提出，是否应该有更强的批评？

练习 4

指出下列句子中每一个被标号的词语或短语是论证标记、保证词语、保护词语、抵消词语或什么都不是。对于每一个论证标记，指出结论和理由分别是什么，而对每一个抵消词语，指出什么批评被抵消了以及对批评的回应是什么。

1. 尽管（1）没发现其中机制，该领域中大部分（2）研究人员认为（3）吸烟极大提高了患心脏疾病的概率（4）。

2. 因为（5）历史上（6）公债会导致通货膨胀，我认为（7），尽管（8）最近趋势不如此，通货膨胀可能重来。

3. 把它从我这儿拿开（9），自从（10）乔·迪马吉奥之后就再也没有出色的中场手了。

4. 不管任何人对你说什么（11），几乎没什么（12）能证实伊丽莎白二世女王要让位给（13）查尔斯王子的谣言。

5. 珍妮丝·贾普林和吉米·亨德里克斯的早逝说明（14）毒品真的（15）很危险。

6. 我以为（16）他去什么地方了。

7. 我思（17），故（18）我在。

8. 我承认（19）证据极其（20）薄弱，但是（21）我仍认为他有罪。

9. 我不承认（22）与此事有任何关系（23）。

10. 风转成东北风，意味着（24）可能要（25）下雪了。

练习 5

1. 构思三句包含保证词语的有趣的新陈述，并且指出分别为哪种保证。

2. 依上，练习保护词语，并且指出哪个较强主张被削弱了。

3. 依上，练习抵消词语，并且指出哪一陈述被抵消以支持其他主张。

4. 依上，练习论证标记，并且指出哪一论证被用来证明什么。

评价性语言

论证常常包含评价，因此弄清楚评价性语言的意义就很重要。我们将从评价性语言最明晰的例子开始，也就是我们简单地说某事物好或坏、一些行为过程对或错，以及一些事应该还是不应该做。

往往在一个人面临选择或抉择的时候，上述评价性词语就会起作用。如果你在犹豫要买哪件衬衫，而你的朋友告诉你“那件不错”，通常会认为你的朋友在建议买那一件。乘客告诉司机“往那边转是错的”，是在让他不要转上那条路。评价性语言以这些方式来实现指令行为（prescribing action）这一言语行为。

评价性语言也时常被用来表达情感。如果一个粉丝说“这个乐队真棒”，通常表达的是对他们音乐的热爱以及想听到更多音乐的渴望。饭后，有人说“太可怕了”，通常表达的是食物让他厌恶甚至恶心。说“那太糟了”，往往表达的是失望或悲伤。

评价性语言的另一典型作用是达成特定效果。当母亲告诉儿子他必须信守承诺时，她不仅是规定儿子不能撒谎、表达对谎言的不赞许，按照惯例，她也想要影响儿子的行为——她试图让儿子遵守承诺。而当反战示威者宣称战争不道德时，他们一般是在试图说服受众加入示威活动，或者至少与他们一样反对战争。因此，评价性语言被用来执行改变人们行为与感受的对话行为。

评价性语言的意义远不止于此。大部分情况下，我们说某物“好”或“对”，是因为我们相信它达到或满足了相关标准，而说某物“坏”或“错”则因为我们相信它违背了相关标准。这大概就是评价性主张的内容。

有鉴于此，光说某物好或坏其实很空洞，因为仅凭某物满足或违背某一标准并不能指明满足或违背的到底是哪条标准。这样的评价通过援引特定的标准而获得内容，甚至有时是十分丰富的内容。这就解释了为什么“好”一词能够被用来形容如此多不同的事物。当我们说本田车是好车的时候，我们可能参考了包括可靠性、效能、舒适度等在内的很多标准。我们说某人是名好消防员，是因为我们认为这个人具有消防员应有的技能，热爱消防工作，能很好地与其他消防员协作，等等。我们认定一个人是道德意义上的好人的标准包含诚实、慷慨、公正等。我们用以衡量一辆好车、一名好的消防员以及一个（道德上的）好人的标准各不相同。即便如此，“好”一词在这三种情况下都以相同的方式发挥作用：它援引在特定语境下相关的标准并且指明某物足以满足这些标准。

因为评价性的陈述会援引标准，它们与那些单纯表达个人情绪的说话就截然相反。我说我喜欢某个歌手时，我在表达一种个人品位。要是有人回复你说，“不，你不喜欢那个歌手”，就会显得很突兀。另一方面，当我称某人是好歌手（或近年来最好的歌手）时，我不仅仅在展示我的个人品位。我在说的话，其他人可以赞成或反对。当然，判断歌手好坏的标准可能很模糊，而且会随文化差异而发生变化。然而，叫一个人好歌手就是对他作为歌手进行评价，这超越了单纯的表达感觉，因为它援引标准，并指明待评价的那个人达到了这些标准。

“好”和“坏”是普通的评价性词语。其他评价性词语在使用范围上更受限。“美味的”一词通常用来评价食物的口感，表示“好吃”。罪是错误的行为，但是更明确地说，它是宗教标准下错误的行为。便宜货价格优惠。非法行为在法律上是错的。我们的语言中包含大量这样做评价的特殊词语。以下还有些其他例子：

美丽的	危险的	浪费的	鬼鬼祟祟的	可爱的
难忍受的	谨慎的	爱管闲事的	邋遢的	聪明的

这些词汇都是表达对很特殊类型的正面或负面评价。

是正面还是负面评价可能很微妙。想想“聪明”这个词。说脑子反应快的时候表达的是正面的评价。相反，“狡猾”通常表达对于某人错用脑力的负面评价。由此，我们在这两个词中选哪个就会造成不同。我们把它们用于何处也会造成不同。如果某事应该深刻而严肃，那么说它只是聪明就有羞辱的意味。例如，祷告不应该是聪明的。

有时，看上去没什么用的词能改变评价的力度。“太”（too）这个词就是最好的例子。这个词带来负面评价，有时会将正面的性质转变为负面的。比较下列句子：

约翰聪明。	约翰太聪明了。
约翰诚实。	约翰太诚实了。
约翰有野心。	约翰太有野心了。
约翰挺好。	约翰太好了。
约翰友善。	约翰太友善了。

“太”表示过量，因而包含批评。

评价性词语和描述性词语之间的差别并不总清晰易见。为了理解这点，想一下“杀人罪”和“谋杀罪”。这两个词含义很接近但不完全相同。“杀人罪”是一个描述性词语，指“杀死一个人”。“谋杀罪”是一个评价性词语，至少部分意指“**错误地**杀死一个人”。指证一桩谋杀罪要展示的东西比指证一桩杀人罪要多。

正如没能辨识出内涵中所隐含的评价性成分而轻易错过评价性词语一样，我们也可能因为中性词汇附带的正面或负面联想而将其错认作评价性词语。例如，“核能的”一词对一些人来说因为与核弹和战争相关而有了负面含义，但这个词本是纯粹描述性词语。称某些人是核能科学家，并不是说他们有任何不好。

检验是否为评价性词语就应该如下：该词是否以特定方式明确地说某事物好或坏（对或错）？一个词如果只是在某些特定语境下暗示评价，那么它就不是评价性的；只有当语义内容或意义在不清楚使用评价性词语就不能被充分解释时，它才能算作评价性的。

练习 6

指出下列加着重号词语是正面评价性（E+）、负面评价性（E-）还是单纯描述性（D）。注意，评价不必限制于道德评价。

1. 珍妮特是一名出色的高尔夫选手。
2. 这组拉的声音非常大。
3. 这组拉的声音太大了。
4. 威廉对他的父母很粗鲁。
5. 威廉冲他的父母大喊。
6. 他们在十字路口错误地右转了。
7. 法西斯分子统治意大利将近二十年。
8. 那是被禁止的东西。
9. 没用的东西。
10. 黛比说谎了。
11. 黛比有些事说错了。

12. 乔失信了。
13. 杰克是个恶霸。
14. 马里・卢曾经是个金牌得主。
15. 她病了。
16. 他荷尔蒙失调。

练习 7

为下列句子另造两句，一句逆转评价力度，另一句尽量保持中立。“0”表示中立，“+”表示正面的评价力度，而“–”表示负面的评价力度。尽量少变动句子所含描述性的内容。

例句： – 康拉德教授很粗鲁。

\+ 康拉德教授的批评中保持了毫无保留的诚实。

0 康拉德教授的批评常常让人苦恼。

1. – 拉里是个懒惰的粗人。
2. ＋布伦达很勇敢。
3. – 萨莉是个势利小人。
4. ＋巴特利棒极了。
5. – 乔治是个伪君子。
6. – 瓦尔特是个软弱无能的人。
7. ＋卡罗尔很替别人着想。
8. – 比尔爱发号施令。
9. – 奥普拉固执己见。
10. – 这真是米老鼠似的儿戏。

第四章

细致分析的技能

本章将主要致力于这样一个目标：运用第三章介绍的论证工具细致且认真地分析从《国会记录》中摘取的一份演讲。本章的重点在于具体展示这些分析方法如何用于具有一定丰富性和复杂性的真实论证中。

一个长例子

现在是时候将我们前面讨论过的所有概念运用在真正的论证之上了。我们的例子出自众议院关于是否应该提高众议员文书补贴的辩论，即所谓的文书聘用补贴。众议员凯尔（共和党，爱荷华州）提出的反对提高补贴的论证将被仔细检验。我们将把它放在分析的显微镜下。

选择这个例子可能有点奇怪，毕竟文书聘用补贴不是当下最焦灼的议题。事实上这正是选它作例子的一个原因。从一个不会点燃情绪的例子开始对习得客观分析的习惯很有帮助。之后我们会分析那些每个人都对其高度情绪化的论证，并且试着也保持客观的立场。

这是个好例子还有两个理由：(1) 它包含了我们所列举的大部分论证工具，并且 (2) 相对来说，它是个很强的论证。当我们似乎把论证分解为碎片后，最后这个评价可能会显得讽刺。然而，和我们将要检验的其他论证相比，它经得起检验。

我们首先不加评论地通读一下这则《国会记录》的节选（第 107 卷，第 3 部分，1961 年 3 月 5 日，第 2059—2060 页）：

文书聘用补贴，众议院

傅里德先生：议长先生，按照众议院行政委员会的指导，我提起决议（H. Res. 29）要求增加每位众议员的基本文书聘用补贴，且不做其他用途，并要求立即审议。

文书宣读决议文如下：决议，1961 年 4 月 1 日起生效，除非法律另有规定，将每年从众议院应急基金中额外支付 3000 美元给每位众议院议员以及波多黎各居民代表，以足够提高基本文书聘用补贴，并且每位议员及居民代表应有权在法律许可聘用的文书之外多聘用一名文书。

傅里德先生：议长先生，这项决议允许每年增加 3000 美元用于聘用文书并且每位众议院议员和波多黎各居民代表均可再多一名文书。我们小组委员会听取了证词，我们确信需要制定这项条款。一些议员自掏腰包聘用额外的文书。我们认为3000美元是帮助议员们支付办公室运作花费所必需的最低数额。当然，我们知道每个选区的工作量不同，如果议员没有用这笔款项，它当然将留在应急基金中。

凯尔先生：议长先生，请问我是否能插一句？

傅里德先生：请爱荷华州议员（凯尔先生）发言。

凯尔先生：议长先生，我反对这项议案。我反对它首先是因为它很昂贵。我反对它还因为它不合时宜。

我无须赘述第一个论点。我们已经有高达820亿的预算案了。我们已经被要求增加一系列附加或扩大的财政计划用以刺激经济、改善萧条地区、补贴穷人和失业人口、治理河流污染、娱乐项目、资助教育等。所有这些都被列作“必须”做的事。这些增加并不在预算之中。而且，如果经济环境如报纸所说的那么糟，那么政府收入将低于预期。不能说我们已经花了这么多了，再多花一点没有什么影响。我们所花的，将来要么从税收中收回，要么就要加到已经很惊人的国债上去。

增加的补贴金额似乎并不高。然而，我相信我们大家不会有人认为增加一名文书不包含其他补贴：新的办公桌、新的打字机、更多办公用品，而下一步要求更大的办公空间，甚至最后需要一幢新的办公大楼也并非不可能。有些人可能会说：“所有议员都不会最大额使用，因此费用不会很高。”这的确是实话。但如果这样的例外数目多到足以支持这个论证的话，其实也就是说采取这项措施并不是广泛普遍的需要。

另外，有些议员会用这笔额外的资金来提高薪水。竞争将导致所有办公室的薪水上涨，随后可能延至委员会职员，等等。甚至我们可能会发现陷入花更多钱雇更少文书的境地，人均工作量也会陷入更难以应付的困境。

这项举措提议将原本17500美元基本文书补贴提升至20500美元基本薪资补贴。众议院中没有一位议员能告诉我们这对总薪资有什么影响。这个几乎是无法计算的。这样一个完全荒谬的体系在文书雇佣薪资计算上已经经年累月地发展成了我们正在讨论的数学怪胎。我们通常被告知允许的总额大约是35000美元。这是不精确的。可能一个办公室开销少于35000美元，而另一个办公室即便完全符合法律，也没有任何蓄意的多报销,总额仍可能超出42000美元。这很可能，因为一套奇怪的计算公式使得三个薪资5000美元的文书所花费用少于五个3000美元薪资的文书的。在世界上任何其他地方5乘以3都应该等于3乘以5，但是在众议院计算文书薪酬上却不如此。

这是对荒谬的运用。这是对簿记原则、会计原则和商业原则的违背，同时也违背了常识。听听这样的公式：

第一，最初级的1200美元增加20%；1200美元到4600美元多10%；从4600美元到7000美元，再多5%。

第二，在实现第一条规定之后，增加14%或者250美元，取二者中较高的一项，但增额不得超过25%。

第三，在实现第一和第二条规定之后，增加10%来替代加班费。

第四，在实现第一、第二和第三条规定之后，增加330美元。

第五，在实现第一、第二、第三和第四条规定之后，增加5%。

第六，在实现第一、第二、第三、第四和第五条规定之后，增加10%，但是一年不得超过800美元且不得少于300美元。

第七，在实现第一、第二、第三、第四、第五和第六条规定之后，增加7.5%。

第八，在实现第一、第二、第三、第四、第五、第六和第七条规定之后，增加10%。

第九，在实现第一、第二、第三、第四、第五、第六、第七和第八条规定之后，增加7.5%。

支付办公室有一套表格计算众议院所有办公人员以及其他900名雇员的薪水。其中包含45张表，每表又有40个分录。至少在参议院，他们简化了这个过程，一些基本薪资按60的倍数来计算，这样就减少了11个类别。顺带说一句，相较于众议院的7000美元基本工资限额，委员会工作人员的是8880美元。

议长先生，现在我要为此提出修正案或替代案，为那些服务人口数多出平均值或经“大区选举”以及受其他可能因素影响的确有需求的议员增加额外的文书聘用补贴。但是陷入这样的数学迷阵后，我意识到，不先更正这一状况便急于推进新措施很蠢。我们能够找到各种借口来逃避解决问题。但是我们无法找到令人信服的论证证明不应该解决问题或问题不能被解决。

有人暗指这个伟大机构里的议员更愿意维持现有体系，因为他选区的选民可能反对总额。我知道不是这样的。当一名议员忙于最低工资、教育补助或是人权等议题时，这种内务显得太过鸡毛蒜皮，会被忽略。议员简单地查对一下表格，按照规定雇佣他能聘用的人员，然后忘记了整体效果。但我知道，议员也希望选区的选民了解我们在这里所做的事情是公开、坦率以及精确的，并且我们树立了一个高效程序的典范。我们越能展现责任感，国会就越会受到信赖。

让我总结一下。很明显，一些议员由于所在选区人口更多或区域更大需要更多的文书协助。我已经竭尽我们所能得到的一切帮助，努力工作了一段时间，以期找到能将这些项目纳入考量的措施。那些真正需要帮助的议员应该明白，我们今天所讨论的这种临时的、一拍脑门想出来的办法很可能会妨碍他们获得满意的最终解决方案。

首先，我们应该等待全国选区重划。

其次，我们应该考虑适当补贴人口以及整体地域面积超标的选区。

最后，我希望我们能够研发一套合理且实用的公式来计算文书以及其他同类别法定雇员的薪水。

在深入分析之前，先记录下你对这段发言的总体反应会非常有用。可能你会认为，总体来说，凯尔在自己的立场上给出了一个很有说服力的论证。或者，你可能觉得他太小题大做了，只是

用数字来迷惑大家，为了反对而反对。在细致分析过这个论证之后，你可以再回头看看，自己为什么会有最初的印象，如果你彻底改变了想法，又是如何发生的。

细致分析的第一步就是通读全文，标记出各种我们已经讨论过的论证工具。以下是一些有用的缩写：

论证标记	M
保证词语	A
保护词语	G
抵消词语	D
论证施为句	AP
评价性词语	E（+或-）
修辞手法	R

最后一种标记是对第一章中讨论过的众多修饰词语的统称，涵盖夸大、淡化、反语或讽刺，隐喻、明喻，以及反问句等。

如果你想分析得特别细致的话，每次标记某处为“R”的时候，最好确认到底使用了哪种修辞手法。当然，确认论证标记是理由还是结论（而论证又是什么），标记“G”的保护词语代替了哪个更强的词语，当你用“D”标出抵消词语的时候，被抵消的异议又是什么，也是有用的。

这种简单的标记过程带出了可能无意中被忽视的论证特征。也能指导我们提出尖锐的批评问题。要了解这个，我们可以仔细看这个论证的每一部分：

> 议长先生，我反对（AP）这项议案。我反对（AP）它首先是因为（M）它很昂贵。我反对（AP）它还因为（M）它不合时宜。

这是一种澄清的模式。通过在起始的句子中使用显性施为句，凯尔很清楚地表明他反对这项举措。此后，通过两次使用“因为”这一论证标记，他给出了两个反对的理由：昂贵以及不合时宜。我们要看的是他是否很好地论证了这两点。

接下来的一段开始对这项举措很昂贵进行论证：

> 我无须赘述第一个论点。（A）我们已经有高达820亿的预算案了。我们已经被要求增加一系列附加或扩大的财政计划用以刺激经济、改善萧条地区、补贴穷人和失业人口、治理河流污染、娱乐项目、资助教育等。所有这些都被列作“必须”（R）做的事。这些增加并不在预算之中。而且（M），如果经济环境如报纸所说的那么糟，那么政府收入将低于预期。不能说（D）我们已经花了这么多了，再多花一点没有什么影响。我们所花的，将来要么从税收中收回，要么就要加到已经很惊人的国债上去。

a.“我无须赘述第一个论点。”这是一例保证。这处对话暗示是这一点非常明白，已经几乎不需要再多做解释了。然而，这里还是有些奇怪。尽管已经说了不会赘述法案太过昂贵这一点，但凯尔实际上还是继续对此做了进一步说明。当有人说他／她不打算做什么的时候，最好看仔细，因为实际发生的往往刚好相反。例如，说“我并不是暗示史密斯不诚实”实际是暗示史密斯就是不诚实的一种方式。如果不是要做出暗示，那为什么要提出这个问题呢？

b. 现在凯尔以一种相当平实的方式推进，阐述提议的预算案高达 820 亿美元而且包含很多新项目和对早先项目的扩充。因为这些都是公开记录的事务，没有人会否认它们，也就没有必要采取保护和保证词语。凯尔毫无保留地宣称这些扩充项目并没有包括在预算中。然而，对事实的叙述包含重要的对话暗示：因为预算已经失衡，应该对任何额外的扩充保持警惕。

c. 将“必须”放在引号中，或者用讽刺的语调说出这个词，是拒绝一件事的常见方式。明显的暗示是这些措施中的某些根本不是必需的活动。这里凯尔暗指已经在预算中的一些项目并不是必需的。当然，他只是这么暗示，并没有为此辩护。

d.“而且，如果经济环境如报纸所说的那么糟，政府收入将低于预期。”“而且”一词暗示接下来会有一个论证。然而，下面一整句是一个直陈条件式（省略了“然后”一词）。正因如此，这一句并不是一个论证，而只是提供了一种论证的模型。

要从这一模型中获得一个论证，必须找出条件式的前提。之后就有了如下论证：

（1）如果经济环境如报纸所说的那么糟，那么政府收入将低于预期。

（2）经济环境确实如报纸所说的那么糟。

∴（3）政府收入将低于预期。

第一个条件好像非常合理，因此，如果凯尔给出第二个条件，那么他将会以很重要的方式推进论证。然而，他完全没有明确讲出经济环境确实如报纸所说的那么糟。他说的不过是“报纸所说”如此。此外，此处的诉诸权威（见第十五章）并没有提到任何具体的报纸，可见他没有为任何特定权威背书。然而，凯尔从未怀疑报纸的结论，如果他认为报纸的报道是错误的话，那么不加质疑地提出它们会令人费解。因此，凯尔实际想的似乎就是类似论证 1—3 那样的。

e.“不能说我们已经花了这么多了，再多花一点没有什么影响。”当然，开头的短语是用来否定后面的内容。凯尔直截了当地否定了如下论证：因为我们已经花了这么多，再多花一点没有什么影响。然而，他的这个论证特别绕，因为谁会站出来做这样的论证呢？如果你稍微思考一下就会发现明显没有人想要这样论述。例如，一个反对者会用很不同的措辞。他可能会这样说：“考虑到从该项措施能获益巨大，远超出所付成本。”凯尔所做的是将一个很烂的论证强加给对手，然后用一种义愤填膺的语气反驳它。这是一种常见的手法，当它出现的时候，思考一下是否有人真的会以它所暗示的方式论证或论述。通常答案为否，于是我们就有了第三章中称作的“攻击稻草人”（另见第十七章）。在这种情况下，问一下发言人的对手实际会说什么很有帮助。这引出另一个问题：论证人到底有没有认真讨论对手真正的论证？

到此为止，凯尔还没有进入他论证的第一个主要论点：这项措施很昂贵。并不是要批评他，因为他确实说明了一个初步的观点，费用的问题至关重要。这里他阐明了一些无可争辩的事实，例如预算已经失衡。除此之外他还以不同强度指出，经济环境很严峻。正是在这种背景下，他在接下来的一段中真正提出涉及该举措成本的具体论证。

> 增加的补贴金额似乎并不高。然而（D），我相信我们大家不会有人认为（A）增加一名文书不包含其他补贴：新的办公桌、新的打字机、更多办公用品，而下一步要求更大的办公空间，甚至最后需要一幢新的办公大楼也并非不可能（G）。有些人可能会说（D）：“所有议员都不会最大额使用，因此费用不会很高。”这的确是实话。但如果这样的例外数目多到足以支持这个论证的话，其实也就是说采取这项措施并不是广泛普遍的需要。另外（M），有些（G）议员会用这笔额外的资金来提高薪水。竞争将导致所有办公室的薪水上涨，随后可能延至委员会职员，等等。甚至我们可能（G）会发现陷入花更多钱雇更少文书的境地，人均工作量也会陷入更难以应付的困境。

a.“增加的补贴金额似乎并不高。”像“似乎”和“好像”这样的词时常被用作保护，但是我们必须小心，以防不假思索地乱贴标签。上句是抵消论证的开始。只要你听到这句话，你就能预感到像“但是”或“然而”这样的词要出现了。肯定的，它确实出现了。

b.“然而，我相信我们大家不会有人认为增加一名文书不包含其他补贴：新的办公桌、新的打字机、更多办公用品……”这是凯尔论证的开始，用以反驳费用不会增长很多的观点。他说即便表现出来似乎不会，增额仍将十分巨大。他随后斥责了由聘用新文书导致的额外费用。注意整句话都由保证短语引导“我相信……我们大家不会有人认为……”，这意味着任何做出此项建议的人都是愚蠢的。但是到这里，凯尔的论证的问题在于：他指出了确实的额外费用，但它们总归不是巨额。为他的论证找到一些真正数额巨大的款项就十分重要了。这是他下一段论述的要点。

c.“……而下一步要求更大的办公空间，甚至最后需要一幢新的办公大楼也并非不可能。”最后，在这里我们终于知道确实有一些金额巨大的款项，但难点在于整个论述都由“也并非不可能”这一短语保护。很少有事情是超出可能范围的。那么凯尔的问题就是：确实有他能不受限制地指出的额外费用，但是这些数额都比较小。另一方面，当他指出真正大额的款项时，就只能采取保护的方式。所以我们还在等待一个能证明费用确实很高的论证（顺便需要指出的是，凯尔对于新建办公楼的预言事实上真的发生了）。

d.“有些人可能会说：‘所有议员都不会最大额使用，因此费用不会很高。’这的确是实话。但如果这样的例外数目多到足以支持这个论证的话，其实也就是说采取这项措施并不是广泛普遍的需要。”这看上去像一个“诡辩”的论证，只为这个原因我们就需要密切注意它。短语“有些人可能会说”是开始抵消论证的标准方式。事实上，这是一个抵消论证，但是它的形式相当精妙。凯尔引用了有些人可能会说的话，但之后有点出人意料的是，他加了一句“这的确是实话”。要理解这里到底发生了什么，我们必须对对话暗示有敏锐的感觉。凯尔想象有些人会以如下的方式进行推理：

所有议员都不会最大额使用。

所以，费用不会很高。

因此，我们应该通过这项措施。

假定开始前提不变，凯尔试图以下面的思路推导出刚好相反的结论：

所有议员都不会最大额使用。

如果没有充足的例外，那么费用会很巨大。

但是如果有充足的例外，那么采取这项措施并不是广泛普遍的需要。

因此，不管金额是否巨大，我们都应该拒绝这项措施。

为了搞清楚这项措施，我们可以将它转换为模版形式：

凯尔的论证：
如果（1）措施很昂贵，那么拒绝它。
如果（2）措施并不昂贵，那么它就表示没有普遍需要，所以还是拒绝它。

相反的论证：
如果（1）措施并不昂贵，那么接受它。
如果（2）措施昂贵，那么它表示有普遍的需要，所以接受它。

如果要以这种形式展开论证，那应该明确它们有同等的效力。两个都不是很好。必须要解决这样一个问题：是否真的存在一种能被以合理、经济的方式满足的需求？如果没有采取这项措施的需要，那么就应该拒绝它，即便它耗费不大。不过，如果确实有这样的需求，那么值得付出一些成本。真正的问题是要平衡需求与花费，并在此基础上决定措施整体是否应该被采纳。

凯尔的论证是一个诡辩，因为它并没有要回答当前真正的问题。诡辩是一种聪明但谬误的论证，企图通过诡计来建立论点。顺便说一句，诡辩论证的一个标志是，尽管它能让人困惑，但是从来无法使人信服。我们觉得几乎不会有读者认为这个论证有说服力，即使他们无法确切说出它有什么问题。出现诡辩论证（或者更复杂、混乱的论证）是论证很弱的标志。记住，证据很强，人们通常就会以直接的方式论证。

e.“另外，可能有些议员会用这笔额外的资金来提高薪水。竞争将导致所有办公室的薪水上涨，随后可能延至委员会职员，等等。”“另外”一词标志着马上要给出其他理由。这里凯尔又回到了这项措施要比它最初看上去更加昂贵的论证上。尽管凯尔的第一句用“有些”一词保护，但他很快放弃了这一保护并且以绝对的口吻谈论全部办公室的所有薪资。然而批评者肯定要问凯尔是否有权利做这些影射。除此以外，凯尔这里投下了一个恐怖系列（parade of horrors，见第十三章）。他描绘出这项措施会逐步导致灾难性的后果。这里的“等等”在论证中承担了重任。我们必须再次问自己，这些影射是否真的合理。

f.“甚至我们可能会发现陷入花更多钱雇更少文书的境地，人均工作量也会陷入更难以应付的困境。”这里对强保护表述的运用再一次收回论证大部分的力量。注意，如果凯尔直接说这项措施将置我们于花更多钱雇更少文书的境地，人均工作量也会陷入更难以应付的困境，就能算作一个很强的反驳。要批评一种立场，没有比说明可能出现与它预期恰好相反的结果更好的方式了。然而事实上，凯尔并没有这么做；他只说这是我们“可能会发现”的情况。

我们很快能看到凯尔的第二部分论证强多了，但在查看它之前，我们应该指出之前的分析并不是完全合理的。在众议院发言，凯尔处在一种对抗式情境中。他没有一开始就在证明，而是在回应其他人持有的立场。他正在做的一部分是提出反对意见，而对论证的敏锐评价要求对辩论的细节有详尽的了解。但即便如此，也应该牢记反对本身必须有充足的理由。到目前为止，凯尔这场论证的问题在于他反对的主要理由始终被以很强的方式保护着。

现在来看凯尔论证的第二部分——这项措施是不合时宜的——我们看到他以一种几乎没有保护的清晰且直接的方式展开。

> 这项举措提议将原本 17500 美元基本文书补贴提升至 20500 美元基本薪资补贴。众议院中没有一位议员能告诉我们这对总薪资有什么影响。这个几乎（G）是无法计算的。这样一个完全荒谬的（E-）体系在文书雇佣薪资计算上已经经年累月地发展成了我们正在讨论的数学怪胎（E-）。我们通常被告知允许的总额大约是 35000 美元。这是不精确的。可能一个办公室开销少于 35000 美元，而在另一个办公室即便完全符合法律，也没有任何蓄意的多报销，总额仍可能超出 42000 美元。这很可能，因为一套奇怪的（E-）计算公式使得三个薪资 5000 美元的文书所花费用少于五个 3000 美元薪资的文书的。在世界上任何其他地方 5 乘以 3 都应该等于 3 乘以 5，但是在众议院雇佣的文书上却不如此。（R）
>
> 这是对荒谬（E-）的运用。这是对簿记原则、会计原则和商业原则的违背，同时也违背了常识（E-）。听听这样的公式。

论证的主要论点已经足够清楚了：凯尔在说目前的文书薪资

补贴系统完全混乱，而在这方面采纳任何其他措施之前，应该先矫正这一混乱的现状。这一段中有大量的负面评价。注意凯尔所使用的词语和短语：

一个完全荒谬的体系

奇怪的计算公式

违背了常识

数学怪胎

荒谬

评论中也有少量反讽，在世界上任何地方5乘以3都应该等于3乘以5，但是在众议院计算文书薪酬上却不如此。记住，使用负面评价和表达性词语只要恰如其分就没有任何问题。看看凯尔论证中的那九步公式，你们能自己判断他是否有充足的理由使用负面语言。

> 议长先生，现在我要为此提出修正案或替代案，为那些服务人口数多出平均值或经“大区选举”以及受其他可能因素影响的有确需求的议员增加额外的文书聘用补贴。

a. 这一段抵消了任何认为凯尔没有意识到某些选区可能确实存在问题的意见，也指出他有意愿处理这件事。

b. 短语“其他可能因素”并不太重要，但它似乎被算了进来，以期其他至少能够被考虑到的雇佣文书的理由。

> 但是(D)在陷入这样的数学迷阵(E-)后,我意识到(A),不先更正这一状况便急于推进新措施是愚蠢的(E-)。

a. 凯尔在这里清楚地表明他认为该措施不合时宜的原因。注意,他提到的原因得到了充分的佐证,并没有受各种限制而回避掉。

b. 词语“数学迷阵”和“愚蠢”又是负面的评价。

> 我们能够找到各种借口(E-)来逃避解决问题。但是我们无法找到令人信服的论证证明(A)不应该解决问题或问题不能被解决。

注意第一句中通过将对手的论证称为借口——一个贬义词——来嘲笑它们。第二句做出可以找到解决办法的保证。

> 有人暗指这个伟大机构里的议员更愿意维持现有体系,因为他选区的选民可能反对总额。我知道(A)不是这样的。当一名议员忙于最低工资、教育补助或是人权等议题时,这种内务显得太过鸡毛蒜皮,会被忽略。议员简单地查对一下表格,按照规定雇佣他能聘用的人员,然后忘记了整体效果。但(D)我知道(A),议员也希望选区的选民了解我们在这

> 里所做的事情是公开、坦率以及精确的（E+），并且我们树立了一个高效程序的典范。我们越能展现责任感，国会就越会受到信赖。

a. 这里再次使用大量的修辞手法。有人（尽管不是凯尔本人）暗指国会议员想要隐瞒信息。他通过“我知道不是这样的”一句否认了他可能会做出这种暗示的想法。尽管如此，他在论证中提到了这种暗示。

b. 随后，凯尔指出了国会议员可能不会关注这项措施：它“太过鸡毛蒜皮”了。最后两句话反驳了认为它琐碎而不值得密切关注的想法。即便是在琐碎的事务上，国会越是“公开、坦率以及精确”，它就越有可能“树立了一个高效程序的典范”，由此“展现责任感”以提高“国会受到的信赖”。这实际上是凯尔论证中的一个重要部分，因为他的主要问题大概是要让国会其他议员重视这件事。

> 让我总结一下。很明显（A），一些议员由于（M）所在选区人口更多或区域更大需要更多的文书协助。我已经竭尽我们所能得到的一切帮助，努力工作了一段时间（A），以期找到能将这些项目纳入考量的措施。那些真正需要帮助的议员应该明白（A），我们今天所讨论的这种临时的、一拍脑门想出来的（E-）办法很可能（G）会妨碍他们获得满意的最终解决方案。

a. 这是一个简要的结论。凯尔再次向国会保证他明白真的存在问题。他也讲明他正为此工作。

b. 短语“我们今天所讨论的这种临时的、一拍脑门想出来的办法”回溯到他有关不合时宜性的论证。

c.“它很可能会妨碍他们获得满意的最终解决方案”的论断回溯到经济的论证。然而，注意像之前一样，经济主张受到“很可能”一词的保护。

> 首先，我们<u>应该</u>（E+）等待全国选区重划。
>
> 其次，我们<u>应该</u>（E+）考虑适当补贴人口以及整体地域面积超标的选区。
>
> 最后，我希望我们能够研发一套<u>合理且实用的</u>（E+）公式来计算文书以及其他同类别法定雇员的薪水。

这里很直白，除了引入了新的因素：我们应该等到全国重划选区。之前的论证中并没有提到这一点，因此出现在总结中似乎有些突兀。可能这个论点太明显了以至于无须更多的论证支持。但另一方面，对最终偷偷混进论证中的东西随时保持警惕通常会很有用。如果选区重划近期马上发生，就给延缓实施该措施一个强有力的理由。因为这一论点可能变得很强，以至于我们会好奇为什么凯尔这样蜻蜓点水带过。这里，我们可能变得太过敏感了。

现在，我们已经细致分析了凯尔议员的论证的方方面面，我们可能退后一步，留意这一论证整体的一些重要特征。尤其是留心一个论证的目的、受众和立场通常富有启发性。

第一，凯尔的总体目的清楚。如他开场白中指出的，他提出一个论证来证明他反对提高文书聘用补贴是有道理的。实际上，他说的每件事都指向这个单一目标。其他情况下，论证者诉求多个目标，将其辨识出来会是一件复杂的事。有时候，甚至分辨一个论证究竟想论证什么都很困难。这通常是提出论证的人自己没搞清楚，或者是他想把受众搞糊涂的一个标志。

第二，凯尔的论证对特殊受众发表。他不是对着高兴看到政府乱花钱的美国的敌人发表演讲。他也不是对文书或文书聘用补贴提高后可能被聘用的美国公民演讲。他对国会其他议员发表论证。他试图向这一团体展示，他们和他都有理由反对提高文书聘用津贴。而他的任务是，提出否决提升文书聘用津贴可被他们接受——或他们应该接受——的理由。

第三，凯尔不仅是对一个特殊受众群体发表论证，他采纳的立场也很独特。好的论证通常不仅针对特殊受众，也要来自独特的立场。凯尔的立场清晰而有力。他表现为一个意志顽强、完全诚实的人，愿意站出来反对多数人的意见。事实上，这可能是他性格的真实反映，但是通过采取这样的立场，他取得了一项重要的论证优势：他暗示反对他的人都有一点意志薄弱，都不完全耿直，不过是民主党多数控制国会的工具。通过摆出这样的姿态，凯尔让他的对手蒙上了很难愉悦的色彩。

通过确定论证的目的、受众和立场，我们能更清楚要成功达成论证目的所需完成的事情。通过仔细考察论证中的特殊用词，以及对话暗示了什么，我们能更好地理解论证如何达成预期目标。这些一起帮助我们理解了论证。有时候，论证到底成功了多少一直会不那么清楚。总是需要仔细和技巧来运用这些方法。然而，练习越多，你就越能够理解论证。

练习 1

阅读下面一段文章。之后，对于每个标号的表述，回答相应问题或用下列缩写标出主要的论证行为，如果它有的话：

M =论证标记

A =保证词语

G =保护词语

D =抵消词语

E- =负面评价词语

E+ =正面评价词语

R =修辞手法

N =以上都不是

这封给编辑的信刊登在 1992 年 9 月 23 日的《达特茅斯报》（*The Dartmouth*）上，提到作者所在学校的部分被隐去。作者是时任学生会主席以及兄弟会的一名成员。（安德鲁·毕比《希腊社团应该合并》,《达特茅斯报》“给编辑的信”，1992 年 9 月 23 日。使用经安德鲁·毕比许可）

希腊社团应该合并

安德鲁·毕比

现在人们有时会问“为什么希腊兄弟会和姐妹会体系应该合并？”对他们，我用一个问题提出解答[1]，“为什么不？”[2]

大学的学习超出了教室，延伸到运动场上、艺术室中，以及我们的社交环境中。[3]事实上[4]，有人[5]说我们在大学所学多数[6]来自与他人的交往，以及那些在教室之外的时间获得的观念。按照性别分离学生的社交和住宿环境的想法直接违背了大学生活的理念[7]。这恰恰[8]就是兄弟会和姐妹会所做的事情。

从小而紧密的团体带来的所有好处[9]看，强大社交教育的潜力似乎明显[10]。但是[11]将我们团体中另一半人排除在外对我们来说合理[12]吗？[13]在很多大学里，兄弟会和姐妹会中都存在自愿的分离。

从策划派对或是参加学生活动，到分享住宿和娱乐空间，兄弟会和姐妹会体系是一个充满[14]教育潜能[15]的社交环境。认为女生和男生能从这样的环境中获得完全的经验，而实际上[16]又将他们分离的想法是不合理的[17]。

但是[18]女生和男生从对方的身上都学到了哪些他们不知道的东西呢？[19]各个年龄段都有两性关系问题

证明[20]我们的社会深受性别偏见的困扰[21]。因为[22]偏见是一方对另一方的不了解[23]，最好的办法是通过教育来解决。那么[24]问题就变成了：教育彼此最好的方式是什么？

性别歧视、仇视同性恋、约会强奸、进食障碍以及其他社会问题[25]常常[26]与两性关系议题联系在一起。一如校园经验所显示[27]的，与这些问题斗争，我们还有很长的路要走。兄弟会和姐妹会的捍卫者们也许[28]会辩称，他们仅仅是具有单一性别这一特征，并没有鼓励性别歧视或其他偏见。但是[29]，如果我们发现这些问题存在于社会之中，那么重要的不是究责，而是[30]找出改善的办法。很明显[31]，按性别分离人群不是促进两性之间更好[33]理解的正确[32]方法。与之相反，让不同的人汇聚一起，是能够克服偏见的唯一方法，不管它出于什么原因（造成什么后果）[34]。

承认推倒分离的围墙可能[35]会有助于促成更好的相互理解后，看看什么可能[36]会变得更糟就很重要了。可能会涌入一些[37]明显的[38]后勤变化、入会、与国家机构的关系、（学生）议会的领导权。但是[39]真正的变更在哪里呢？[40]男生可以[41]继续培养与其他男生的紧密联系。女生可以[42]继续和其他女生紧紧联系在一起。差别在于，会有一个明确规定的[43]

环境让男生和女生可以[44]创建彼此之间强大的、持久的联系和友谊。

合并体系会带来的好处[45]远多于牺牲[46]。男生和女生能够分享运作现在主要[47]由男生控制的社交机构的责任。大一的男生和女生能够与高年级学生在教室或食堂之外的社交环境中互动。合并体系中的人会找到超出他们自己性别的强力支持团体。有了这些及更多优点[48]，全部合并的体系明显[49]提供了单一性别组织所能提供的全部东西以及更多东西。尽管[50]要做出一些[51]小牺牲，但那相较于所得[52]微不足道。

大学是我们想孤立自己的最后一个地方。"全人教育"的全部理念都基于[53]扩充知识，而不是让我们彼此分离。我们的兄弟会和姐妹会囊括了很多[54]不同类型的学生。那么[55]为什么有些团体仅仅因为[56]女生是女生就拒绝她们？为什么有些团体仅仅因为[57]男生是男生就拒绝他们？唯一解决办法就是废除兄弟会和姐妹会体系的隔离。毕竟[58]，在它质疑相互认识时，我们在害怕什么？[59]

问题：

[1]：这句话是一个显性施为句吗？

[2]：解释在这一语境下，问"为什么"和问"为什么

不”的区别。

[3]：为什么作者要从这点开始？

[4]— [12]：写出标记。

[13]：这个反问句期待的答案是什么？

[14]：这是哪种修辞手法？它的用意何在？

[15]—[18]：写出标记。

[19]：谁被设定来提出这个问题？

[20]—[22]：写出标记。

[23]：这个定义的用意何在？

[24]—[33]：写出标记。

[34]：作者为什么要添加这个非独立子句？

[35]—[39]：写出标记。

[40]：在这一语境下，这个问题暗指什么？

[41]—[58]：写出标记。

[59]：这个反问句期待的答案是什么？

练习 2

阅读以下取自《华盛顿邮报》的文章（罗伯特·雷德福《一件“上帝的作品”》,《华盛顿邮报》,1997 年 11 月 5 日,A19 版。经许可使用），对每个标号的表述，使用练习 1 中出现的缩写标出主要的论证行为，如果有论证行为的话。

一件“上帝的作品”

罗伯特·雷德福

刚好一年前，克林顿总统创立了大阶梯-埃斯卡兰特国家遗迹保护区以[1]最终保护[2]部分[3]犹他州奇特的红石峡谷地域。为了应对[4]荷兰公司安达莱克斯在凯佩罗维兹高原上的采矿计划，克林顿总统依据《古迹保护法》行使特权设立新的保护区，以保护为目的留出他描述为“世界上最令人震撼的地貌之一”。我完全同意。[5]二十多年来，很多人进行了一场又一场的斗争[6]，以避免砾岩开采掠夺走[7]让人目眩神迷的红石峡谷地域独特财富[8]。现在[9]，我们觉得至少它们中的一些是安全的了。

事实并非如此。一如听上去的那样使人震惊[10]，克林顿政府的土地管理局已经批准在保护区内开采石油。土地管理局给了康纳公司这家杜邦集团下属子公司，在新保护区中心位置[11]油气开采许可。你也许会[12]和我一样好奇，怎么能发生这样的事？[13]难道创立保护区的全部目的不是要保护那些色彩鲜艳的悬崖、弧度大的拱门洞以及其他卓越的自然资源[14]免受大规模的矿开采发展的破坏吗？总统难道不是说了要为我们的子孙后代从开矿公司的手中拯救[15]这些土地吗？

土地管理局说它束手无策。[16]为什么？因为[17]按照“有效存续权”这些土地应被排除在外，而康纳公司拥有租约使其有权进行开采。康纳公司当然[18]拥有租约——事实上[19]，不止一份——但是[20]这些租约最初签发的时候没有充分的环境调研或公共投入。因此[21]，没有任何一份租约能够赋予（康纳公司）开采的有效权利。另外[22]，现在决定签发开采许可的过程中，土地管理局没有进行任何完备的、在这些无与伦比的土地上进行开采的环境影响分析，而是[23]基于一份甚至没有参考在其他联邦租赁土地上开采（情况）的缩略简报，就断定不会造成明显环境破坏。

听上去像[24]华盛顿对我说了假话[25]。多年以来，我已经在这片卓越的土地上生活多时，我知道[26]有一座石油钻塔在它中间会有严重的影响。此外[27]，康纳公司想要钻一口井寻找石油。不可避免[28]，更多的钻塔、更多的道路、新的石油管线、有毒[29]垃圾和灯红酒绿的都市生活，都将随石油的发现接踵而至。土地管理局注意不到这些事情，但是[30]美国鱼类及野生动物管理局和美国国家环境保护局注意到了。这两个机构都认识到[31]大面积石油开采可能为该区域带来的毁灭性[32]影响，并且敦促土地管理局拒绝批准以[33]保护这一保护区。

可能[34]问题[35]源于将对这一保护区的管理责任给了土地管理局。这是土地管理局的第一个国家遗迹保护区，其他几乎[36]都由美国国家公园管理局管理。公园管理局的任务是将资源保护[37]置于自己的监管之下，而土地管理局却经常寻求在其监管之下对这些自然资源进行经济利用。即便如此[38]，土地管理局在该区域管理计划的讨论制订过程中引入广泛的[41]公众参与，倒像是[39]开了一个好[40]头。然而[42]土管局允许在遗迹保护区内开采石油的决定从一开始就彻底削弱了[43]这一过程。

我们正在谈论的是，用克林顿总统的话说，一小件“上帝的作品”。几乎[44]450万英亩不可替代的红石荒野仍在遗迹保护区之外。让我们至少保护那些在保护区内的部分。很多遗迹保护区内人迹罕至的[45]区域应该[46]保留原样——像个荒野的样子。如果[47]这样的开发模式被允许继续，那么遗迹保护区的名号就没什么意义了。

环境保护主义者——包括犹他南部荒地联盟（Southern Utah Wilderness Alliance）、自然资源保护委员会（Natural Resources Defense Council）以及荒地学会（Wilderness Society）——将土地管理委员会的决定告上内政部土地申诉委员会。然而[48]，这一上诉于本月初早些时候被驳回。这是一个致命的错误[49]。我们不应该在国家遗迹保护区内进行开采。就是这么回事。像克林顿总统在国家遗迹保护区的成立仪式上说的：“有时候用控制边境来衡量进步，而有时候[50]我们必须从为子孙后代保护边境来衡量进步。”

允许在大阶梯-埃斯卡兰特国家遗迹保护区中继续开采可能会给克林顿总统任期标志性遗产留下永久的污点。

练习 3

阅读下面取自公平交易咖啡公司的广告（版权所有©1997、1998、1999）。对每个标号的表述，使用练习 1 中出现的缩写标出主要的论证行为，如果它有论证行为。然后，讲出你认为哪些是核心的结论和前提。如果有的话，你对这个论证有些什么批评？

一大早提这个可能[1]有点早，但是[2]如果[3]你从大公司[4]买咖啡，你就在不经意间维持让小农户贫穷[5]而[6]肥了[7]有钱公司的体系。通过[8]选择公平交易咖啡公司的咖啡，你能够[9]帮助改变。我们相信以共同认可的价格直接与小型农业合作企业交易，而且这一价格的最低点是固定的。之后[10]，即便[11]咖啡市场萎缩，农民仍旧能够保有公平[12]价格。因此[13]，喝一杯公平交易咖啡公司的咖啡，让小农开心[14]。当然[15]，您买公平交易咖啡公司的产品不需要完全无私。因为[16]，我们在提炼美味[17]咖啡口感方面的骄傲一如[18]我们帮助了[19]生产它们的农民一样。索取更多公平交易咖啡公司的信息或是直接预定我们的美味、有机和荫种咖啡系列，请拨打18004068289。

练习 4

通过细致分析来练习更多的细致分析：

1. 第一章结尾讨论问题中的段落；
2. 你们当地报纸中的编者按、读者来信或广告；
3. 其他课上的阅读材料；
4. 其他课（或者这门课！）上教授的讲座；
5. 一篇你或你的朋友在其他课上写的论文。

讨论问题

1. 如一些社会批评家所认为的，如果电视的普遍特质创造了一代又一代理智上被动的机械化的人，那为什么要学习细致分析？

2. 电视广告通常是小型的论证。详细描述最近的一些电视广告，确认发挥作用的论证工具。

第五章

深度分析

日常生活中的论证很少孤立出现。它们常常出现在与论证本身没什么关系、连篇累牍的赘述之中。日常论证也很少是完整的。关键前提通常被省略了。很多这样的省略是可以容忍的，因为我们能够通过对话暗示间接地传递大量信息。然而，要理解和评价一个论证，必须把论证从周边无关的语境中剥离出来，将论证中未明说的部分讲明，并且将它们有体系地排列好。这样的重构能让我们立于更好的位置，判断一个论证到底是好还是坏。本章将阐发重构论证的方法，这样它们能被以一种合理和系统的方式分析和评价。之后则通过将其运用于因基本原则不同而造成的重要分歧之上来展示这些方法。

从基本的开始

要理解一个论证，将它转换为标准形式会很有帮助。像我们在第三章中看到的，只需要写下编号的前提，画一条线，在结论前加上“∴”，然后标出哪些前提应该是结论的理由。这就是我们以标准形式写下的全部东西，但是在包含论证的段落中通常还有更多东西。陈述论证会横跨好多页，而基本论证只有一些前提和单一结论，这都很寻常。

造成这种情况的原因之一是人们常常转换话题。他们开始为某一主张论证，但又会想起其他事，因而就会说一会儿这些事；然后，他们最终才回到最初的主题。一个例子发生在共和党总统候选人 2007 年 10 月 9 日的辩论中，当米特 · 罗姆尼说：

> 我们要严肃地将艾哈迈迪–内贾德 [伊朗总统] 作为他所表现出的无赖和小丑一样对待。联合国邀请他到这个国家来是件骇人听闻的丑事。哥伦比亚大学邀请他到学校发表演讲也让人难以容忍。这是一个否认过大屠杀事实的人，一个谈论种族灭绝，寻找执行方式的人。对这个国家来说，允许这样的人掌控核武器发射是不能被接受的。因此我们将采取必要行动防止这样的事情发生。[1]

罗姆尼对联合国和哥伦比亚的批评实际上并不是他论证的一部分，因为它们并不支持罗姆尼的论证结论，即美国需要阻止艾哈迈迪–内贾德获得核武器。

1 CQ Transcripts Wire, Tuesday, October 9, 2007, washingtonpost.com.

这样转换话题可能完全无关或没有必要，它们常常会导致他人很难跟上论证。一些人甚至会故意转换话题来迷惑他们的对手，并且隐藏他们论证中的漏洞。这种无关的转向有时被称作红鲱鱼（据说一个人被猎狗跟上之后，只要在他走过的地方拖拽一条熏干鲱鱼就能让猎狗跟丢）。更常见的称呼是连篇废话的伎俩（trick of excess verbiage）。这违反了对话规则，即我们在第二章讨论过的量的规则、相关规则还有方式规则。

要关注论证本身，我们需要仔细看清楚每个单一句子，决定它是否影响论证的有效性或强度，或它的前提是否为真。如果我们认为一个句子对于论证来说不必要，那么在我们以标准形式列出前提和结论的时候就没必要加上它。当然，我们必须小心，不要错过任何可能提升论证的东西，但是我们也不想包含进来太多，因为不相关的材料只会让分析和评估论证更加困难。

另一个额外材料的来源是重复。想想参议员约翰·爱德华兹在 2004 年 1 月 22 日民主党总统候选人辩论中对《捍卫婚姻法案》（Defense of Marriage Act）问题的回应：

> 这些是应该留给[联邦各州]的议题。比如，马萨诸塞州刚刚做出决议——至少州最高法院做出了决定——接受同性婚姻。我认为这是各州应该有权做出的决定。而《捍卫婚姻法案》，如我所理解——你是对的，它通过的时候我并不在场——但是如我所理解，可能会拿走这项权力。而我认为这

是错误的，各州不应该被剥夺这项权力。[1]

现在比较一下：

有些议题应该留给各州。

这些是联邦各州应该有权决定的。

那种权力不应该被从各州夺走。

以上三句说的其实差不多是同一件事，因此我们根本不需要它们。

为什么人们会这样重复自己？很多时候他们只是忘记了自己之前已经说过的论点，但是频繁地重复达成了一个目标。好的演讲者时不时重复自己的主要观点，提醒他们的受众注意之前说过的事。当用来解释某事的时候，重复会更加精妙。用新的方式反复陈述论点，常常能够将其阐明清楚。重复也能起到某种保证的作用，作为有信心的表现，或是表明论点有多么重要。有些作者好像认为如果他们说得足够多，人们就会相信他所说的。不管这一技巧是否有效，如果两句话说的是同一件事，在将论证转换为标准形式的时候，就没有必要将两句话都列出。从逻辑的观点看，将同一前提枚举两次并不能让论证变得更好。

通常，保护词语也能够被省略。如果我说，"我认为米兰达在家，所以我们可能会在那里见到她"，这一论证可能以标准形

1 Lexis Nexis TM Academic，版权所有 © 2004 联邦新闻社。

式如下表述：

（1）我认为米兰达在家。

∴（2）我们可能会在那里见到她。（从 1 推出）

这是误导。我的想法并不是让我们在家见到米兰达的原因。我的想法甚至不能提高她在家或我们在那里遇见她的可能性。是米兰达在家这一事实为结论提供了理由。因此，把论证转变为标准形式的时候，去掉保护表述（“我认为”）会更清楚。但是你要小心，因为不是所有保护表述都能被去掉。当我说“我们可能在那里见到她”，我可能不是只想说“我们能够在那里见到她”。毕竟，即便她现在在那儿，我们也可能在她离开之前无法赶到。那么从我的结论里去掉“可能”会曲解我本想说的意思，使得我的论证更有问题，所以如果想友善而准确地理解我的论证，你就不应该去掉保护词语。

这里有另一个例子。如果一个朋友说你应该扣上安全带因为你可能会出车祸，将保护词语（“可能”）去掉会曲解论证，因为她并没有说你肯定会发生车祸，甚至不是说你很有可能将要出车祸。车祸的概率已经足够表明你应该扣上安全带，因此当论证被转换成标准形式时，这个保护词语应该被保留。

有些情况下，也可能去掉保证词语。假设有人说：“你明显不能 1 月份在阿拉斯加打高尔夫球，因此带高尔夫球杆没意义。”不需要保留前提里的保证词语（“明显”）。它甚至可能会产生误导，因为关键在于前提是否为真，而不是它是不是明显。这个论证不能这样驳斥：即便实际上并不能 1 月在阿拉斯加打高尔夫球，但这它不明显，因为那里可能有室内高尔夫球球场。相反，另一些情况下就*不能*去掉保证词语。例如，如果有人论证说，“我们知道贫穷导致犯罪，因为很多研究显示如此”，那么去掉保证词语（“我们知道”以及“研究显示”）应无法不将论证变成一个空壳：“贫穷导致犯罪，因为事实如此。”这一论证的论点在于引述我们知识的来源（“研究”）和展示我们确实有知识而不仅凭直觉。如果我们去掉保证词语，这一点就失去了。

不幸的是，并没有什么一劳永逸的方法来确定什么时候能删掉保护或保证词语和表达，或某些句子是否是不必要的话题或重复。我们只要仔细看说了什么，并且认真思考支持结论所需的是什么。这要有极大的能力、细心和智慧将论证精简到基本核心内容，而不漏掉任何能使论证更好的部分。而那就是目标：如果想理解某人的论证，那么你应该尽量让论证展现它本来最好的状况。你应该宽容地诠释它。曲解和过度简化别人的论证有时可能很有趣而且能够在辩论中出彩，但是它不能帮助我们理解别人的论证或从中有所收获。

练习 1

将下列论证转化为标准形式并且删去所有不影响论证有效性或前提真实性的部分。

1. 费城历史上很富有，但是现在不是美国的首都，因此美国国会必须在其他地方开会。

2. 不是你邀请的每一个人都会来你的派对。他们中有些不会来。因此这间屋子应该够大了。

3. 我知道我的太太在家，因为我刚给家打电话和她通了话。我们讨论了用餐计划。

4. 我不太确定，但是约瑟夫有可能是犹太人。因此，如果他是一名神职人员，那么他是一位拉比。

5. 有些学生课上无法集中注意力，因为他们课前没有吃午饭，虽然我吃了。

6. 最令人吃惊的消息是约翰逊退出了竞争，因为他觉得对手比他更适合这个职位。

7. 自由党候选人可能会胜选，因为专家认为大多数妇女支持他。

8. 我觉得已婚人士更快乐，因此婚姻肯定是一件好事，或者至少我认为如此。

讨论问题

在上面的引文中（第 125—126 页），删去爱德华兹“我认为这是各州应该有权做出的决定”和“我认为这是错误的，各州不应该被剥夺这项权力”两句开头的“我认为”是否合理？为什么合理或者为什么不合理？在这一语境中，短语“我认为”是否用作保护、保证或其他目的？解释为什么爱德华兹加上了这些词。

阐明关键术语

在基本前提和结论被分离出来之后，我们通常需要在开始逻辑分析之前先澄清这些主张。这里的目标不是完全的明晰，因为可能根本没有明晰的主张。然而，在我们合理评估一个论证之前，有必要先消除歧义和减少模糊。尤其是具体说明代词指代了什么会很有帮助，因为这类指代取决于论证转变为标准形式后会发生改变的语境。如果是回应某一特定主张，“你错了”和“那是错的”完全清楚，但是当它们被挪到标准形式论证的结论里去时，就会失去这种明晰性。通常我们也需要确定一个主张是针对主题的全部、大部分、很多，还是部分内容。当人们说“蓝调音乐是悲伤的”，他们是说所有、大部分、一些，还是典型的蓝调音乐？

当有人如此论证的时候，会出现另一个普遍的问题：

你应该对 drugs（毒品 / 药物）说“不”，因为 drugs 是危险的。

什么算是 drugs？青霉素和阿司匹林吗？说话的人可能是指“像可卡因这样的毒品”，但是哪方面“像”它们？它可能指的是“易成瘾的药物”，那么是（常常让人上瘾的）酒精和尼古丁？你可能认为说话的人意指“危险的药品”，但如此前提就变得空洞了：“危险的药品是危险的。”又或许它的意思是“违法药品”，但那好像就假定了法律在什么是危险的方面是正确的。在任何情况下，如果我们不知道它主张的范围，就不能开始评估这一论证。

当然，我们不应该试图去阐明论证中的每一个术语。即便这有可能，也会使论证非常冗长和无聊。与此不同，我们的目标是阐明任何现在不清楚就有可能在之后产生混淆的术语。当我们的分析继续进行，如果发现有需要，我们总是可以回头再来阐明更多的术语，但是最好从一开始就解决最明显的问题。

然而，有些问题就是不会消失。如果你无法想出如何阐明其他人论证中的一个关键术语，不要觉得挫败。错可能在于给出论证的人。通常，一个论证放任关键术语模糊或有歧义，是因为如果它的术语更清晰，那么论证中严重的缺陷也会变得明显。我们将在第十三章和第十四章中讨论这种伎俩。现在，我们只需要尽我们所能去理解和阐明论证中的基本术语。

剖析论证

一个单一句子常常包含好些做出不同主张的分句。当它们出现时，将句子分解为最小的组成部分通常很有帮助，那样我们就能独立地考察每一部分。因为与复杂的步骤相比，简单的步骤更容易跟踪，当论证分解之后，我们能够更好地理解论证。剖析能够让我们更容易注意到论证中的任何瑕疵。它也能让我们非常精准地找出论证哪里出了问题，如果有的话。

剖析论证的过程是一项只能通过实践习得的技能。让我们从一个简单的例子开始：

乔赢了打赌，因为他所要做的全部事情就是吃掉五磅牡蛎，而他吃了九打牡蛎，比五磅要重。

这一论证最简单的剖析方式是下面标准形式的重述：

（1）乔所要做的全部事情就是吃掉五磅牡蛎，而他吃了九打牡蛎，比五磅重。

∴（2）乔赢了打赌。（由 1）

如果我们考虑这个论证的前提，我们看到它实际包含了三项主张。如果我们将这些主张分解成独立的前提并且为了明晰而添加一些内容，那么论证将会更清楚。那么，以下就是这一论证更好的表述：

（1）（为了赢得打赌）乔所需要做的所有事是吃掉五磅牡蛎。

（2）乔吃了九打牡蛎。

（3）九打牡蛎比五磅重。

∴（4）乔打赌赢了。（由 1—3）

这样分解前提之后，论证可能失败的三种不同方式就变得明显了。一种可能是第一个前提是错的，因为乔要赢得打赌不光需要吃掉五磅的牡蛎：可能他赌的是在五分钟内吃掉五磅。另一种可能是第二个前提是错的，因为乔并没有真的吃掉九打牡蛎：可能他实际只吃了一打牡蛎，但是片成了九打牡蛎片。最后一种论证可能失败的方式是第三个前提是错误的，因为九打牡蛎没有五磅重：可能乔所吃的牡蛎很小，或者可能九打牡蛎只有还在壳里的时候才比五磅重，但是乔并没有吃掉壳。在任何一种情况下，如果论证有错误的话，将复杂前提分解为更简单的前提会更容易发现错在哪里。因此，如果将论证彻底分解之后仍没有发现任何问题，我们就能更有信心确认论证没有错误。

尽管当其可行时，分解论证的前提是一个好点子，但我们还是必须注意不能采取改变论证的逻辑结构的分解方式。设想有人以如下方式论证：

社会主义注定要失败，因为它没有提供繁荣经济所需的刺激。

对这一论证最简单的表述有如下标准形式：

（1）社会主义没有提供繁荣经济所需的刺激。

∴（2）社会主义注定要失败。（由 1）

我们很容易想到将第一个前提分解为两部分：

（1）社会主义没有提供刺激。

（2）繁荣经济需要刺激。

∴（3）社会主义注定失败。（由 1—2）

按照这种形式，论证就暴露在一个致命的反驳之下：社会主义确实提供了一些刺激。在社会主义经济体中，工作成果突出的工人往往能够得到公开表彰和特殊荣誉。但这并没有反驳最初的论证。最初论证中的论点不是说社会主义没有提供任何刺激，而仅仅是说社会主义没有提供创造繁荣经济的足够刺激或正确类型的刺激。如果我们以上述建议的方式分解前提，会丧失这一点。更好的方式是：

（1）社会主义没有提供足够的刺激。

（2）繁荣经济需要足够的刺激。

∴（3）社会主义注定失败。（由 1—2）

现在的问题是确定刺激什么时候是足够的。需要哪种刺激？要多少这样的刺激？答案似乎是“对繁荣经济来说足够的”。但是这样的话，前提 2 就变成“繁荣经济所需的对繁荣经济来说足够的刺激”。这样太空洞，没有用处。这样，我们就被引导回到类似最初前提的形式：

（1）社会主义没有提供对繁荣经济来说足够的刺激。

∴（2）社会主义注定失败。（由 1）

在这个例子中，我们不曲解原意就无法分解前提。

安排次论证

当论证的前提被分解，往往会看清楚有些前提被用作另一些前提的理由。这样，前提就组成了一个简单论证的链条，最终达到最后的结论，当然它必须经过一系列中间步骤。考虑以下论证：

> 9点表演前我不可能完成论文，因为我得先阅读，那么，我甚至最快到9点才能开始写。

这一论证能够被转换成标准形式如下：

(1) 我得先阅读。

(2) 我甚至最快到9点才能开始写。

∴ (3) 9点表演前我不可能完成论文。(由1—2)

这一重构确实包括了最初论证中的全部三个部分，但是它没能显示每一部分的正确作用。最初论证中的两个论证标记表明实际上有**两个**结论。"因为"一词表明在它之前的部分是结论，而"那么"一词表明，跟在它后面的部分也是一个结论。我们不能将此论证表述为一个标准形式的单一论证，因为每一个标准形式的论证只能有一个结论。这样，最初的句子必须包含两个论证。这些论证之间的关系应该很明确了：第一个论证的结论作为第二个论证中的前提或理由。要表述这个，我们需要把两个论证组成一个链条。

这是第一个论证：

（1）我得先阅读。

∴（2）我甚至最快到 9 点才能开始写。（由 1）

这是第二个论证：

（2）我甚至最快到 9 点才能开始写。

∴（3）9 点表演前我不可能完成论文。（由 2）

如果我们想的话，可以把这两个论证写成如下链条：

（1）我得先阅读。

∴（2）我甚至最快到 9 点才能开始写。（由 1）

∴（3）9 点表演前我不可能完成论文。（由 2）

这一推理链条也能够以如下图表表示：

（1）
↓
（2）
↓
（3）

箭头表示哪些主张被用来为其他主张提供理由。因为这些前提和箭头全都在单一线条上，因此自然称这一结构是线性的。

尽管将一个论证拆解成不同阶段，然后再排列成线性系列通常很有启发性，但是如果做不对会产生误导。例如，第四章凯尔演讲中的第一句本来如下：

> 议长先生，我反对这项议案。我反对它首先是因为它很昂贵。我反对它还因为是它不合时宜。

如果我们试图将其硬转成单一线条，可能得到以下论证：

（1）议案很昂贵。

（2）议案不合时宜。（由 1）

∴（3）我反对这项议案。（由 2）

这一重构显示，这项议案很昂贵造成了它的不合时宜。那可能是真的（比如，在临时的预算危机中），但是这不是凯尔实际上说的。相反，凯尔是为同一个结论给出了两个独立的理由。第一：

（1）议案很昂贵。

∴（2）我反对这项议案。（由 1）

第二，

（1*）议案不合时宜。

∴（2）我反对这项议案。（由 1*）

这一论证的结构现在能够表示为树状分支示意图：

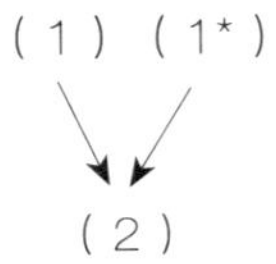

两个箭头表示有两个独立的理由支持结论。因为这种结构类似于从树干上分裂出来的树枝，我们可以将这种结构描述为**分支**的。我们必须要小心，不要把这类分支论证与没有分支的线性论证链条混淆在一起。

我们还需要把这一分支结构与多个前提共同作用支持单一结论的例子区别开来。考虑如下论证：

我的钥匙要么在家要么在办公室。它们不可能在办公室，因为我在那儿找过了。因此它们肯定在家。

稍做澄清，我们能够将这一论证转变为标准形式：

（1）我的钥匙要么在家要么在办公室。

（2）我的钥匙不在办公室。

∴（3）我的钥匙在家。(由1—2)

尽管这一论证有两个前提，但它并没有对同一结论给出两个独立的理由。少了一个，另一个前提单独无法足够让我们有理由相信结论。只是“我的钥匙要么在家要么在办公室”不足以支持“我的钥匙在家”，而只是“我的钥匙不在办公室”也不够支持“我的钥匙在家”。只有一起的时候，前提才能发挥效用。因此，如果把这一论证表示为与凯尔的论证一样的图示就是有误的。

相反，我们需要表明多个前提共同作用。这有一个简单的方式：

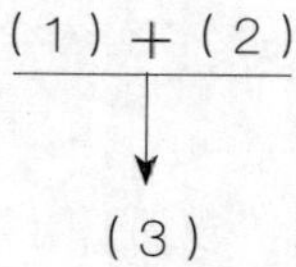

符号“＋”和箭头一起表示两个前提共同作用为结论提供单一的理由。两个被连在一起的前提下的横线表示得很清楚，那些是导向箭头所指结论的前提。如果三个或更多前提提供一个单一的理由，那么我们只需要加长列表——（1）＋（2）＋（3），以此类推——然后在这些前提下画一条线表示哪些前提共同作用。因为这些前提共同作用而不是单独作用，我们称这一结构为**共同**的。

我们图示的论证包含一个尚未被纳入的部分：

它们不可能在办公室，因为我在那儿找过了。

标准形式如下：

（2*）我在办公室找过钥匙了。

∴（2）我的钥匙不可能在办公室。（由2*）

这一论证就其本身如下图示：

因为这一背景论证的结论是论证另一部分的前提，我们合并图示如下：

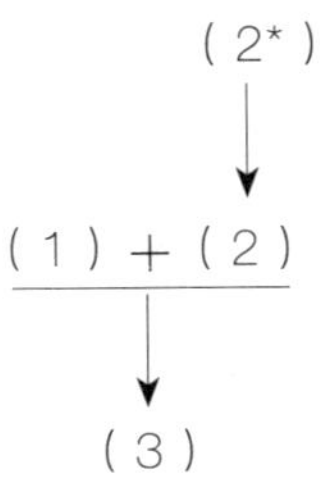

箭头从2*指向2而非1的事实说明这一背景论证支持前提2，而

非另一个前提。在像这样的例子中，你需要注意箭头画在哪里。

论证结构可以非常复杂，但是通过连接我们所示例的论证的简单形式，我们能够图示出大部分的论证。从辨认前提和论证开始。给每一个不同的主张不同的编号。当两个前提共同作用支持单一结论时，在前提之间加上“+”号，并且在它们下面画一条线连接一个单一箭头指向结论。当两个或更多前提（又或一套前提）为结论提供独立的多个理由，从每个理由到结论都画出一个箭头。当一个论证的结论是另一个的前提，将它放在链条的中间。完整的示意图一起将会展示论证的各个部分之间如何协作并且形成一个复杂的整体。

练习 2

将下列论证转换为标准形式。在能够不曲解论证的地方分解前提、形成论证链。之后绘出论证示意图。

1. 我知道派特不可能是一位父亲，因为她不是一名男性。所以，她也不能是一位祖父。

2. 要么杰克是一个蠢货，要么玛丽是一个骗子，因为她最终得到了他所有的钱。

3. 我们队这周六赢不了，既因为他们不准备比赛，也因为他们并不好，所以即便他们参赛也赢不了

4. 汞被认为是唯一一种室温下呈液态的金属，所以一磅的汞在这间室温下的房间里会是液态的，并且它也导电，因

为所有金属都导电。因此，某些液体也导电。

5. 因为他中了彩票，他是富有的也是幸运的，所以他也很有可能在股市上一展身手，除非他的运气耗尽了。

6. 乔不是大一新生，因为他加入男大学生联谊会，而新生不允许加入联谊会。他也不可能是大四学生，因为他还没有申报主修专业，而每一个大四学生都申报了主修专业。他也不可能是大三学生，因为我今天之前从来没见过他，如果他大三，那么今天之前我应该见过他。所以乔肯定是大二学生。

7. 因为很多新近涌现的国家没有可持续增长所必需的资本资源，它们将会持续需要来自工业国的援助以避免大规模饥荒。

练习 3

在《一件“上帝的作品”》(第四章练习 2) 中，罗伯特·雷德福认为美国土地管理局应该不允许康纳公司在犹他州的大阶梯–埃斯卡兰特国家遗迹保护区开采石油。以下段落是雷德福回答一个反对意见时的关键部分。以标准形式排列它的次论证来揭示他的论证结构。之后用图展示整个论证。

> 土地管理局说它束手无策。为什么？因为按照“有效存续权”这些土地应被排除在外，而康纳公司拥有租约使其有权进行开采。康纳公司当然拥有租约——事实上，不

止一份——但是这些租约最初签发的时候没有充分的环境调研或公共投入。因此，没有任何一份租约能够赋予（康纳公司）开采的有效权利。另外，现在决定签发开采许可的过程中，土地管理局没有进行任何完备的、在这些无与伦比的土地上进行开采的环境影响分析，而是基于一份甚至没有参考在其他联邦租赁土地上开采情况的缩略简报就断定不会造成明显环境破坏。听上去像华盛顿对我说了假话。[1]

练习 4

2007 年 10 月 9 日，共和党候选人辩论期间，克里斯·马修斯问参议员约翰·麦凯恩："你是否认为国会应该批准战略攻击，不是紧追中的攻击，而是对伊朗武装的打击——作为指挥官和主席，你是否需要国会许可？"阅读麦凯恩的回复，然后以标准形式排列它的次论证来揭示他的论证结构。之后用示意图展示整个论证。

麦凯恩：当然，我们处理的是假设情况。如果情况是需要立即行动来确保美国的安全，也就是你宣誓就职美国总统的时候发誓要做的事情。如果威胁变得越来越大，有一长串的增长，当然你会想去国会；当然你想要得到许可，

1 Robert Redford, "A Piece of God's Handiwork", *The Washington Post*, November 25, 1997, A19.

如果它是对美国国家安全很紧迫的威胁。所以它明显取决于设想的情况。但是我至少会咨询国会领导人，因为当需要国会许可的时候，可能要花一段时间。而我相信这也许比我们今晚正在讨论的情况更接近于事实。[1]

评价论证的一些标准

在辨认了明确的前提和结论，并且将它们全部放入统一的结构中之后，下一步是寻找遗失的部分。日常生活中的论证很少完全明确。它们通常依靠没有讲明的前提，而这些前提被对话中各方当作理所当然。我们需要找出那些隐藏的要素来完成论证并完整地评估它。

这一步带来一个严重的问题：什么时候加入论证人没有公开讲明的前提是合理的？批评一个论证假设了它实际并不需要假设的东西会很不公正。然而，如果一个论证确实需要满足特定标准以支持它的结论，那么添加让它满足那些标准所必需的前提就是合理的。因此，为了确定我们能合理地为一个论证添加哪些前提，首先需要精确地判断论证成功或很好所需要满足的标准是哪些。

评价论证是一项复杂的工作。事实上，本书的主要目的就是阐明评价论证的步骤。我们将会发现不同的标准适用于不同的论

1 CQ Transcripts Wire, Tuesday, October 9, 2007, washingtonpost.com.

证。然而，肯定有一些能用来评价很多论证的基本术语，我们现在就能简单介绍一下。它们就是有效性、真实性和合理性。这里非正式地介绍它们，之后（在第六章和第七章中）我们会被更严格地检验。

有效性

在一些好的论证中，结论应该从前提中得出。然而，我们很难确切说明“从中得出”这一常识性的概念。只有当结论的内容与前提的内容适当地关联时，才能从前提中得出结论，但是什么样的关联算是适当的呢？

为了回避这个难题，大部分逻辑学家转而讨论论证是否有效。称某事“有效”可以表示很多内容，但是在这一语境中，有效性是一个专门名词。这里“有效”不表示“好的”，而“无效”也不代表“不好”。下面是我们对有效性的定义：

> **当且仅当所有前提为真而结论为假不可能时，一个论证是有效的。**

或者可以说，如果前提都为真，那么结论必然为真（或者，如果结论为假，至少一个前提必然为假）。关键是某些关联——真的前提和假的结论——由于不可能而被排除。

以下论证通过了这种对有效性的测试：

（1）所有议员都有薪酬。

（2）萨姆是一名议员。

∴（3）萨姆有薪酬。（由 1—2）

很明显，如果两个前提都为真，结论不可能不为真。要看明白这一点，只要试着讲一个连贯的故事就行：每一个议员都有薪酬并且萨姆是一名议员，但是萨姆却没有薪酬。你没办法讲下去。

比较这个例子和另一个论证：

（1）所有议员都有薪酬。

（2）萨姆有薪酬。

∴（3）萨姆是一名议员。（由 1—2）

让我们假设这里的前提和结论事实上都为真，但仍不足以让论证有效，因为有效性关涉的是什么是可能的或不可能的，而不是那些恰好为真的东西。即便前提为真，这一结论也**可能**为假，因为萨姆**可能**离开了议会，但是仍旧从其他工作中获得报酬，比如游说人员。那种可能性显示这一论证是无效的。

另一种很常见的论证形式叫作**肯定前件**：

（1）如果正在下雪，那么道路是滑的。

（2）正在下雪。

∴（3）道路是滑的。

这个论证是有效的，因为不太可能它的前提为真而结论为假。我们能够通过假设结论为假，然后倒推回去来展示这一点。假设道路并不滑。那么有两种可能性。要么正在下雪，要么没有下雪。如果没有下雪，那么第二个前提为假。如果正在下雪，那么第一个前提必然为假，因为我们假定正在下雪并且道路不滑。因此，当结论为假时，至少有一个前提不得不为假。因此，这一论证是有效的。

这一论证可能看上去很像另一个（论证）：

（1）如果正在下雪，那么道路是滑的。

（2）没有在下雪。

∴（3）道路不滑。（由 1—2）

这个论证明显是无效的，因为当结论为假时，存在若干种方式使前提为真。可能雪刚停，或者结冰让道路很滑。那么，道路是滑的，因此结论为假，即便两个前提都为真。

还有另一种论证形式，经常被称作**排除法**：

（1）是乔，或者杰克，或者吉姆，或者杰瑞犯下了谋杀罪。

（2）乔没有干。

（3）杰克没有干。

（4）吉姆没有干。

∴（5）杰瑞犯下了谋杀罪。（由 1—4）

第一个前提断定四名嫌疑犯中至少有一人有罪。剩下的前提都为真并且结论为假的情况不可能发生，因为那种关联将会排除全部四个嫌疑人。因此这一论证是有效的。

现在比较这个论证：

（1）是乔，或者杰克，或者吉姆，或者杰瑞犯下了谋杀罪。
（2）乔干的。
∴（3）杰瑞没有犯下谋杀罪。（由1—2）

为了展示这一论证是无效的，我们要做的只是解释怎样才会前提为真并且结论为假。这里是一种方式：乔和杰瑞一起干的。在这种情况下，杰瑞犯了谋杀，所以结论为假；乔也干了，所以第二个前提为真；第一个前提为真，因为它说四名嫌犯中至少有一人犯下谋杀，在多一名嫌犯犯罪时它仍然为真。因此，合谋的可能性使得这一论证无效。

在第六章和第七章中，我们将会探索更多的论证形式。这里的目标仅仅是体验一下如何确定有效性。在这些例子中，当且仅当不可能其前提为真同时结论为假时，一个论证就被认为是有效的。你需要找出是否有任何可能的情况以决定一个论证是否有效。如果有，那么论证就是无效的。如果没有，它就是有效的。

这一定义显示了为什么有效性是论证值得拥有的重要特征。有效论证不可能引导我们从真的前提中得出假的结论。这应该与你对于推理的常识观念相一致。如果你正确地推理，不应该被从真理导入谬误。

满足这一有效性标准的推论就是所谓的演绎论证，因此有效性是好的演绎论证的一个衡量标准。其他论证——所谓归纳论证——不满足这一标准。粗略地说，归纳论证为结论提供强有力的支持。评价归纳论证的标准将在第八到十章中考察。现在，我们将集中在演绎论证上。

真实性

尽管一个好的演绎论证必须是有效的，但有效性还不够。一个原因是，即便它所包含的某些（或者全部）陈述都是假的，论证仍然能够有效。例如：

（1）没有父亲是女性。

（2）萨姆是一位父亲。

∴（3）萨姆不是女性。（由 1—2）

假设萨姆没有小孩或者萨姆是女性，第二个前提就为假。那可能是论证中的一个严重缺陷。尽管如此，这一论证满足我们对有效性的定义：如果前提为真，那么结论不可能为假。如果萨姆是一位父亲且没有父亲是女性的话，萨姆不可能是女性。这个例子明确表明了有效性和真实性不同。它也清楚表明对好的论证的另一个要求是它的所有前提必须为真。

合理性

这样我们至少有了对演绎论证的两个要求：

1. 论证必须有效。

2. 所有前提必须为真。

当一个论证满足这两个标准，它就是合理的。如果它无法满足其中任何一个，那么它就是不合理的。因此，一个论证如果是无效的，它就是不合理的，而当至少一个前提为假的时候，它也是不合理的。

	所有前提为真	至少一个前提为假
有效	合理	不合理
无效	不合理	不合理

合理性有一个重要的好处：一个合理的论证必须有一个真的结论。我们知道这个是因为它的前提都为真，并且因为它是有效的，不可能它的前提为真而结论为假。这就是为什么追求真实性的人会想要合理的论证，而不仅仅是有效的论证。

练习 5

指出下列论证是否有效以及是否合理。必要时解释你的答案。

1. 大部分教授同意他们薪水太低,所以他们确实薪水太低。

2. 大卫 · 莱特曼身高超过 1.2 米，所以他超过 0.6。

3. 李不能正确地运营一家公司，因为他不能正确地做任何事。

4. 巴拉克 · 奥巴马聪明而且英俊，所以他聪明。

5. 巴拉克 · 奥巴马或者是民主党员或者是共和党员，所以他是一名民主党员。

6. 因为吉米 · 卡特曾经是总统，他肯定赢过选举。

7. 因为杰拉尔德 · 福特曾经是总统，他肯定赢过选举。

8. 帕特或者是一位母亲，或者是一位父亲。如果帕特是一位母亲，那么她就是一名家长。如果帕特是一位父亲，他就是一名家长。所以，不管怎样，帕特都是一名家长（假设这一结论为真）。

9. 生活在卡罗来纳的人住在北卡罗来纳州或者南卡罗来纳州。希拉里 · 克林顿没有住在北卡罗来纳州或者南卡罗来纳州。因此，她没有生活在卡罗来纳。

10. 如果伊利诺伊州全都在加拿大，那么芝加哥将在加拿大。但是芝加哥不在加拿大。因此，伊利诺伊州不全都在加拿大。

11. 如果乔治住在克劳福德，那么乔治住在得克萨斯州。

如果乔治住在得克萨斯州，那么乔治住在美国。因此，如果乔治住在克劳福德，他就住在美国。

12. 不可能有一个最大的六位数，因为六位数是数，而没有最大的数。

练习 6

假设以下句子如指示那样或者为真（T）或者为假（F）。

我的小孩都是青少年。（T）

青少年都是学生。（T）

青少年都是我的小孩。（F）

我的小孩都是学生。（T）

使用这些规定的真实性，将下列论证标记为（a）有效或者无效，以及（b）合理或者不合理。

1. 我的小孩都是青少年。
   青少年都是学生。
   ∴我的小孩都是学生。

2. 我的小孩都是学生。
   青少年都是学生。
   ∴我的小孩都是青少年。

3. 青少年都是我的小孩。
   我的小孩都是学生。

∴青少年都是学生。

4. 青少年都是学生。
  我的小孩都是学生。
  ———————————
∴我的小孩都是学生。

练习 7

指出下列句子是否为真。对那些为真的句子，解释其为什么为真。对那些为假的句子，通过给出一个反例来展示其为什么为假。

1. 结论为假的论证都是无效的。
2. 有一个前提为假的论证都是无效的。
3. 有一个前提为假并且结论为假的论证都是无效的。
4. 有一个前提为假并且结论为真的论证都是无效的。
5. 前提为真并且结论为假的论证都是无效的。
6. 结论为真的论证都是合理的。
7. 结论为假的论证都是不合理的。

隐藏前提

现在我们明白了有效性和合理性，能用这些标准来决定哪些假设可以被合理地加入演绎论证中以使其完整。如果一个演绎论证的有效或合理需要某些额外前提，那么该论证就需要那个假设来成功地成为演绎论证。它会让为论证添加额外前提成为合理行为，即便给出论证的人省略了该前提。论证的人没有讲明额外前提，但是却假定了它。

例如，如果我们被告知切斯特·阿瑟曾经是美国总统，我们有理由推断关于他的很多事——比如，在他做总统期间，他是一个大活人。诉诸隐藏在下面论证背后的类似事实：

> 本杰明·富兰克林不可能是我们的第二任总统，因为他在第二次选举前就已经去世了。

这一论证明显引出了一个事实问题：富兰克林在第二次总统选举前就已经去世了吗？（他去世了。）如果这个讲明的前提不是真的，那么论证不可能是合理的。但是这个论证还依赖于一个将前提和结论紧密联系在一起的更为普遍的原则：

> 死人不能做总统。

为了让论证在严格意义上有效，需要这个新的前提。

这个新的前提被用来解释为什么前提支持结论。你可以仅仅通过添加它来让最初的论证有效：

> 如果富兰克林在第二次选举举行前去世，那么他不可能成为我们的第二任总统。

事实上，你总是能够通过添加前件为前提、后项为结论的条件式来使得一个论证有效。然而，这个方法通常不那么有启发性，也未揭示论证是如何推导的。在我们的例子中，关于富兰克林没有任何特殊的信息，所以添加一个特别提到富兰克林的条件式就有误导性。相较而言，如果我们加入普遍原则，“死人不能做总统”，这个新的前提不仅让论证有效，而且帮助我们理解结论其实应该如何从前提而来。

传统上，逻辑学家称那些没有被讲明但还是仍需要（来让论证有效并且解释它如何推导）的前提为隐藏前提。一个依赖隐藏前提的论证被称为省略三段论并且被认为是省略式的。如果观察日常生活中出现的论证，我们发现它们几乎无一例外是省略式的。因此，要追踪前提和结论之间的路径，通常必须填补这些连接讲明的前提和结论的隐藏前提。

偶然事实

隐藏前提有很多不同类型。它们通常涉及可能并非如此的，即偶然而不是必然的事实或惯例。我们的例子假定死人没有成为总统的资格，但是我们能够想象有一个社会，其中死者可以被选为公职作为一种荣誉（类似死后获列棒球名人堂）。然而，我们国家的政府不是这样的，这是一件大多数美国人都知道的事。这让直接说出死人不能担任公职变得怪异。在大多数情况下，这会违反对话中量的规则，因为它说得比需要说的话多。

尽管说出它会怪异，但这一事实却在论证中起到了核心作用。

不相信隐藏前提就提出结论涉及违反对话的质的原则，因为说话人将没有足够的理由来支持结论。另外，如果这个隐藏前提不被认为是真的，那么把它当作讲明的前提的理由就会违反对话的相关规则（就像有人问贝比·鲁斯有没有位列棒球名人堂时，指出他已经去世了就是无关的）。基于这些理由，任何给出最初论证的人都在对话中暗示了对隐藏前提的需求。

隐藏前提并不总是这么明显。一个更复杂的例子如下：

阿诺德·施瓦辛格不能成为美国总统，因为他出生在奥地利。

为什么来自奥地利就能让一个人失去成为总统的资格？认为建国者肯定对世界上那个特殊的地方有什么意见看上去很古怪。答案是，这个论证依赖于一个更普遍的隐藏前提：

只有天生的美国公民才能成为美国的总统。

正是美国宪法的这项规定构成了论证的核心。当然，相比于必须活着才能成为总统，这条规定是更专业的知识。出于这个原因，看到第一个论证（有关富兰克林）的效力的人会远多于第二个论证（有关施瓦辛格）。第二个论证假定受众具有更专业的知识。

论证仍需要在出生于奥地利和天生的美国公民之间建立联系。这样结果就是该论证有三个阶段：

（1）施瓦辛格出生于奥地利。

（2）奥地利从来不曾是美国的一部分。

∴（3）施瓦辛格出生在美国之外。（由 1—2）

（4）任何出生在美国之外的人都不是天生的美国公民。

∴（5）施瓦辛格不是天生的美国公民。

（6）只有天生的美国公民能够成为美国总统。

∴（7）施瓦辛格不能成为美国总统。（由 5—6）

有了添加的隐藏前提 2、4 和 6，这个论证严格来说就是有效的。因为，如果 1—2 为真，3 必然为真；如果 3—4 为真，5 必然为真；而如果 5—6 为真，那么 7 必然为真。

然而，论证仍旧不合理，因为加入的隐藏前提中有些不为真。尤其是有关天生的美国公民存在一个例外。住在海外的美国公民都很熟悉这个例外。如果父母为美国公民，那么即使出生在奥地利，他们也是美国公民。他们似乎也应被算作天生的美国公民，因为不是归化的。这并不是完全确定的，但是在这里没什么关系，因为阿诺德·施瓦辛格出生的时候他的父母还不是美国公民。因此，上面论证中的第二个阶段就能按如下重新调整：

（3）施瓦辛格出生在美国之外。

（4*）在施瓦辛格出生的时候，他的父母还不是美国公民。

（4**）任何出生在美国之外并且出生时父母不是美国公民

的人都不是天生的美国公民。

∴（5）施瓦辛格不是天生的美国人。（由 3、4* 和 4**）

现在这样的论证就是合理的。

一个单一前提的论证现在扩充为包含至少四个隐藏前提的三个阶段。有些增加的前提很明显，但是另一些并不那么明显，所以我们不能假设给出最初论证的人想的是更完整的论证。很多人会被最初的论证说服，即便没有这些加入的复杂成分。尽管如此，要让论证合理，必须要有很多隐藏前提。明白了这些，将证明结论从前提中得出的假设必须为真。这种把所有事情都讲明的过程使我们能直接评价这些背景假设。

练习 8

对于只有天生的美国人才能成为总统有一个少有人知的例外。宪法确实允许非天生美国公民成为总统，只要他或她"在本宪法被采用的时候是美国的公民"。这一例外据说是为了让亚历山大·汉密尔顿能够参选美国总统而添加的，但是它明显不适用于施瓦辛格或其他任何现在还活着的人。尽管如此，这一例外让以它目前形式出现的论证并不合理。重新调整论证的最后阶段以使它合理。

语言原则

通常一个论证是有效的，但仍然不清楚它为什么有效，也不清楚结论*如何*从前提而来。论证就好像前提和结论之间的路径，一些路经比其他更复杂。即便是最简单的论证，如果仔细考察，也会展现隐藏的复杂性。例如，下面的论证毫无疑问是有效的：

（1）哈里特和她的儿子在纽约
___
∴（2）哈里特的儿子在纽约。

前提为真而结论为假是不可能的。如果问为什么能从前提得到结论，我们很自然会这样回答：

你不可能和某个人在某地除非那个人也在那儿。

这并不是我们通常会讲清楚的内容，但它是让我们从前提得到结论的原则。

关于这一原则需要注意的是，它相当普遍，也就是它并不依靠所指人或地点的独特特征。如果本杰明和他的女儿在圣路易斯，那么本杰明的女儿在圣路易斯肯定也为真。尽管相关人地已经改变，但在这一推理背后的普遍模式，对任何理解构成它的文字的人来说都将显得很明显。出于这个原因，这一类型的原则在性质上基本上是*语言的*。

如果我们看看日常生活中出现的论证，会发现它们几乎都使用了未讲明的语言原则。再举一个例子：爱丽丝比她丈夫高，所以至少有一个女人高于至少一个男人。这一推理依靠丈夫是男人而妻子是女人这一原则。我们并不经常讲明这些语言原则，因为这样做将违反量的规则（尝试设想一个语境，其中你会直接说出来“你知道的，丈夫是男人”。除非你是在对某个刚学语言的人说，否则这就是一个怪异的评论）。然而，即便说出这样的语言原则通常很怪异，但我们的论证一般还是以它们为前提。这一观察再次以另一种方式揭示，我们对于语言的日常使用在一个丰富但很大程度没被注意的语言法则框架中运行，正像我们在第二章强调的那样。

评价性隐藏前提

我们已经考察过两种隐藏前提，事实的和语言的。很多论证还包括没明说的评价性前提。如我们在第三章中所见，评价有很多种类。下面的论证包含道德评价：

> 购买色情产品是不道德的，因为色情产品导致对妇女的暴力。

这一论证明显依赖于道德原则，即购买任何导致对妇女暴力的东西都是不道德的。另一个例子则包含宗教前提：

> 你不可妄称你主的名，因为这表示不尊敬。

这里隐藏的前提是你不应该做任何表现出（对主）不敬的事。再有一个例子是有关经济学的：

用你全部的钱投资一只股票是不明智的，因为它提高了你输得精光的风险。

这里隐藏的前提是提高你输得精光的风险是不明智的。还有很多例子，但是意思已经很明显了。大多数论证都依靠未讲明的前提，而其中很多都是这样或那样的评价性前提。

隐藏前提的使用和滥用

谈论隐藏（suppressed）前提可能会让人想起压制（suppressing）反对意见或奇怪的想法，使用藏起来的（hidden）前提可能听上去有些鬼鬼祟祟。然而，在我们使用它们的方式中，这些表达并不包含负面的含义。一个隐藏的或藏起来的前提，只是未明说的前提。不明说前提通常是合理的。如果（1）论证的受众能够自己轻而易举地提出未明说的前提，并且（2）未明说的前提本身没有争议，那就是合理的。如果运用得当，隐藏前提能够极大地增加语言的效率。事实上，如果没有对显而易见的前提的审慎隐藏，很多论证都将变得太冗长而没有效率。

另一方面，隐藏前提也可能被不恰当地使用。人们常常隐藏有问题的前提，这样他们的对手就不会注意到论证哪里走偏了。例如，当选举辩论转入犯罪议题，我们常常听到这样的论证：

我的对手反对死刑，所以他肯定对犯罪温和。

有时候回答会像这样：

> 因为我的对手一直支持死刑，他一定没读过最近的研究，该研究显示死刑不能震慑犯罪。

第一个论证假设任何反对死刑的人都对犯罪温和，而第二个论证假设任何人读过尚且存疑的研究都会被说服并且转而反对死刑。这两个前提都有问题，而它们提出的问题对讨论来说至关重要。如果想理解这些议题并且直接就它们发言，我们必须将这些隐藏的前提公布出来。

练习 9

以下论证依靠不同种类的隐藏前提获得有效性。对于每一个论证，列出充分的隐藏前提以使论证有效并且指出为什么有效。这可能需要若干不同种类的隐藏前提。

示例： 卡罗尔没有姐妹，因为她所有的手足都是兄弟。

隐藏前提： 姐妹是手足。

兄弟不是姐妹。

1. 布兰妮·斯皮尔斯没到 35 岁。因此，她不能竞选美国总统。

2. 尼克松不可能在 1950 年做总统，因为他仍在议会。

3. 81 不是素数，因为 81 能被 3 整除。

4. 这里没有叫鲁伯特的病人，我们只有女性病人。

5. 哥伦布没有发现新大陆，因为维京人早在几个世纪前就已经探索了纽芬兰岛。

6. 肯定没有幸存者，如果有现在肯定已经找到了。

7. 林肯不可能见过华盛顿，因为华盛顿在林肯出生之前就去世了。

8. 费城不可能在世界大赛（World Series）中对阵洛杉矶，因为他们都在国家棒球联盟（National League）中。

9. 梅里德肯定超过 43 岁了，因为她有一个 36 岁的女儿。

10. 他不可能是一位祖父，因为他从来没有过孩子。

11. 那不是现代诗；你能读懂它。

12. 哈罗德不可能参加超级碗，因为他有腿伤。

13. 沙奎尔肯定是一名篮球运动员，因为他这么高。

14. 丹要么愚蠢要么非常狡猾，所以他肯定愚蠢。

15. 苏珊拒绝在周日上班，表明她懒惰且不够灵活。

16. 吉姆告诉我玛丽是一位教授，所以她不可能是一名学生，因为教授肯定已经拿到学位了。

17. 这个防盗铃不会起作用，除非我们走运或者盗窃犯走前门，因此我们不能指望它。

18. 他天赋不够；他还是输掉了比赛，因为他没有充分练习。

重构的方法

通过列出重构一个论证所要采取的步骤，我们来总结一下到目前为止的讨论。头两步分别在第四章和第三章中讨论过：

1. 仔细分析一段包含论证的文字。
2. 以标准形式罗列出所有讲明的前提和结论。
3. 在所需之处，澄清前提和结论。
4. 只要可能，将前提和结论拆解为更小的部分。
5. 只要可能，将论证各部分排列成次论证的链条或树形图。
6. 评估每一个论证和次论证的有效性[1]。
7. 如果有任何论证或次论证是无效的，或者不清楚为什么是有效的，添加显示如何从前提得出结论的隐藏前提。
8. 评估前提的真实性。

记住重构的目标并不仅仅是严格上的有效性，而是要理解结论为什么以及如何能够从前提中得出。

重构论证之后，添加一些结构指示通常有益。我们可以通过给前提编号，并在结论之后罗列从中推出结论的前提。（在举例中我们已经做过。）论证的结构也能够如前文所讨论过的那些通

1 我们评估归纳论证的强度而不是有效性，但是这里我们关注的是演绎论证。归纳论证将在第三部分的第八到十二章中处理。

过示意图来展示。不管哪种方式，我们都需要弄清楚论证分开的各部分之间是如何组合在一起的。

这种方法不应该是机械的。每一步都需要仔细和智慧。其结果是，我们能够以具有不同程度明晰性和洞见的各种方式重构所给的论证。这一方法的目标是尽其可能揭示论证的结构并且最大限度地从中学习。不同的重构或多或少都会接近这一目标。

整个过程比我们迄今为止的讨论所建议的要复杂得多。在重构的最后三个必须被同时执行的步骤中，这一点尤其明显。在决定可否接受一个论证时，我们试图找到一套真的隐藏前提，如果加在讲明的前提之上，就能为结论提供合理的论证。我们在做这种努力时，会产生两个典型的问题：

1. 我们发现一套前提足够支撑结论，但是这些前提中至少有一个前提为假。

2. 为了避免错误，我们修改了前提，但却无法再从中得出结论。

在对有效论证的需求和真的前提的需求之间，重构论证通常会徘徊反复。最终，要么展示论证是合理的，要么就放弃这一努力。在后一种情况中，我们得出结论，认为有问题的论证不可能有合理的重构。没有找到一种重构展现论证是合理的，仍然可能是我们的过失。在寻找能够起效的隐藏前提的过程中，我们也许没有展示足够的聪明才智。事实上，不存在解决这个问题的纯粹形式化或机械化的方式。给出论证的人可能合理地省略一些步骤，认为论证所诉诸的人能够轻而易举地填补上这些步骤。所以，在分析论证的时候，我们应该宽容，但是我们的好心要有限度。在适当地寻找那些能够让论证合理的隐藏前提之后，我们就不应该因为没有成功找到它们而自责。责任反而应该归咎于构思论证的人没有明确地做到这一点。

练习 10

重构并画出以下段落中主要论证的示意图：

1. 第一章和第四章结尾的段落。
2. 你们当地报纸中的社论。
3. 你或你一个朋友的上一篇学期论文。

练习 11

不是所有论证都是严肃或好的。下面这个愚蠢的论证来自《巨蟒与圣杯》中著名的一幕。重构这个女人是女巫的论证。

群众：我们找到了一个女巫。我们能烧了她吗？……

女人：我不是女巫！我不是女巫！……

头领：是什么让你们觉得她是一个女巫？

男一：她把我变成了一个蝾螈！

头领：蝾螈？

男一：我好多了。

群众：无论如何烧死她！

头领：安静！安静！有很多方法判别她是不是一个女巫。

群众：有吗？有哪些？告诉我们。它们有伤害吗？

头领：告诉我，你们要怎么处理女巫？

群众：烧死她们！

头领：除了女巫你们还要烧什么？

男二：更多女巫！

男三：木头。

头领：女巫为什么能烧？

男一：因为她们是木头做的。

头领：好的！……那么，我们怎么分辨她是木头做的呢？

群众：用她建一座桥。

头领：啊，你不能用石头来建一座桥吗？

群众：太好了。

头领：木头在水里会沉吗？

群众：不会，它会浮起来。把她扔进池塘里。

头领：还有什么能浮在水面上？

群众：面包。苹果。非常小的石头。苹果酒！肉汁。樱桃。淤泥。教堂。铅。

阿瑟：一只鸭子！

头领：一点儿没错。那么，逻辑上说——

男三：如果她和一只鸭子一样重，她就是木头做的。

头领：所以呢？

群众：一个女巫！……一只鸭子。一只鸭子。这儿有一只鸭子。

头领：我们应该用我最大的秤。

群众：烧死女巫！（女人被放在另一头放着鸭子的秤上。）

头领：去掉支撑。（女人和鸭子一样重。）

群众：一个女巫！

女人：好吧，抓得对。

一个重构的例子：死刑

通过检验死刑合宪性的难题，我们能够示例重构的方法。有争论认为美国最高法院应该宣布死刑违宪，因为它是一项残忍且罕见的惩罚。明白讲出来的论证具有以下基本形式：

（1）死刑是一项残忍且罕见的惩罚。

∴（2）死刑应该被宣告违宪。（由1）

这一论证显然依靠两个隐藏前提：

SP1：宪法禁止残忍且罕见的惩罚。

SP2：任何宪法禁止的事应该被宣告违宪。

这些前提和整个论证都涉及美国的相关司法管辖权。这样一来，更充分清楚说明的论证应该如下：

（1）死刑是一种残忍且罕见的处罚。

（2）SP：宪法禁止残忍且罕见的惩罚。

∴（3）宪法禁止死刑。（由 1—2）

（4）任何宪法禁止的事应该被宣告违宪。

∴（5）死刑应该被宣告违宪。（由 3—4）

这一重构看上去是对原本论证意图的合理展现。

现在，我们开始评价这一论证。第一，论证是有效的：假定了前提，结论能从中得出。剩下的就是逐一确定前提的真实性。

前提 4 看上去没有争议。这一前提是我们体系中被接受的部分，在现今的法庭审理中不会有人质疑它。

前提 2 明显为真，因为美国宪法确实事实上禁止残忍和罕见的处罚。它的第八修正案规定："不得要求过多的保释金，不得处以过重的罚金，不得施加残酷并且罕见的惩罚。"然而，这一禁止到底针对哪些。尤其是处罚是否必须既残忍又罕见才会被禁止，还是只要它残忍或是罕见就会被禁止？这会造成巨大的差别，如果残忍的惩罚是常见的，或者当一些罕见的惩罚不残忍。让我们暂时把这句话理解为"既残忍又罕见"的意思。

第一个前提——"死刑是一种残忍且罕见的处罚"——明显构成了论证的核心。那么，我们要期待的是为它提供好的支持论证。下文中由最高法院法官波特·斯图尔特提出的论证（费曼诉佐治亚州，408 U.S. 239 at 309—310[1972]）旨在支持该主张，尤其是在强奸和谋杀判处死刑的案例中。

> 首先，从种类而非程度上过度超过州议会所规定的必要惩罚来看，这些判决明显是“残忍的”。……其次，对谋杀判处死刑不常见，而因为强奸判死刑更加罕见，就这个意义上讲，这些判决也很明显是“罕见的”。但是我的结论并不是仅仅基于这两个命题。这些死刑判决就像被雷击中一样残忍且罕见。因为在1967年和1968年所有被判强奸和谋杀罪的人当中，许多人应该受到同等的谴责，而上诉人实际上是被随意挑选的被判死刑的少数人之一。与我意见一致的同僚（同意斯图尔特观点的法官）已经展示，如果能找到选择这几个人判以死刑的任何根据，那么它就是宪法不允许的种族原因。[1]

第一句论证了死刑是残忍的。基本的想法是，如果惩罚所强加的伤害比为任意合法且值得的目标所必须采取的措施要严重得多，那么这项惩罚就是残忍的。之后，斯图尔特似乎接受了州议院的意见，认为死刑确实远远超出必要。这让它残忍。

现在让我们集中在这一论证中意图显示死刑是一项罕见惩罚的部分。当然，在文明国家中，死刑只适用于很窄范围的犯罪，

1　最高法院法官波特·斯图尔特，协同意见书，费曼诉佐治亚州，408 U.S. 239 at 309—310[1972]。

但这不是问题的关键。这个论证的关键是即便对于那些能被判死刑的罪行，死刑也是罕见的，包括一级谋杀罪。此外，斯图尔特宣称，在那些犯了已经定死罪的罪行的人中，最终被执行死刑的人要么是随意的，要么是出于种族原因。重点似乎在于，被判处极刑的人是否会被施以死刑取决于他或她得到的法律援助种类、检察官提供辩诉交易的意愿、法官的个性、陪审团的信仰和态度，以及很多其他考量。在这个过程的很多关节点上，影响结果的选择可能基于单纯冲动或肆意，甚至是基于被告或受害人的种族。为什么提到这些因素？因为如斯图尔特所说，基于肆意或种族的判处都是违宪的。

那么我们能更仔细地重述这一支持论证：

（1）极少数被判犯下可判死刑的罪行的罪犯实际上会被判处死刑。

（2）在那些被判犯下可判死刑的罪行的罪犯中，一些人会基于肆意或种族被判处死刑。

（3）基于肆意或种族的判刑是违宪的。

（4）如果判处很罕见并且基于违宪，一项处罚就是罕见的。

∴（5）死刑是一项罕见惩罚。（由 1—4）

结论是我们最初论证中的第一个前提。现在，我们能够将整个论证展开在面前了：

（1）如果一项行为带来的伤害远远严重于达成任何合法和值得的目标所必需的，它就是残忍的。

（2）死刑带来的伤害远远严重于达成任何合法和值得的目标所必需的。

∴（3）死刑是残忍的。（由 1—2）

（4）极少数被判犯下可判死刑的罪行的罪犯实际上会被判处死刑。

（5）在那些被判犯下可判死刑的罪行的罪犯中，一些人会基于肆意或种族被判处死刑。

（6）基于肆意或种族的判刑是违宪的。

（7）如果判处很罕见并且基于违宪，一项处罚就是罕见的。

∴（8）死刑是一项罕见惩罚。（由 4—7）

∴（9）死刑是一项既残忍又罕见的惩罚。（由 3 和 8）

（10）宪法禁止残忍和罕见的惩罚。

∴（11）宪法禁止死刑。（由 9—10）

（12）任何被宪法禁止的都应被宣布为违宪。

（13）死刑应该被宣布为违宪。

这些命题至少提供了有些效力的论证框架。结论确实看上去是从前提而来的，并且前提本身看上去合理。我们完成了对一个论证的有效重构。

这一重构使我们准确地看清楚对手可能如何对付论证。一些反对者可能会拒绝前提 2 并且持相反主张，认为死刑能够达成合理目的，比如惩戒、威慑或非肆意。其他反对者可能拒绝前提5并且主张法庭对于其核准的死刑都有完备的依据。更精妙的反对会拒绝前提7，因为当满足前提7中的条件时，在相关意义上，并不是死刑本身罕见或不公平。相反，问题在于现在对死刑的司法监管。如果这样，可能我们需要的是程序改良而不是废除死刑本身。当然，有很多其他反对意见以及对每一个反对意见的回复，所以讨论一直继续。

这里仅仅是要使用本章中勾勒出的方法一步步重构论证，使我们能够更好地理解论证，更准确地确定论证是否易受攻击，哪里容易受到攻击。因此这一方法能够帮助对手相互理解，并且以一种明智、人道、文明的方式来处理他们之间的基本分歧。

练习12

为支持死刑“过度超过”达成任何合法和值得的目标所必需的手段这一前提，哪个是斯图尔特法官给出的最好的论证？这一论证是否足以证明这个前提是对的？（一个这样的论证见布伦南法官对费曼诉佐治亚州的意见书。）

练习13

要解开一个谜题，你需要确定哪些事实是关键的，然后从这些事实来论证，找到一个解答。解开下列谜题并且重构你为解答所做的论证。这些故事取自斯坦·史密斯的《五分钟侦探小说》。第一段介绍了我们的英雄：

即使那些熟悉托马斯·P. 斯坦威克的人也常常被他的外表迷惑住。一个瘦弱和颀长的男人，他有1.88米高。他长而消瘦的脸庞被满头棕发和下垂的小胡子遮盖。尽管形体并不粗壮有力，但他却惊人地强壮并拥有坚不可摧的好身体。他的出身和早期生活并不清楚。然而，他毫无疑问受过良好教育，因为他以优等生从达特茅斯大学哲学专业毕业。[1]

谜题1：一个纯粹推论的事

托马斯·P. 斯坦威克，一个业余逻辑学家，把另一张椅子上的一摞纸拨开坐下。他的朋友、警察巡长马修·沃克刚从审问室回到他的办公室，斯坦威克觉得他看上去特别疲倦。

"汤姆，你能来太好了，"沃克说，"我们手头有个很麻烦的案子。昨天早上，霍夫曼的珠宝宫殿被盗走了价值好几千美元的珠宝。从现场的一些线索和手边的消息看，我们锁定了三名嫌疑犯：阿丁顿、伯克和查塔姆。

1 Stan Smith, *Five-Minute Whodunits* (New York: Sterling, 1997).

我们知道他们中至少有一人犯案，而且很可能不止一人。”

“伯克也是其他好几个案子的嫌疑人，是吗？”斯坦威克一边塞烟斗一边问。

“是的，他是，”沃克答道，“但是我们还不能确定是他。另外两个是小咖，所以我们真正想知道的是伯克到底有没有涉案。”

“你有哪些有关他们三个的信息？”

“并不太多。阿丁顿和伯克昨天肯定在市里。查塔姆可能不在。阿丁顿从不单独犯案，而且他携带一把短管左轮手枪。查塔姆总是带同伙，而且他上周被看见在这片闲逛。他也拒绝和阿丁顿一起工作，他说曾经被他诬陷过一次。”

“真是一群烂人！”斯坦威克笑着说，“按你刚说的，要推出伯克到底有没有涉案并不难。”

伯克涉案了吗？

谜题 2：鸡毛蒜皮和至关重要

“就四月来说，这已经算是一个相当平静的开端了。”沃克巡长一边在桌上抽屉里翻找雪茄一边感叹。

托马斯·P. 斯坦威克，一个业余逻辑学家，点燃他的烟管，靠在他的椅子里，向前伸展了一下他的长腿。

“那事实上并不寻常，”他说，“春天通常会让年轻的一时冲动变成犯罪行为。这个变化很好。”

“我们警察也不是什么都没做的，”沃克点燃了他的雪茄，“两个年轻人的帮派，老鹰和猫头鹰，最近一直在相互叫嚣。实际上，我们听到一个传言，他们已经计划在这周三或周四斗殴，我们紧急行动想确认这事儿是不是真的。”

“老鹰都去罗伊斯顿北高地，是吗？”斯坦威克问。

“没错。猫头鹰都是些混在林登赫斯特乔氏午餐咖啡厅那儿鬼机灵的辍学生。你知道只有那些在乔氏吃饭的人收集绿色的火柴盒。”

斯坦威克眨了眨眼，微微一笑：“你说什么？”

“是的，”沃克从桌上拿起几张纸，“这就是被放进我的报告里的鸡毛蒜皮的小事。不光只有那个，还有每个在罗伊斯顿北高地的人都穿着带字母组合图案的夹克。我这儿还有什么？只有混在拉若白街的小孩周末斗殴。拉若白距离林登赫斯特三个街区。老鹰一周去吃三次比萨。”

“继续，”斯坦威克咯咯地笑着，“太棒了。”

“还没听厌无关紧要的琐事吗？在乔氏吃饭的人没有穿带字母图案的夹克。猫头鹰每六个月选一次新的领袖，老鹰每一年一次。选举！另外，每个混在拉若白街的人都收集绿色的火柴盒。最后，年纪较大的猫头鹰（但并未更狡猾）会在强氏酒品零售店。”

斯坦威克尽情地笑了起来。“刘易斯·卡罗尔,”他说,“《符号逻辑》和《爱丽丝梦游仙境》的作者,在牛津教逻辑,他常常用像那样的素材构造堆垛论证,或复合三段论(即一串直言三段论)。事实上,他的那些更长更广也更错综复杂,当然它们都是虚构的。

“正如此,你所说的那些信息应该能消除你的担忧。至少到周六之前,那些帮派都不会碰在一起打架的。”

他是怎么知道的?

第二部分

如何评价论证

演绎的标准

在对一个论证进行了分解、展开和补充之后，下一步就是确定被展现无遗的这个论证哪里好。像其他评价一样，这一评估需要标准。评价论证有两个主要标准：对有效性的演绎标准和对强度的归纳标准。第二部分（包括第六章和第七章）将探讨对有效性的演绎标准。第三部分（包括第八到十二章）将接着讨论对强度的归纳标准。

从第五章中我们已经了解到，从专门层面上看，当且仅当它的前提为真而结论为假不可能时，一个论证是有效的。这个标准听上去挺简单，但是要表述如何确定具体例子中的真值组合是否可能却没那么容易。有时候，只要把前提和结论作为完整命题来考察就能发现论证的有效性。那是第六章的主题，命题（或句子）逻辑的方法。另一个可能是通过观察前提和结论的各个部分，包括他们的主词和谓词来考察论证的有效性。那是第七章的主题，词项（或三段论）逻辑的方法。

当然，这些相对简单的形式逻辑例子并没有穷尽所有可能。形式逻辑还有很多种类。即便并不符合命题逻辑或词项逻辑，很多论证仍旧是有效的。整个第六章和第七章，我们都将面临它所带来的问题。然而，通过考察论证由于其形式本身而得以有效的一些简单方式，我们能够更深入地理解有效性的本质，也由此对评价论证标准有更明晰的认知。

第六章

命题逻辑

我们在本章探讨通过形式演绎逻辑的方法对论证进行评估。本章第一部分将展示在第五章中介绍的有效性的关键标准如何能够在所谓命题逻辑领域中得到严格地阐明。逻辑的这一分支处理的是如“且”和“或”这样的能够由简单命题逐步建立起复杂命题的连词。在本章大部分内容中，焦点是理论的而非直接实用的。我们通过检验理想条件下的有效性，力图深入了解有效性这一概念。本章结尾会讨论符号逻辑理想语言与我们日常语言之间的关系。

对论证的形式分析

当我们对一个论证进行非形式分析时，我们的注意力都集中在用以表述论证的关键词汇上，并且思考这些关键术语是否使用得当。到目前为止，我们没有确切的方法来回答一个词是否被正确使用。与之不同的是，我们依靠总体来说还不错的语言本能。

在大量的案例中，人们能够分辨一个论证标记，比如“因此”，在表示一项主张从另一项中得出时是否被正确使用。然而，如果我们追问普通智商的人*为什么*一项主张从另一项中得出，除了可能会说这显而易见以外，他 / 她可能说不出所以然。长话短说，知道一个主张从另一个中得出通常比较简单，但是要解释*为什么*就很难。本章的目的就是为一些论证提供这样的解释。

“从中得出”的含义是难以捕捉的，但是它与第五章中介绍过的有效性的专门定义相关。我们关注的焦点将很大程度上集中在有效性的*概念上*。至少我们暂时不再关注这个或那个论证是否有效；我们想理解有效性本身。为这个目的，我们要考察的论证要足够简单，以至于你不可能想到任何人会一眼看不懂它们。谁会需要用逻辑来思考这种论证呢？然而，一开始处理简单的——不值一提的简单的——论证是有理由的。分析一个复杂议题的方法是首先把它分解为次议题，重复这个过程直到我们得到足够简单的能被解决的问题。在较为简单的问题被解决之后，我们可以反向操作这个过程，为更大更复杂的问题建构解决方法。如果做得对，这一分析过程的*结果*可能显得愚蠢且直白——而它通常是这样的。相反，这一过程的*发现*常常需要洞见的天分。

这里要讨论的分析方法在特殊方式上是*形式*的方法。在第五章中，我们给出了下面这个论证作为有效论证的例子：“所有议员都有薪酬，而萨姆是一名议员，所以萨姆有薪酬。”用很多相似的例子也一样能解释清楚这一点：(a)“所有议员都有薪酬，而萨莉是一名议员，所以萨莉有薪酬。”(b)“所有水管工都有薪酬，而萨莉是一名水管工，所以萨莉有薪酬。”(c)“所有水管工都很脏，而萨莉是一名水管工，所以萨莉很脏。”这些论证都是有效的（虽然不一定合理）。因此，我们能够改变我们所谈论的这个个人、我们随口说的这个人所属的群体，以及我们赋予这个人和群体的特性，所有这些改变都不影响论证的有效性。这种灵活性表明，这一论证的有效性不取决于前提和结论的特定内容。相反，它的有效性完全取决于它的形式。这种形式有效性是形式逻辑试图把握的对象。

基本的命题连词

合取

我们将要考察的形式逻辑的第一个系统是命题（或语句）连词。命题连词是能够让我们从已有命题构造新命题的术语，通常将两个或更多命题连接成单一命题。例如，假定命题“约翰个子高”和“哈利个子矮”，我们可以通过“且”这一术语把它们连接在一起，形成单一的复合命题：“约翰个子高且哈利个子矮。”

让我们仔细观察“且”这个简单的词，思考一下它是如何起效的。“且”是一个神奇的词，因为它看上去并不代表任何东西，至少不像一个真正的名字（“丘吉尔”）和一个普通的名词（“狗”）那样代表某些东西。我们不考虑这个词代表什么，而是要问另一个问题：哪些真值条件控制这个连词？即在何种条件下，包含这一连词的命题为真？为了回答这个问题，我们设想组成的命题可能为真或假的每一种可能方式。接着，对每一连接，我们决定给整个命题一个什么样的真值。这听起来好像有点复杂，但是一个例子会展示清楚：

约翰个子高	哈利个子矮	约翰个子高且哈利个子矮
T	T	T
T	F	F
F	T	F
F	F	F

上面前两栏包含了组成命题或真或假的全部可能性。第三栏是每种连接下命题整体的真值。很明显，当两个组成命题都为真时，两个命题的合取为真，否则为假。

我们的思考并不依赖于我们例子中的特殊命题。我们也可以谈论恐龙而非人，但仍会得到同样的结论，即当两个组成命题都为真时，两个命题的合取为真，否则为假。对命题特殊内容的忽视就是我们所说的**形式的**。

要反映出问题的普遍性，我们可以完全放弃引用具体句子转而使用变量。就像小写字母“x”、“y”、“z”能够被数字替代，所以我们能够使用小写字母“p”、“q”、“r”、“s”等作为能够被逻辑领域的命题所替代的变量。我们也会使用符号“ & ”（英文叫作 ampersand）指代“且”。

思考“p & q”这一表达。它是真的还是假的？这个问题明显没有答案。这不是因为我们不知道“p”和“q”都指代什么，因为事实上“p”和“q”根本没有代表任何命题。就像“$x + y$”并不是任何数学中的特殊数字，“p & q”也不是一个命题。相反，“p & q”是一整个系列命题的类型。为了反映这一点，我们将“p & q”称作一个**命题形式**。这是一整个系列命题的类型或形式，包括“约翰个子高且哈利个子矮”以及其他命题。

要准确确定哪些命题具有“p & q”的形式需要一些专门性的术语。基本观点是我们能通过用命题变量替换命题来把它转变为命题形式。

命题	**命题形式**
约翰个子高且哈利个子矮。	p & q

当我们反方向操作，同样地用命题替代命题变量，就得到了所谓的命题形式的**代入例**。

命题形式	**代入例**
p & q	玫瑰是红色的且紫罗兰是蓝色的。

因此，“约翰个子高且哈利个子矮”和“玫瑰是红色的且紫罗兰是蓝色的”就是命题形式“p & q”的两个代入例。

为了搞清楚这些概念，注意到“p”也是一种命题形式很重要，它伴随**每一个**命题，包括“玫瑰是红色的且紫罗兰是蓝色的”

等代入例。没有规则阻止将复合命题转换为命题变量。可能有点让人惊讶的是，我们的定义允许“玫瑰是红色的且玫瑰是红色的”作为“p & q”的代入例。如果你把它和数学里的变量比较，就会理解这个例子。只使用正整数方程式“$x + y=4$”有多少解？有三个：3 + 1，1 + 3 和 2 + 2。“2 + 2”是方程式“$x + y=4$”的一个解显示，“2”可以在同一个答案中同时替代“x”和“y”。这就像“玫瑰是红色的”可以既代换“p”也代换“q”，这样“玫瑰是红色的且玫瑰是红色的”就是命题逻辑中“p & q”的一个代入例。

然后，一般来说，我们通过用相同的命题统一替换所有相同的变量来获得命题形式的代入例，但是不同的变量无须被不同的命题替换。规则如下：

> **不同的变量可以被相同的命题替换，但是不同的命题不能被相同的变量替换。**

根据这项规则：

> “玫瑰是红色的且紫罗兰是蓝色的”是“p & q”的代入例。
> “玫瑰是红色的且紫罗兰是蓝色的”也是“p”的代入例。
> “玫瑰是红色的且玫瑰是红色的”是“p & q”的代入例。
> “玫瑰是红色的且玫瑰是红色的”是“p & p”的代入例。
> “玫瑰是红色的且紫罗兰是蓝色的”**不是**“p & p”的代入例。

“玫瑰是红色的”不是“$p \& p$”的代入例。

之前我们用的是特殊命题，但现在我们可以使用命题变量用下述真值表给出完整的合取的一般定义：

p	q	$p \& q$
T	T	T
T	F	F
F	T	F
F	F	F

用以连接形成新命题的命题数目不受限制。“玫瑰是红色的且紫罗兰是蓝色的；糖是甜的且你也是”是“$p \& q \& r \& s$”的代入例。我们也可以使用圆括号分组命题。最后这个例子可以被处理为“$(p \& q) \& (r \& s)$”的代入例，即两个合取的合取。之后我们会看到，就像在数学中一样，括号能够改变整个命题的意义。

一个警示：“且”一词并不总用来连接两个不同的句子。有时必须重写一个句子才能让我们了解它满足这一形式。例如，

塞雷娜和维纳斯是网球运动员。

就是下面这句话的简述版

塞雷娜是一名网球运动，且维纳斯是一名网球运动员。

其他时候，“且”一词并不用来构造命题的合取。例如，

塞雷娜和维纳斯正在对打。

并不意味着

塞雷娜正在相互打球，且维纳斯正在相互打球。

这句话文义不通，所以最初的句子不能表述为两个命题的合取。相反，它表达的是作为同一组的两个人的单一命题。因此，它不应该被标记为“*p* & *q*”。不幸的是，一个句子到底是命题的合取还是有关一组的单一命题通常并不明确。

塞雷娜和维纳斯正在打网球。

这句话可以有两种解读。可能塞雷娜和维纳斯正在对打。如果这是它的意思，那么这句话表达的就是有关一组的单一命题，所以它不应该被标记为“*p* & *q*”。但是可能塞雷娜正在打一场比赛，而维纳斯正在打另一场。如果这是真的，那么这句话表达的就是命题的合取，所以它能够被标记为“*p* & *q*”。

当包含“且”一词的句子表达的是两个命题的合取，我们会

说它表达了一个命题合取。当包含“且”一词的句子表达的不是两个命题的合取，我们会说它表达的是一个非命题合取。本章中我们只关心表达命题合取的句子。仅当它表达了一个命题合取时，一个句子才应该被转换成符号形式“$p \& q$”。要确定特定句子是否表达的是两个命题的合取，没有可以遵从的机械的程序。你必须认真思考句子是什么意思以及句子所使用的语境。这需要实践。

练习 1

命题“时间还早，且你如此美丽”是下列哪一种命题形式的代入例？

1. p
2. q
3. $p \& q$
4. $p \& r$
5. $p \& q \& r$
6. $p \& p$
7. p 或 q

练习 2

下列哪个命题是“$p \& q \& r$”的代入例？

1. 时间还早，且你如此美丽，且我的航班三十分钟内起飞。
2. 时间还早，且你如此美丽，且我的航班三十分钟内起飞，且我的航班三十分钟内起飞。
3. 你如此美丽，且你如此美丽，且你如此美丽。

练习 3

给出以下列命题为代入例的三个不同的命题形式。

1. 时间还早，且你如此美丽，且我的航班三十分钟内起飞。
2. 时间还早，且你如此美丽，且你如此美丽。

练习 4

指出下列句子表达的是命题合取还是非命题合取，即它是否表达了两个命题的合取。如果句子可以做两解，那么给出一个它能够自然被用以表达命题合取的语境，以及一个它能够自然被用以表达非命题合取的语境。

1. 天主教牧师为约翰和玛丽主婚。
2. 弗雷德吃了派和冰激凌作为甜点。
3. 获胜的总统候选人很少输掉纽约和加州。
4. 苏珊已婚且有一个小孩。
5. 简既说法语也说英语。
6. 会说法语和英语的人是双语的。
7. 肯和直美是我的两个朋友。
8. 米兰达和尼克做了晚饭。
9. 我怀疑约翰穷且快乐。

现在我们来看一看含有合取命题的论证。这里有一个简单到不可思议的例子：

　　哈利个子矮且约翰个子高。

　　——————————

∴ 哈利个子矮。

很明显这个论证是有效的。但是它为什么是有效的？为什么结论能从前提中得出？这个例子中的答案很明显，但是我们将仔细讲明它，为更难的例子做指导。假设我们将这些特定的命题替换为命题形式，用不同的变量表示论证里每一个不同的命题。这样就得出我们所谓的**论证形式**。例如：

　　$p \& q$

　　——————————

$\therefore p$

这是无数论证的模板，每个这样的论证都可以被称作这种论证形式的代入例。每一个有这种一般形式的论证都会是有效的。给这个模板中填入什么样的命题都无所谓，产生的论证都将是有效的——只要我们小心仔细地用同样的命题统一替换相同的变量。

继续深入追问下去。如果一个论证有真的前提和假的结论，那么我们立刻知道了它是无效的。但是说一个论证是**有效的**，我们不仅仅是说它没有真前提和假结论，也是说当前提为真的时候，论证**不可能**产生假结论。有时，它是真的，是因为论证的结构或形式排除了真前提和假结论并存的可能性。我们可以诉诸论证形式的定义来解释这一想法。一个稍微更复杂的真值表能够展示清楚：

		前提	结论
p	q	p & q	p
T	T	T	T
T	F	F	T
F	T	F	F
F	F	F	F

前两栏给出了我们能够拿来代替“p”和“q”的命题的所有真值组合。第三栏给出的是这些组合的前提的真值（这一栏和前文定义“ & ”时给的那一栏一样）。最后一栏给出了这些组合的结论的真值（当然这里只是在重复第一栏。之后，事情会变得更复杂和有趣）。如果看一看这个真值表，我们知道不管对这些变量作出怎样的替换，都不可能有一个个案前提为真且结论为假。第一行中，前提为真且结论也是真的。剩下三行中，前提非真，所以前提为真且结论为假的可能性不可能产生。

重要的是要记住，一个有效的论证可以有假的前提，因为一个命题能从另一个假命题中推出。当然，一个合理的论证不能有假命题，因为一个合理的论证被定义为前提为真的有效论证。但是我们这里的主题是有效性而不是合理性。

让我们总结一下讨论。在我们考察过的例子中，有效性取决于论证的形式而不是它特定的内容。那么，第一原则是 ：

当一个论证是有效论证形式的示例时，它是有效的。

因此，论证"哈利个子矮且约翰个子高；因此，哈利个子矮"是有效的，因为它是有效论证形式"$p \& q$；$\therefore p$"的一个例子。

下一步我们必须追问是什么让一个论证形式有效。问题的答案能在这个原则中找到：

一个论证形式是有效的，当且仅当它没有前提为真且结论为假的代入例。

我们刚看到论证形式"$p \& q$；$\therefore p$"通过了这个测试。真值表分析显示如此。另外，我们能够用同样的真值表来展示下面的论证是有效的：

约翰个子高。	p
哈利个子矮。	q
∴ 约翰个子高且哈利个子矮。	$\therefore p \& q$

左边的论证是右边论证形式的代入例。看一下真值表就会明白没有前提为真且结论为假的情况。这相当好地涵盖了合取的逻辑特质。

注意我们没有说每个论证的有效都是因为它的形式。可能也有结论从前提中得出，但是我们无法表明论证的有效性与逻辑形式有关的论证。事实上，一些显而易见有效的论证还没有依据其形式而被证明是有效的。通过逻辑形式来解释有效性长久以来都是逻辑理论的理想，但是在有些论证那里——它们很多都相当普通——这一理想还没有完全实现。数学中的很多论证都属于这个范畴。然而，现在我们将只考虑我们分析合取所用的策略会继续对其起效的那些论证。

练习 5

下列论证是否因为其命题形式而有效？为什么有效或为什么不？

1. 唐纳德在纽约拥有一幢大厦且在大西洋城有一座豪宅。所以，唐纳德在大西洋城拥有一座豪宅。
2. 汤姆拥有一座房子。因此，汤姆拥有一座房子且一块地。
3. 伊尔萨个子高。因此，伊尔萨个子高，且伊尔萨个子高。
4. 伯尼有一个儿子和一个女儿。伯尼有一个父亲和一个母亲。因此，伯尼有一个儿子和一个母亲。
5. 玛丽已婚且有一个小孩。因此，玛丽有一个小孩且已婚。
6. 贝斯和凯蒂并列最有价值球员。因此，贝斯并列最有价值球员。

练习 6

判断下列主张的真假。为你的答案辩护。

1. 作为一个有效论证形式的代入例的论证总是有效的。
2. 作为一个无效论证形式的代入例的论证总是无效的。
3. 一个无效论证总是一个无效论证形式的代入例。

讨论问题

一个有效论证是否总是一个有效论证形式的代入例？为什么是或为什么不是？

析取

就像我们能够通过使用连词“且”来构成两个命题的合取一样，我们也能够通过使用连词“或”来构成析取，如在下面复合句中：

约翰将获胜或哈利将获胜。

而且，很容易看出来整个复合命题的真值取决于诸组成命题的真值。如果它们都是假的，那么复合命题就是假的。如果它们中只有一个是真的，那么复合命题就是真的。但是设想它们都是真的。那么我们要怎么说？

当我们说“要么-要么”的时候，我们似乎常常排除了二者皆是的可能性。当一个服务生到你的桌前告诉你，“今晚的主菜是鸡肉或牛排”，这暗示你不能同时点两份。然而在另一些情况下，貌似二者皆是的可能性并不被排除——例如，当我们对某人说，“如果你想看看高山，去加州或者科罗拉多”。

一种处理这个问题的方法是讲明英语单词“或”有两重意义：一种是排他的，除掉了二者皆是的可能，而另一种是包含的，并不排斥这种可能。另一种办法是承认英语单词“或”总是有包含的意思，但是因为一定语境中的特殊性质，通常对话中说的“或”意味着排除了二者皆是的情况。例如，由于我们熟悉普通餐馆的实际情况，当服务生说“今晚的主菜是鸡肉或牛肉”时，我们会推断不能同时点两种。如果我们能够点两种，那么服务生说的话就不像以提供选择为目的时所需的那样有信息含量，这样它将违反格莱斯的对话的量的规则（见第二章的讨论）。这解释了为什么服务生的话排除了二者皆是的可能。

因为这样的解释是可信的，也因为用包含意义的“或”来讨论命题逻辑更简单和传统，所以我们将采取包含的含义。在需要时，我们将用包含含义作为起始点定义排他的含义。逻辑学家用连词“∨”（英文叫作 wedge）代表析取关系。这种连词的真值表具有如下形式：

p	q	$p \vee q$
T	T	T
T	F	T
F	T	T
F	F	F

我们马上就会看到包含这种连接关系的一些论证。

否定

合取和析取都是由两个命题开始，然后由它们组合成一个新的命题。还有一种方式可以让我们仅由一个命题就构造出新的命题——否定它。假设命题“约翰聪明”，我们单靠在句子的正确位置插入“不”这个字就能够得到一个新的命题“约翰不聪明”。

“不”这个字到底意味着什么呢？这可能是很难回答的问题。它代表“无物”或者“虚无”吗？尽管一些著名的哲学家时常会这样说，但重要的是要知道“不”这个字根本不代表任何事。在语言中，它有完全不同的功能。要理解这点，想想合取与析取如何运作。假设有两个命题，“且”能够让我们构造另一个新命题，其真值只有当原来两个命题都为真的时候才为真，否则为假。对于析取关系假定的两个命题，“或”能够让我们构造另一个新命题，其真值只有当原来两个命题都为假的时候才为假，否则为真（两者的真值表定义反映了这些事实）。以这些定义为模版，我们应该如何定义否定呢？相似的答案是，只有当原命题为假时，对一个命题的否定才为真，而只有当原命题为真时，对一个命题的否定才为假。用符号“～”（英文叫作 tilde）表示否定，我们得到下面真值表的定义：

p	$\sim p$
T	F
F	T

否定看上去不能再简单了，但却时常被人们搞混。如果黛安娜说“我整整一分钟都不能呼吸”，她可能是在说有过那么一分

钟某种东西让她无法呼吸（可能她窒息了），或者她可能是在说她能憋足足一分钟的气（比如为了打赌赢）。如果“A”代表“黛安娜在这一分钟内能呼吸一下”，那么“～A”就代表之前的那个命题（黛安娜这一分钟内都无法呼吸）。因此，后一个命题（黛安娜能在这一分钟内憋住气）就不应该也用“～A”表示。实际上，即便原句中确实含有“不”这个字，对原句的这种解读也不能算作一个否定。另外，有些句子即便没有包含“不”这个字也仍旧是否定。例如，“没有人拥有火星”是“有人拥有火星”的否定。如果后一句用“A”代表，前一句就是用“～A”代表，即便前一句中没有包含“不”。

注意到简单句“每个人都热爱跑步”能够在四个不同的地方进行否定，就能明白否定的复杂性：“不是每个人都热爱跑步”“每个人都不热爱跑步”“每个人都热爱不跑步”以及口语中的“每个人都热爱跑步——不！”这些句子中有些能够用命题逻辑中的符号表示为“每个人都热爱跑步”的否定，另一些则不行。

要确定一句话是否能够被表示为命题逻辑中的否定，以“事实并非如此……”（It is not the case that）开头重新组织句子通常会很有帮助。例如，“我没做任何家庭作业”可以被重新组织为“我做了所有家庭作业并非事实”。如果得到的句子与原句含义相同（就如这个例子中一样），那么原句就能够被表示为命题否定。与之相反，“我承诺不离开你”和“我承诺要离开你并非事实”两句的含义就大相径庭，所以“我承诺不离开你”不应该被表示为一个对命题的否定。

不幸的是，这种检验并不总奏效。没有完全一劳永逸的方法来判定一个英语句子是否能被表示为否定。你所能做的一切就是仔细思考句子的内涵和语境。掌握这项技能最好的方法就是练习。

练习 7

解释“不是每个人都热爱跑步”“每个人都不热爱跑步”“每个人都热爱不跑步”以及“每个人都热爱跑步——不！”这几句之间含义的差别。判断它们是否是“每个人都热爱跑步”的否定。为什么是或为什么不是？

练习 8

否定术语或前缀通常能够以多种方式解读。解释两种解读下列句子的方式。描述每一种解读方式存在的恰当语境。

1. 你可能不愿去开会。
2. 我无法太积极地推荐他。
3. 他从未想过他会去喜马拉雅山。
4. 你还没做完所有家庭作业吗？
5. 他所有的朋友都不是学生。
6. 我不会去看下一季的某些足球比赛。
7. 无烟区可以使用。
8. 他衣柜上的锁锁不住。

练习 9

将下列句子转换成符号形式。一定要明确说明每一个大写字母代表了哪个句子，尤其要注意否定的位置。如果句子可以用不止一种方式解读，用符号表示每一种解读并且描述该种解读方式存在的恰当语境。

1. 明天不会下雨。
2. 明天可能不会下雨。
3. 明天不可能下雨。
4. 我相信明天不会下雨。
5. 乔要不就是不太精明，要不就是非常聪明。
6. 克里斯廷不精明或不富有。
7. 有时候你像个疯子（feel like a nut），有时候你不。（出自 Mounds 和 Almond Joy 巧克力的广告。这两款巧克力是由同一家公司生产的相似产品，唯一差别在于其中一款含有坚果 [nut]）

排除法

只用否定和析取，我们就能够分析一种普通类型推理的形式，即排除法，或更专门性的叫法，析取三段论。例如，思考这个论证：

> 她一个人坐那儿说话，所以她肯定是在对着我没看见的电话讲话，或者就是在自言自语。她明显不是在自言自语，因为她不疯。所以她肯定是在打电话。

在去掉支持前提的保证和子论证之后，这个论证的核心部分可以转换成标准形式：

（1）她要么是在自言自语，要么是在打电话。

（2）她不是在自言自语。

∴（3）她是在打电话。（由 1—2）

那么这一核心论证就是以下论证形式的示例：

1. $p \lor q$

$\sim p$

$\therefore q$

如果我们改变选言的次序，使第一个前提变成"她肯定是在打电话，或者就是在自言自语"，并不会有什么影响。那样，论证就具有以下形式：

2. $p \lor q$

$\sim q$

$\therefore p$

这两种论证形式都是有效的，所以原论证的核心也都是有效的。

练习 10

解释为什么论证形式 1—2 都是有效的。用普通语言让没有读过本章内容的人也能理解。

排除法有时容易跟另一种十分相近却有本质不同的推理类型混淆，即所谓肯定选言（affirming a disjunct）。这一类型包含两种形式：

3. $p \vee q$
   p
   $\therefore \sim q$

4. $p \vee q$
   q
   $\therefore \sim p$

这些论证形式是无效的。它可以通过如下简单示例得到说明：

她要么是在自言自语，要么是在讲电话。
她是在自言自语。
∴ 她没有在讲电话。

如果认定她不能在自言自语的同时又讲电话，那么这个论证貌似就是有效的。然而，前提并没有规定她不能同时做两件事。如果她在讲电话的同时很快对自己嘟囔两句，那么前提就都为真而结论为假。

练习 11

对论证形式 3—4 给出其他的无效示例。解释这些示例为什么是无效，以及为什么它们展示出一般形式是无效的。

真值函项连接词如何起作用

目前为止，我们已经定义了合取、析取和否定。仅这些已经足以构成现代逻辑分支的命题逻辑的全部了。这些定义本身可能有些奇特。它们不像是我们在字典里看到的定义。但是这些定义的形式很重要，因为它告诉我们关于“且”、“或”以及“不”这些字词特质的有意思的东西。有两件事值得注意：(1) 这些词汇用来从原有命题构造新的命题；(2) 新构造的命题通常是原命题的真值函项，即新命题的真值通常由原命题的真值决定。出于这个原因，这些连词被称作真值函项连接词。（当然，对于否定而言，我们从单一命题开始，因此并不存在需要连接的两项。）例如，假定“A”和“B”是两个真命题，而“G”和“H”是两个假命题。我们能够确定通过合取、析取和否定，由这些命题构造的复杂命题的真值。有时正确的赋值一目了然：

A & B	真
A & G	假
～A	假
～G	真

A ∨ H　　真

G ∨ H　　假

～A & G　假

就像之前已经提到的，括号可以被用来区分组群。有时括号插入的位置能带来重要的差别，如以下两个表达式中：

～A & G

～（A & G）

注意，在第一个表达式中否定符号只针对命题“A”，而在另一个表达式中，它对整个命题“A & G”进行否定。这样，上面第一个表达式为假，而第二个表达式为真。只有第二个表达式能被翻译为“不是 A 和 G 二者”。这两个表达式都与“～ A & ～ G”即“既不是 A 也不是 G”不同。

当表达式变得更加复杂，我们很难再轻而易举地根据组成命题的真值确定整个命题的真值。这时一个标准程序就很有帮助。最简单的方法是先记下基本命题的真值，然后一步步扩展，由里到外将范围扩大。例如：

～[（A ∨ G）& ～（～H & B）]

～[（T ∨ F）& ～（T & T）]

～[T & ～（T）]

～（T & F）

～（F）

T

稍加练习你就能掌握这项技能来处理其他非常复杂的例子。

练习 12

假设 “A”、“B” 和 “C” 是真命题，而 “X”、“Y” 和 “Z” 是假命题，确定下列复合命题的真值：

1. ～X ∨ Y
2. ～（X ∨ Y）
3. ～（Z ∨ Z）
4. ～（Z ∨ ～Z）
5. ～～（A ∨ B）
6. （A ∨ Z）& B
7. （A ∨ X）&（B ∨ Z）
8. （A & Z）∨（B & Z）
9. ～[A ∨（Z ∨ X）]
10. ～[A ∨～（Z ∨ X）]
11. ～A ∨～（Z ∨ X）
12. ～Z ∨（Z & A）
13. ～[Z ∨（Z & A）]
14. ～[（Z ∨ Z）& A]
15. A ∨ {（～B & C）∨～[～B ∨～（Z ∨ B）]}
16. A & {（～B & C）n ～[～B ∨～（Z ∨ B）]}

检测有效性

这些的意义何在？日常生活中，我们很难遇到一个像上面最后那个例子那么复杂的表达式。我们的目的是提高对于真值函项连接词如何运作的敏感度，然后能以清楚的方式表达我们的思想。这很重要，因为很多论证的有效性取决于这些真值函项连接词的逻辑特征。现在我们就直接进入这个主题。

之前我们看到每一个具有“p & q ；∴ p”形式的论证都是有效的。它本身是不言自明的，但是我们也看到了这个论断可以诉诸真值表来获得证明。真值表分析显示，一个具有该形式的论证永远不可能出现前提为真且结论为假的情况。现在我们可以把同样的技法运用于更复杂的论证。一开始，我们将检验那些无须使用专门帮助就能够比较容易理解的论证。最终，我们将会考虑一些大多数人在没有指导时就无法理解的论证。

考虑如下论证：

瓦莱丽要么是一名医生，要么是一名律师。

瓦莱丽既不是一名医生也不是一名股票经纪人。

∴ 瓦莱丽是一名律师。

我们可以用如下缩写：

D= 瓦莱丽是一名医生。

L= 瓦莱丽是一名律师。

S= 瓦莱丽是一名股票经纪人。

使用这些缩写，论证以及它对应的论证形式如下所示：

D ∨ L	$p \vee q$
~（D ∨ S）	~（$p \vee r$）
∴ L	∴ q

右边的表达式给出了左边所列论证的论证形式。要检验论证的有效性，我们要思考论证形式是否有效。过程烦琐，但完全是机械的：

			前提		前提	结论	
p	Q	r	($p \vee q$)	($p \vee r$)	~($p \vee r$)	q	
T	T	T	T	T	F	T	
T	T	F	T	T	F	T	
T	F	T	T	T	F	F	
T	F	F	T	T	F	F	
F	T	T	T	T	F	T	
F	T	F	T	F	T	T	OK
F	F	T	F	T	F	F	
F	F	F	F	F	T	F	

注意只有一种真值结合，其中两个前提皆为真且其结论也为真。

最初论证之所以有效，在于它是有效论证形式的一个示例，即该论证形式没有任何一个代入例是真前提之后跟着假结论。

最后的真值表可能需要一些解释。第一，为什么这个真值表有八行而之前我们只做四行（真值表真值的行数，而非表格的行数。余同。——编注）？答案是我们需要就复合命题测试真值的每一种可能结合的论证形式。对两个变量，有四种可能结合：TT、TF、FT 以及 FF。对三个变量，就有八种可能结合：TTT、TTF、TFT、TFF、FTT、FTF、FFT 以及 FFF。一般的规则是：如果一个论证形式有 n 个变量，那么分析它所用的真值表就有 2^n 行。四个变量，就有十六行；五个变量，三十二行；六个变量，六十四行；以此类推。使用如下类型构造真值表每个单一变量的各栏，你就能确定穷尽了真值所有可能的结合：

第一栏	第二栏	第三栏…
前一半都是 T	前四分之一是 T	前八分之一是 T
后一半都是 F	第二个四分之一是 F	第二个八分之一是 F
	以此类推	以此类推

看一下本章之前出现的例子，就会发现我们已经使用过这种类型，它是罗列可能性的标准方式。当然，一旦一个论证变得复杂，真值表就会变得非常庞大。不过没有必要太过担心，因为我们不会考虑有过多变量的论证。需要做这件事的人也会求助于计算机。

上面真值表的风格也一样意义重大。它清晰地标示出来前提，以及结论。每当前提全部为真，该行下都会画一条横线（上面的例子中只有一行如此——第六行）。如果这条线上的结论也为真，那么就会记上“OK”。如果每一条前提全部为真的线上都是OK，那么论证形式就是有效的。做这些标记看似非常幼稚，但是却很值得。首先，它有助于防止错误。更重要的是，它提醒我们注意使用这一程序的目的。机械地完成真值表，不思考其所涉内容甚至真值表为什么会有帮助，是不会启迪思想或提升精神的。

为了有个比较，下面我们来思考一下一个无效的论证：

（1）瓦莱丽要么是一名医生，要么是一名律师。

（2）瓦莱丽并非既是一名律师又是一名股票经纪人。

∴（3）因此，瓦莱丽是一名医生。

使用跟之前一样的缩写，就变成了：

$D \vee L$	$p \vee q$
$\sim(L \& S)$	$\sim(q \& r)$
$\therefore D$	$\therefore p$

这一论证形式的真值表如下：

			前提		前提	结论	
p	q	r	$(p \vee q)$	$(q \& r)$	$\sim(q \& r)$	p	
T	T	T	T	T	F	T	
T	T	F	T	F	T	T	OK
T	F	T	T	F	T	T	OK
T	F	F	T	F	T	T	OK
F	T	T	T	T	F	F	
F	T	F	T	F	T	F	无效
F	F	T	F	F	T	F	
F	F	F	F	F	T	F	

这一次，我们发现有四行是前提均为真。其中三种结论也为真，但是有一种（第六行）结论为假。这一行被标记为“无效”。注意每一行前提均为真的都被标记为“OK”或者“无效”。即便只有一行标记为“无效”，那么整个论证形式都是无效的。我们考虑的这个论证形式就是无效的，因为对它来说，有可能出现前提均为真且结论为假的代入例。

进行标记不仅显示了论证形式无效的**事实**，也反映出它无效的**原因**。被标记为“无效”的每一行都展示了使前提全部为真而结论为假的真值组合。在第六行的组合中，瓦莱丽不是一名医生，是一名律师，并且不是一名股票经纪人。有了这些赋值，那么她要么是一名医生，要么是一名律师（前提 1）将是真的，她既不是一个律师也不是一名股票经纪人（前提 2）也是真的，但是她是一名医生（结论）却是假的。正是这个可能的组合表明为什么该论证形式是无效的。

总之，通过遵照如下简单步骤，我们能够检测命题论证形式的有效性：

1. 为每个前提和结论设置一栏。

2. 在每一栏中填入真值。

3. 在前提均为真的每一行下画出横线。

4. 画线行如果结论也为真则在该行标记“OK”。

5. 画线行如果结论为假则在该行标记“无效”。

6. 有任何一行被标记为“无效”，则该论证形式无效。

7. 如果没有一行被标记为“无效”，则该论证形式有效。

练习 13

运用上面概括的真值表技巧，展示上面排除法部分的论证形式 1—2 有效，而该部分中的论证形式 3—4 无效。

练习 14

从我们的专业角度看，下面的论证是否有效，为什么？它是否合理，为什么？

（1）青蛙是绿色的。

（2）青蛙不是绿色的。

∴（3）我是总统（1—2）。

练习 15

运用上面概括的真值表技巧，检验下列论证形式是否有效：

1. $\sim p \vee q$
   p
   $\therefore \sim q$

2. $\sim (p \vee q)$
   $\therefore \sim q$

3. $\sim (p \vee q)$
   p
   $\therefore q$

4. $\sim (p \vee q)$
   p
   $\therefore r$

5. $\sim (p \& q)$
   q
   $\therefore \sim p$

6. $\sim (p \& q)$
   $\sim q$
   $\therefore p$

7. $(p \& q) \vee (p \& r)$
   $\therefore p \& (q \vee r)$

8. $(p \vee q) \& (p \vee r)$
   $\therefore p \& (q \vee r)$

9. $p \& q$
   $\therefore (p \& r) \& (q \& r)$

10. $p \vee q$
    $\therefore (p \& r) \vee (q \& r)$

其他连接词

我们仅仅用（粗略地）对应英语中的“且”、“或”以及“不”的三个基本概念探讨了命题逻辑。现在让我们回到“或”的两种可能解释：一种是排他的而另一种是包含的。有时，“或”似乎排除了两个选项皆为真的可能性；有些时候，“或”似乎允许这种可能性存在。这就是排他的析取与包含的析取之间的差别。

假设我们使用符号“$\underline{\vee}$”来表示排他性析取。它与包含性析取的符号相同，除了多一道下划线（这段讨论之后，我们将不再使用这个符号）。我们可以分别给出这两种符号下的两个真值表：

		包含的	排他的
p	q	$p \vee q$	$p \underline{\vee} q$
T	T	T	F
T	F	T	T
F	T	T	T
F	F	F	F

我们也可以以如下方式定义这一新的连词：

$$(p \underline{\vee} q) =（定义）[(p \vee q) \& \sim (p \& q)]$$

不难看出，定义右边的表达式概括了排他性析取的要点。因为我们随时都能在想要的时候定义排他性析取，所以没有必要将其加入我们的基本概念体系。

练习 16

构造一个对上面定义中右边表达式的真值表分析，并将其与排他性析取定义的真值表进行比较。

练习 17

运用真值表来检验以下论证形式的有效性：

1. p / $\therefore p \veebar q$

2. $p \veebar q$, p / $\therefore \sim q$

3. $p \,\&\, q$ / $\therefore \sim(p \veebar q)$

4. $\sim(p \,\&\, q)$ / $\therefore p \veebar q$

5. $p \veebar q$ / $\therefore p \vee q$

6. $p \vee q$ / $\therefore p \veebar q$

实际上，在分析论证过程中，我们已经在不知不觉中定义了新的逻辑连词。例如，"并非p且q"用符号表示就是"$\sim(p \,\&\, q)$"。"既不是p也不是q"用符号表示为"$\sim(p \vee q)$"。让我们再仔细观察"$\sim(p \vee q)$"。可能我们应该将其写为"$\sim p \,\&\, \sim q$"。事实上，我们可以使用这种符号表示法，因为两个表达式是同一个意思。同样，这可能很明显，但通过使用真值表，我们能以另一种方式证明它。比较这两个表达式的真值表分析：

p	q	$\sim p$	$\sim q$	$\sim p \,\&\, \sim q$	$(p \vee q)$	$\sim(p \vee q)$
T	T	F	F	F	T	F
T	F	F	T	F	T	F
F	T	T	F	F	T	F
F	F	T	T	T	F	T

在"$\sim p \,\&\, \sim q$"下有 FFFT 这一栏，而我们在"$\sim(p \vee q)$"

下发现同样的序列。这表明对于我们做的每一项可能的代换，这两个表达式都会产生相同真值的命题。我们称这样的命题形式为**真值函项相等**（truth-functionally equivalent）。上面的表格也显示“$\sim q$”和“$\sim p \,\&\, \sim q$”这两个表达式真值函项不等，因为这两个表达式下面的第二行不同，说明这些表达式的有些代换可能无法产生相同真值的命题。

有了真值函项相等的概念，多于一种解释的问题就能够得到解决。如果一个句子的两种解释真值函项相等，那么我们在检测有效性时使用哪种就无关紧要了。当然，有些解释会显得比其他的更自然。例如，“$p \vee q$”就与下面式子真值函项相等：

$$\sim[(\sim p \,\&\, \sim p) \,\&\, (\sim q \vee \sim q)]$$

尽管相等，如果翻译成句子，第一种形式的表达式明显比第二种更自然，比如“要么阴天，要么晴天”。

练习 18

用真值表检验下列命题形式中哪些真值函项相等：

1. $\sim(p \vee q)$
2. $\sim(\sim p \vee \sim q)$
3. $\sim p \,\&\, \sim q$
4. $p \,\&\, q$

练习 19

借助真值表确定下列各对表达式是否真值函项相等：

1. p 和 $p \& p$
2. p 和 $p \vee p$
3. $p \vee \sim p$ 和 $\sim (p \& \sim p)$
4. p 和 $p \& (q \vee \sim q)$
5. p 和 $p \& (q \& \sim q)$
6. p 和 $p \vee (q \& \sim q)$
7. $p \& (q \vee r)$ 和 $p \vee (q \& r)$
8. $p \& (q \& r)$ 和 $(p \& q) \& r$
9. $\sim (p \vee q)$ 和 $\sim p \vee q$
10. $\sim (p \vee q)$ 和 $\sim p \& \sim q$
11. $\sim\sim (p \vee q)$ 和 $\sim\sim p \& \sim\sim q$
12. $\sim (p \& q)$ 和 $\sim p \vee q$
13. $\sim\sim (p \& q)$ 和 $\sim\sim p \vee \sim\sim q$
14. $\sim\sim p \vee \sim\sim q$ 和 $\sim (\sim p \& \sim q)$
15. $\sim\sim p \& \sim\sim q$” 和 $\sim (\sim p \vee \sim q)$
16. $p \& \sim\sim q$ 和 $\sim\sim p \& q$

条件式

到目前为止，我们在本章中已经了解到借助合取、析取和否定，可以用简单命题构造复合命题。以这三种方式构造的复合命题有一个独有的特征，即复合命题的真值通常是它的组成命题的真值函项。因此，这三个概念就能让我们构造出有真值函项的复合命题。一些论证的有效性依赖于这些真值函项的连接。如果是这种情况，就能够通过纯粹机械的方式来检验有效性。这可以通过使用真值表来实现。因此，至少在这一范围内，我们能够清楚地说明有效性并且具体解释检验有效性的每个步骤。

在另一个领域，即条件式中，真值函项的方法可能就很有问题了。我们将论证，一组重要的条件式可以用类似否定、合取和析取的方式来处理。我们把条件式和其他连词分开，只是因为条件式的真值函项处理更具争议性并且会面对有启发性的问题。

条件式的形式是“如果____，那么____”。在这个类型中，填入第一个空格处的叫作条件式的“前件”，填入第二个空格处的叫作“后件”。有时，条件式以直陈语气出现：

如果下雨，那么庄稼就得救了。

有时它们以虚拟语气出现：

如果下过雨，那么庄稼可能还有得救。

也有条件祈使句：

如果爆发火灾，那么先叫消防队。

还有有条件的承诺：

> 如果你有麻烦了，那么我保证会帮你。

实际上，条件式在我们的语言中大有用处，经常出现在论证中。因此，理解它们就很重要。

不幸的是，对于分析条件式的正确方法，专家们并没有达成普遍共识。我们要化繁为简，只考虑直陈条件式，以避免某些争议。我们将不考察条件祈使句、有条件的承诺或是虚拟条件式。另外，一开始，我们将只考察所谓的命题条件式。通过将表示命题——某事要么为真要么为假——的直陈句替换为“如果____，那么____”的形式。或者，用已经介绍过的专门语言说，一个命题条件式就是“如果 p，那么 q”的一个代入例，其中“p”和“q”是命题变量。在上面列出的四种条件句中，只有第一种是明显的命题条件式。

即便我们将注意力集中在命题条件式上，也无法避免全部争议。多个相互争议的理论都宣称自己提供了命题条件式的正确分析，孰对孰错远没有达成一致。理论家连对类似“如果–那么”结构这样简单而基础的概念都持不同意见好像有些令人惊讶，但事实就是如此。接下来，我们首先要描述对命题条件式最标准的处理，之后再讨论其他的。

条件式的真值表

对于合取、析取以及否定，真值表提供了一种既合理又有效的方法。一个命题条件式也是由两个简单命题复合而成，这表示我们也许能够为这些条件式提供一个真值表的定义。真值表应该是什么样的？当试图回答这个问题时，我们就立刻陷入僵局，因为四种情况中有三种，我们不清楚要填入什么。

p	q	如果 p，那么 q
T	T	?
T	F	F
F	T	?
F	F	?

如果前件为真且后件为假，似乎条件式明显不可能为真。我们在第二行中填入“F”来标记这一点。但是设想“p”和“q”被两个绝对真命题所取代——比如“二加二等于四”和“智利在南美洲”。想想我们会怎么说这个条件式：

如果二加二等于四，那么智利在南美洲。

这是一个非常奇怪的说法，因为前件中的算数表述貌似与后件中的地理表述毫无关系。所以这个条件式是古怪的——实际上，异常古怪的——但是它是真还是假呢？在这点上，合理的反应是困惑。

考虑如下论证，它试图通过给真值表每一行的真值分配提供理由来解决所有问题。第一，如果“如果 p，那么 q”为真，那么不可能发生“p”为真且“q”为假的情况，这看上去很明显。这也表示“$\sim(p \,\&\, \sim q)$”必须为真。那么，下面应该就是一个有效论证形式：

如果 p，那么 q。

$\therefore \sim(p \,\&\, \sim q)$

第二，我们也可以从相反方向进行推理。假定我们知道“$\sim(p \,\&\, \sim q)$”为真。为使其为真，“$p \,\&\, \sim q$”必须为假。我们由真值表否定定义中得知了这一点。下一步，让我们假定“p”为真。那么“$\sim q$”必须为假。我们由真值表合取定义得知了这一点。最后，如果“$\sim q$”为假，那么“q”本身必须为真。这一推理过程应该要显示出下面的论证形式为是有效的：

$\sim(p \,\&\, \sim q)$

$\therefore$ 如果 p，那么 q。

论证中的第一步用来显示我们可以从“$\sim(p \,\&\, \sim q)$”中有效地推出“如果 p，那么 q”。第二步要显示这一推导也能够从相反方向进行。但是，如果每一表达式都能够从另一个推导中得出，那么就意味着它们是相等的。我们用这一背景论证作为下面定义的证明：

如果 p，那么 q =（定义）不是既 p 且非 q。

我们可以将这个用符号"⊃"（英文叫作 horseshoe）来标记条件连接：

$$p \supset q = (\text{定义}) \sim (p \,\&\, \sim q)$$

有了这一定义，我们现在就能为命题条件式建构真值表。很简单，它就是"$\sim (p \,\&\, \sim q)$"的真值表：

p	q	$\sim (p \,\&\, \sim q)$	$p \supset q$	$\sim p \vee q$
T	T	T	T	T
T	F	F	F	F
F	T	T	T	T
F	F	T	T	T

注意"$\sim (p \,\&\, \sim q)$"和表达式"$\sim p \vee q$"真值函项相等。我们在这里提到它是因为"$\sim p \vee q$"一直被用来定义"$p \supset q$"。因为一些现在已经说不清道不明的原因，当条件式可以通过这样的方式定义时，它就被称为**实质条件式**。

让我们暂时假设实质条件式的概念完全符合命题条件式概念。从中能得到什么？答案是，我们可以用处理合取、析取以及否定相同的方式来对待条件式。一个命题条件式不过是另一种能够通过真值表定义的真值函项复合命题。另外，以这一概念（还有合取、析取和否定）为依据的论证的有效性可以诉诸真值表技术。让我们打个岔，先来检验一下有效性。

一种最常见的推理类型叫作肯定前件。它表示如下：

如果 p，那么 q。	$p \supset q$
p	p
$\therefore q$	$\therefore q$

对实质条件式的真值表定义立刻表明这种类型的论证是有效的：

前提		前提	结论	
p	q	$p \supset q$	q	
T	T	T	T	ok
T	F	F	F	
F	T	T	T	
F	F	T	F	

练习 20

论证形式否定后件表示如下：

$p \supset q$

$\sim q$

$\therefore \sim p$

使用真值表展示这一论证形式是有效的。

这些相同的技术能让我们看到，一种传统的谬误事实上确实是一个谬误。这就是否定前件谬误，它具有如下形式：

$$
\begin{array}{l}
p \supset q \\
\sim p \\
\hline
\therefore \sim q
\end{array}
$$

真值表显示这种论证形式的无效性如下：

		前提	前提	结论	
p	q	$p \supset q$	$\sim p$	$\sim q$	
T	T	T	F	F	
T	F	F	F	T	
F	T	T	T	F	无效
F	F	T	T	T	ok

练习 21

第二种标准形式的谬误叫作肯定后件。它表示如下：

$$
\begin{array}{l}
p \supset q \\
q \\
\hline
\therefore p
\end{array}
$$

用真值表展示这一论证是无效的。

练习 22

在 1982 年 4 月 17 日对全国的广播演讲中，罗纳德·里根总统力证美国现阶段不应该接受与苏联相互冻结核武器的协议，因为他认为美国已经落后了。这里是他论证的核心部分：

> 如果不用提升我们的军事力量就能够修复与苏联之间的权力平衡当然很好。而且，最理想的是，如果双方都能采取可观且可核实的军备裁减，这将向确保和平迈进一大步。但是我们别欺骗自己了。苏联不会自己带着礼物送上门来。苏方谈判者不会做出单方面让步。要达到平等，我们必须明确展现我们有靠自己努力达成平等的意志。

将里根的核心论证转变为标准形式。然后用符号表示该论证和它的形式。这个论证是否犯了错误？如果有，辨识出它。

最后这四个论证形式之间的关系可以用以下图表表示。

	前件	后件
肯定	肯定前件 =Modus Ponens（有效）	肯定后件（无效）
否定	否定前件（无效）	否定后件 =Modus Tollens（有效）

另一种历史上非常重要的论证形式叫作假言三段论：

$p \supset q$

$q \supset r$

$\therefore p \supset r$

因为在处理包含三个变量的论证形式，所以我们必须做一项枯燥的任务，即建立一个八行的真值表。

			前提	前提	结论	
p	q	r	$p \supset q$	$q \supset r$	$p \supset r$	
T	T	T	T	T	T	ok
T	T	F	T	F	F	
T	F	T	F	T	T	
T	F	F	F	T	F	
F	T	T	T	T	T	ok
F	T	F	T	F	T	
F	F	T	T	T	T	ok
F	F	F	T	T	T	ok

这种工作适合计算机，而不应该给人类做，但重要的是要看到它确实有效。

为什么知道这种技术性工作很重要？毕竟，大部分人无须经过这些单调乏味的工作就可以知道假言三段论是否有效。我们好像只是在琐事上再叠加了乏味。这一质疑应得到回应。假设我们问一个人，她 / 他为什么认为在一个假言三段论中能从前提得到结论。这个人可能会说任何人都能理解——顺便说一声，这是错的。除了这个，她／他可能会说这完全取决于语言的意义或完全是一个定义的问题。但如果我们继续追问“哪些语句？”“哪些定义？”，那么大部分人会陷入沉默。我们已经发现有些论证的有效性取决于如“且”、“或”以及“如果-那么”这样的词的含义，后来又继续给出了这些词的明确定义——另外，这些定义也帮助我们了解这些词如何在论证中发挥作用。最后，通过搞定这些简单的事，我们就展示了所谓的仅依靠合取、析取、否定和命题条件式来确定每一论证有效性的决策过程。真值表技术提供给我们一个在该领域解决有效性问题的机械过程。事实上，真值表技术有实际应用，例如计算机编程。但是这里的重点是，通过理解这些技术如何运作，我们能够获得对有效性概念更深刻的洞见。

练习 23

另外两个经典、常见且很有用的论证形式将条件式和析取结合在一起。使用真值表，检验它们的有效性。

构造式二难推理	破坏式二难推理
$p \vee q$	$\sim p \vee \sim q$
$p \supset r$	$r \supset p$
$q \supset r$	$r \supset q$
$\therefore r$	$\therefore \sim r$

练习 24

使用上面用到的真值表技术，检验下列论证形式的有效性（为了让你更觉得有趣，在检验前先猜一下论证的形式是否有效）。

1. $p \supset q$
   $\therefore q \supset p$

2. $p \supset q$
   $\therefore \sim q \supset \sim p$

3. $\sim q \supset \sim p$
   $\therefore p \supset q$

4. $p \supset q$
   $q \supset r$
   $\therefore p \supset (q \,\&\, r)$

5. $p \supset q$
   $q \supset r$
   $\sim r$
   $\therefore \sim p$

6. $p \supset q$
   $q \supset r$
   $\therefore \sim r \supset \sim p$

7. $p \vee q$
   $p \supset q$
   $q \supset r$
   $\therefore r$

8. $p \supset (q \vee r)$
   $\sim q$
   $\sim r$
   $\therefore \sim p$

9. $(p \vee q) \supset r$
   $\therefore p \supset r$

10. $(p \,\&\, q) \supset r$
    $\therefore p \supset r$

11. $p \supset (q \supset r)$
    $\therefore (p \,\&\, q) \supset r$

12. $(p \,\&\, q) \supset r$
    $\therefore p \supset (q \supset r)$

13. $p \supset (q \supset r)$
    q
    $\sim r$
    $\therefore \sim p$

14. $p \supset (q \supset r)$
    $p \supset q$
    $\therefore r$

15. $(p \vee q) \,\&\, (p \vee r)$
    $\sim r$
    $\therefore \sim q$

16. $(p \supset q) \,\&\, (p \supset \sim r)$
    $q \,\&\, r$
    $\therefore \sim p$

17. $(p \vee q) \supset p$

$\therefore \sim q$

18. $(p \vee q) \supset (p \,\&\, q)$

$\therefore (p \supset q) \,\&\, (q \supset p)$

19. $(p \,\&\, q) \supset (p \text{ n } q)$

$\therefore (p \supset q)\ n\ (q \supset p)$

20. r

$\therefore (p \supset q) \vee (q \supset p)$

逻辑语言和日常语言

在本章之前的部分中，我们从讨论日常词汇“且”和“或”开始，过渡到讨论**合取**和**析取**。这种过渡有点鬼鬼祟祟，但却是有意的。为了理解这里发生的事，我们要问我们定义的这些逻辑概念与它们相对的日常使用词汇匹配到什么程度。我们将从合取开始，之后再转到更难的有关条件式的问题。

乍一看，我们所定义的合取与日常使用的词汇“且”之间的匹配可能相当差。首先，在日常交谈中，我们不会去结合一些随机信息。例如，我们不会说“二加二等于四且智利在南美洲”。我们已经知道为什么不这么说，因为除非语境非常诡异，否则它肯定会违反对话的相关规则。但是如果我们对有效性感兴趣，相关规则——像其他对话（或实用）规则一样——无关紧要。在处理有效性时，我们只对一个问题有兴趣：如果论证的前提为真，结论也一定为真吗？我们在第二章中所见的对话规则不影响真值。

合取的真值函项概念也不在意日常交谈的另一个重要特征：通过将所有合取都简化为简单的真值函项内容，真值函项概念经常丢失了合取的论证观点。就像我们在第三章中所见，以下言论在论证的语境中具有不同的强度：

戒指很漂亮，但是很贵。

戒指很贵，但是很漂亮。

在一个真实论证的语境中，这两种言论指向相反的方向，但是从纯粹真值函项的角度看，我们视其等值。我们将第一个句子翻译为“B & E”，将第二个句子翻译为“E & B”。它们的真值函项相等太过明显，无须再证。对所有转折词汇，如“虽然”(although)、“然而”（whereas）和“然而”（however），都会发生类似的古怪状况。

似乎如果形式分析不能辨别“且”与“但是”，那么它就没什么用处。这是不对的。对论证的形式的分析只告诉我们一件事：论证是否有效。如果期望这一分析能告诉我们更多东西，我们会非常失望。记住两件事很重要：(1) 我们希望演绎论证有效，并且（2）通常对一个论证的期待不止于有效性。要详细说明第二点，我们通常期望一个论证既有效又合理；我们期望前提都为真。除此之外，我们还期待论证有信息量、可理解、有说服力等。因此，有效性是论证的一个重要方面，而形式分析帮助我们进行评估。但是有效性并不是我们所关心的论证的唯一方面。很多语境下，有效性甚至不是我们在意的主要事情。

现在可以看看对条件式的分析，因为我们会发现逻辑学家的分析和日常使用之间有一些显著的差别。下面两个论证形式都是有效的：

1. p

$\therefore q \supset p$

2. $\sim p$

$\therefore p \supset q$

练习 25

使用真值表检查上面论证形式的有效性。

尽管有效，两个论证形式都很古怪——古怪到实际上它们被认为是自相矛盾的。第一个论证形式似乎是说：如果一个命题为真，那么它能被任意的命题表示。这里有一个论证例子满足这种论证形式，并且因此是有效的：

林肯曾任总统。

∴ 如果月亮是奶酪做的，那么林肯曾任总统。

这是一个有效但奇怪的论证。首先，我们想知道月亮与林肯曾经做过总统有什么关系。除此之外，他曾做过总统如何能取决于一个明显的假事实？注意到甚至下面这个论证也是有效的，能让我们对这些问题有更深刻的认识：

林肯曾任总统。

∴ 如果林肯没有任过总统，那么林肯曾任总统。

两个论证都是有效论证形式“p; $\therefore q \supset p$”的示例。

另一种论证形式也是自相矛盾的。它似乎表示一个假命题可以表示任何随意的命题。下面是这种论证形式的一个示例：

哥伦布没做过总统。

∴ 如果哥伦布曾任总统，那么月亮是奶酪做的。

这里很难看出假命题哥伦布担任过总统与月亮的成分有什么关系。

在这一点上，非哲学家变得不耐烦，而哲学家则忧心忡忡。我们从看上去既明白又简单的原则出发。现在，我们相当突然地淹没在一串怪异的结果中。到底发生了什么？我们应该怎么对待它？哲学家对这些问题的解答莫衷一是。其回答分为两种主要的类别：(1) 直接放弃条件式能够被真值函项技术定义的想法，寻找规避了真值函项分析所含困难的、对条件式更好的另一种分析；或者 (2) 采取困难的路线，力证上述论证形式有效没什么错。

第一种方法高度专门化，无法在本书中详尽阐述，但主要的观点的是：不将“如果 p，那么 q”与“并非既 p 且非 q”等同，而是将其与“既 p 且非 q 是不可能的”等同。这为条件式提供了更强的定义并且避免了一些——尽管不是全部的——有关条件式的问题。通过提供对可能性概念的逻辑分析，这一理论取得系统性发展。这一逻辑分支称为模态逻辑 (modal logic)，在近几十年取得了长足进步。

保罗 · 格莱斯采纳了第二条路线，他的理论在第二章中发挥了举足轻重的作用。他承认——像任何人都必然会的——上述两种论证形式确实很古怪。然而，他否认这种古怪与有效性有任何关系。有效性与一件事有关，且只与这一件事有关：前提和结论之间的关系。如果结论不为真前提就不能为真，一个论证有效。根据这一“有效性”定义，上面的论证有效。

当然，论证可以在任何其他方面有缺陷。看一下第一个论证形式：(1) p; $\therefore$ $p \supset q$。因为“q”可以被任何（真或假）命题取代，它将经常违背相关规则。违背相关规则值得被指出，但是按照格莱斯的看法，这个问题与有效性无关。除此之外，具有这种形式的论证还会导致违背量的规则。一个条件式会为真，只要当后件为真。既然如此，前件为真还是为假就对整个条件式的真值没有影响。然而，基于这种逻辑特点来使用条件式可能会导致误解。例如，如果一个博物馆警卫说“如果你给我五美元，那么我会让你进去看展览”，事实上，他不管怎样都会让你进去。对于格莱斯而言，这有误导性，因为它违反了量的规则。但严格地说，它并不为假。严格地说，它是真的。

格莱斯的路线很有吸引力，因为比起其他事项，它让我们能够采纳真值函项下的条件式，具有简洁性。然而，有时它会很难下咽。思考下面的评论：

如果上帝存在，那么世界上就有邪恶。

如果格莱斯的分析是对的，那么即便最虔诚的信徒也不得不承认这一条件式为真，只要他／她愿意承认世界上有邪恶。然而，这个条件式只表示在上帝存在和世上有邪恶之间有某种联系——大概这就是把它们连接成一个条件式的要点。信徒将希望否定这一解读。同样，这一联系是某种对话中被暗示的东西，而不是确凿断定的事。所以，这一条件式可能也是误导的——因此需要批评和更正，但是严格地说，它仍旧是真的。

哲学家和逻辑学家对格莱斯的立场有诸多不同的反应。这一议题上尚未达成共识。本书作者认为它至少在大多数普通案例中是适当充分的，因此采纳了它。这有两个优点：(1) 诉诸对话规则与我们之前的讨论相恰，并且 (2) 它提供了一种保持逻辑简单的方法，程度适合初学的学生。其他哲学家和逻辑学家继续寻找比真值表定义更高级的对直陈条件式的定义。

普通语言中的其他条件式

到此为止，我们只考虑命题条件式出现在日常语言中的一种形式：条件式“如果 p，那么 q”。但是命题条件式以各种不同形式出现，其中一些需要仔细对待。

我们首先来考虑一下使用“如果”(if) 的构造和使用“只有当”(only if) 的构造之间的差异：

1. 我会清扫谷仓，如果哈泽会帮助我的话。
2. 我会清扫谷仓，只有当哈泽会帮助我的时候。

采取下列缩写：

B= 我会清扫谷仓

H= 哈泽会帮我。

第一句话可以用符号表示为：

$$H \supset B$$

注意在第 1 项的日常语言版本中，前件和后件出现的次序是相反的；“*q* if *p*”与“如果 *p*，那么 *q*”同义。

我们应该如何翻译第二句呢？这里我们应该稳妥进行，并且首先关注毫无争议的东西：如果哈泽不帮助我，那么我不会清扫谷仓。这是下列方式的翻译：

$$\sim H \supset \sim B$$

且它等同于：

$$B \supset H$$

如果这个等值不明显的话，很快可以通过真值表来建立。

当我们问一项含义是否有另一种方式时，会出现一个更困难的问题。当我说我会清扫谷仓，如果哈泽会帮助我时，我是否在承诺如果她确实帮我我就清扫谷仓？回答“是”的诱惑力很大，这样就以如下形式给出了第 2 项更全面的翻译：

$$(B \supset H)\&(H \supset B)$$

逻辑学家称这样的双向含义为双条件式，而我们马上要讨论它。但是加上后面的连接部分几乎肯定是错的，因为我们可以想到我们不试图涵盖的一些例子。一条政府规定可能如下所示：

> 只有当一名学生进入一所纽约州州立学校时，该名学生才可以获得纽约州的奖学金。

由此无法得出，任何进入纽约州州立学校的学生都能获得纽约州的奖学金。可能还有其他条件——例如，是一名纽约州居民。

为什么我们会想要用双条件式去翻译包含连词“只有当”的句子呢？即为什么我们会认为陈述“我会清扫谷仓，只有当哈泽会帮我的时候”表示“如果哈泽帮助我，那么我会清扫谷仓”？答案首先转向第二章讨论过的对话暗示的概念。如果不管哈泽是否帮我我都不会去清扫谷仓，那么说我会清扫谷仓，只有当哈泽帮我的时候将会具有误导性——违背了量的规则。出于这个原因，在很多语境中，使用句式“如果 p，那么 q”会在对话中表示承诺“p 当且仅当 q”。

练习 26

要理解小词“只有”（only）的复杂性，注意到它可以插入句子“我击中了他的眼睛”(I hit him in the eye)中的每一处，会对我们有帮助：

Only I hit him in the eye.

I only hit him in the eye.

I hit only him in the eye.

I hit him only in the eye.

I hit him in only the eye.

I hit him in the only eye.

I hit him in the eye only.

解释以上每一句的意思。

下面我们来看形式“p，当且仅当 q”的句子——所谓的双条件式。如果我说我会清扫谷仓，当且仅当哈泽会帮助我，那么我是在说如果她帮助我，我就会清扫谷仓，如果她没帮我，我就不清扫。这样翻译是因为：

$$(H \supset B) \& (\sim H \supset \sim B)$$

等同于：

$(H \supset B) \& (B \supset H)$

这样我们就有了双向的含义——双条件式的典型形式。事实上，包含连词“当且仅当”的构造在日常交谈中并不常见。它们几乎只出现在技术或法律写作中。在一般的对话中，我们通过如下说法来捕捉双条件式的表达力：

我会清扫谷仓，但只有当哈泽帮助我的时候。

决定将日常对话中的言论翻译成条件式还是双条件式通常微妙而艰难。我们已经注意到，使用“*p* 只有当 *q*”这一形式的句子会时常在对话中表示承诺双条件式“*p* 当且仅当 *q*”。同样，**使用**条件式“*p* 如果 *q*”也承载着这种意涵。如果不论哈泽是否帮我我都计划清扫谷仓，那么说我会清扫谷仓**如果**哈泽帮助我肯定有误导性——再次违反了量的法则。

我们可以来思考一个更难的个案以结束这一段讨论。“*p* **除非** *q*”的表达力是什么？这是一个双条件式，还是仅仅是条件式？如果它仅是条件式，其表达采取哪种方式？将它看作双条件式很有诱惑力，但是下面的例子显示这是错的：

麦凯恩会输掉选举，除非他拿下南部。

这句话明显表明如果他无法拿下南部的话，麦凯恩会输掉选举。

使用缩写，我们得到下列：

N= 麦凯恩会拿下南部。

L= 麦凯恩会输掉选举。

$\sim N \supset L$

如果他拿下南部，原本的陈述也并没有表示——即便是在对话上——麦凯恩会赢得选举。这样，

p 除非 $q = \sim q \supset p$

简言之，“除非”表示“如果不”。我们也可以标记“$\sim p$ 除非 q”表示与“p 仅当 q”相同的含义，而二者都可以被翻译为：

$p \supset q$

我们的结果可以表示为下面图表：

	翻译为	**通常对话暗示为**
p 如果 q	$q \supset p$	$(p \supset q)\&(q \supset p)$
p 仅当 q	$p \supset q$	$(p \supset q)\&(q \supset p)$
p 除非 q	$\sim q \supset p$	$(p \supset \sim q)\&(\sim q \supset p)$

练习 27

使用建议的符号作为缩写，将下列每一句翻译为符号标记形式。

1. 红人队会赢，只有当道奇队输了。(*R*、*D*)

2. 钢人队会赢，如果他们的后防能撑住。(*S*、*D*)

3. 如果下雨或下雪，比赛会被取消。(*R*、*S*、*D*)

4. 如果她回家带着奖杯和奖品，她肯定已经赢得了锦标赛。(T、P、W)

5. 如果你点特别套餐，你会有甜点和咖啡。(S、D、C)

6. 如果你点特别套餐，你会有甜点；但是不论你是否点特别套餐，你都会有咖啡。(S、D、C)

7. 如果房子挂出来要卖，且如果我手头有钱，我会出价买下它。(S、M、B)

8. 如果你来吃晚饭，我会给你做龙虾，如果你想让我做的话。(D、L、W)

9. 你可以成功，只要你尝试的话。(S、T)

10. 你可以成功，只有当你尝试了。(S、T)

11. 只有当你尝试了，你才可以成功。(S、T)

12. 你可以成功，如果你是唯一一个尝试的人。(S、O)

13. 除非发生恐慌，否则股票价格会继续攀升。(S、O)

14. 我不会挠你的后背，除非你也挠我的后背。(I、Y)

15. 你会得到便宜好货，假如你早点到那里。(B、E)

16. 没有朋友，你不可能拥有愉悦的人生。(H= 你可以

拥有愉悦的人生，F= 你有朋友）

17. 这匹马赢得比赛的唯一方法是，如果其他马都突然死亡。（W= 那匹马会赢得比赛，D= 其他马都突然死亡）

18. 你应该服用处方药，但当且仅当药是给你开的。（T、P）

19. 不下雨的话草会枯死。（D、R= 下雨）

20. 如果下雨了，草会枯死。（R、D= 草会枯死）

21. 除非不下雨，草不会枯死。（R、D= 草会枯死）

练习 28

（a）将下列论证翻译为符号标记形式。之后，（b）使用真值表技巧检验每一论证的真值函项的有效性，并且（c）评注任何对对话规则的违背。

示例：哈罗德很聪明，所以，如果哈罗德不聪明，那么安娜也不会更聪明。（H、A）

$$\frac{\text{H}}{\therefore \sim \text{H} \supset \sim \text{A}} \qquad \frac{p}{\therefore \sim p \supset \sim q}$$

(a)

前提				结论	
p	*q*	～*p*	～*q*	～*p* ⊃ ～*q*	
T	T	F	F	T	OK
T	F	F	T	T	OK

F	T	T	F	F
F	F	T	T	T

(b)

（c）论证违背相关规则，因为安娜的聪明与哈罗德的聪明无关。

1. 琼斯是勇敢的，所以琼斯是勇敢的或琼斯是勇敢的。（J）

2. 共和党会拿下新墨西哥或亚利桑那；但是，因为他们会拿下亚利桑那州，他们就不会拿下新墨西哥州。（A、N）

3. 民主党会赢得选举，不管他们是否赢下爱达荷。因此，他们会赢得选举。（D、I）

4. 民主党会赢得选举。因此，不管他们是否赢下爱达荷，他们都会赢得选举。（D、I）

5. 民主党会赢得选举。因此，不管他们是否拿到多数票，他们都会赢得选举。（D、M）

6. 如果鲍比把皇后移到那里，他会输掉它。鲍比不会丢掉他的皇后。因此，鲍比不会把皇后移到那里。（M、L）

7. 约翰会比赛，只有当情况令人绝望的时候。但情况令人绝望。所以约翰会比赛。（P、H）

8. 尽管布朗会投球，洛杉矶公羊还是会输。如果公羊输了，他们的经理会被炒掉。所以他们的经理会被炒掉。（B、L、F）

9. 美国会赢得奥运会，除非中国赢了。中国会赢得奥运会，除非德国赢了。所以美国会赢得奥运会，除非德国赢了。（A、R、E）

10. 如果你拨 0，你会拨通接线员。所以，如果你拨 0 且没有拨通接线员，那么电话一定有什么问题。（D、O、W）

11. 民主党会让琼斯或者伯格参选。如果伯格参选，他们将输掉南部。如果琼斯参选，他们会输掉北部。所以民主党要么会输掉北部要么会输掉南部。（J、B、S、N）

12. 我打算点鱼特餐或者肉特餐。两种都会配汤。所以我会有汤喝。（F、M、S）

13. 草会死，如果雨水过量或雨水不足。如果雨水不足，不会雨水过量。如果雨水过量，那么不会雨水不足。所以草会死。（D= 草会死，M= 雨水过量，E= 雨水足量）

14. 如果你打开开关，那么灯会继续亮。但是如果灯继续亮，那么发电机在工作。所以如果你打开开关，那么发电机在工作。（F、L、G）（这个例子来自查尔斯·L. 史蒂文森。）

第七章

词项逻辑

在第六章中，我们已经看到如何依靠命题之间的外部联系判断有效性。本章将展示如何依靠命题的内部结构来判断有效性。特别是，我们将检验两种直言论证——直接推理和三段论——其有效性和无效性取决于它们前提和结论中的主词和谓词之间的关系。我们对于这些论证类型的兴趣只是理论上的。理解三段论理论会深化我们对有效性的理解，但在一些例子中，这一理论很难直接运用于日常生活中的复杂论证。

命题逻辑之外

有了第六章中讨论过的各种技巧的准备，让我们看看下面的例子：

所有正方形都是长方形。

所有长方形都有平行的边。
——————————
∴ 所有正方形都有平行的边。

看一眼就知道结论从前提中得出，所以这个论证明显是有效的。而且，它之所以有效似乎是因为它的形式。但我们还不清楚这一论证的形式是什么。要展示这个论证的形式，我们可以做如下尝试：

$p \supset q$

$q \supset r$

——————————

$\therefore\ p \supset r$

但这是一个错误，而且是一个严重的错误。我们用了“p”、“q”和“r”作为**命题变量**——它们代表任意命题。但是命题“所有正方形都是长方形”本身不是由两个命题构成的。它也不包含“如果”“那么”或其他任何命题连词。事实上，假如我们将上述论证翻译为适当的命题逻辑语言，会得到如下结果：

p

q

——————————

$\therefore\ r$

显然，这**不**是一个有效的论证形式。但是如果我们再看最初的论证，会发现它明显是有效的。这表示命题逻辑——尽管在它独特的领域内很有用——无法解释所有有效论证的有效性。逻辑包含的比命题逻辑更多。

直言命题

为了拓宽我们对有效性定义的理解，我们将考察一个古代发展起来的逻辑分支的现代版本——词项逻辑。词项逻辑涉及直言命题构成的直接推理和三段论，所以我们要从解释什么是直言命题开始。

在上面的论证中，第一个前提断言了正方形和长方形之间的某种关系；第二个前提断言了长方形和具有平行边的物体之间的某种关系；最后，出于这些断言的关系，结论断定正方形和具有平行边的物体之间的关系。我们的任务就是要尽可能清晰地理解这些关系，让我们能够发现这一论证有效性的基础。同样，我们还是应该采取从最简单的例子开始的策略，然后使用从中获得的洞见来处理更复杂的例子。

展示一个论证中的命题所表达的关系，自然的方式就是通过示意图。假设我们画一个圆代表所有正方形，另一个圆代表所有长方形。所有正方形都是长方形这一主张可以通过将表示正方形的圆完全放在表示长方形的圆之内来表示。

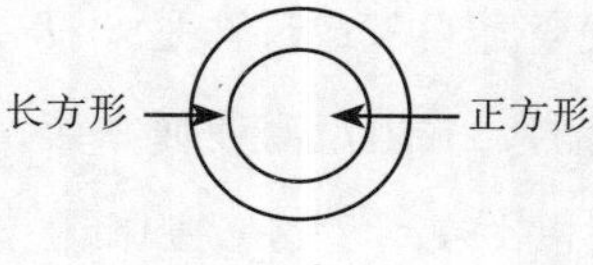

另一种表示这种关系的方式是从相互重叠的圆开始。

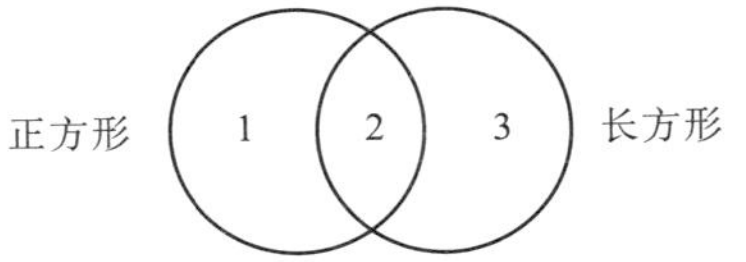

然后根据我们正在用图表示的命题，用阴影画出其中不存在任何东西的部分。如果所有的正方形都是长方形，那么就不存在一个正方形不是长方形，即区域 1 中没有任何东西。所以我们的图示看上去是这样的：

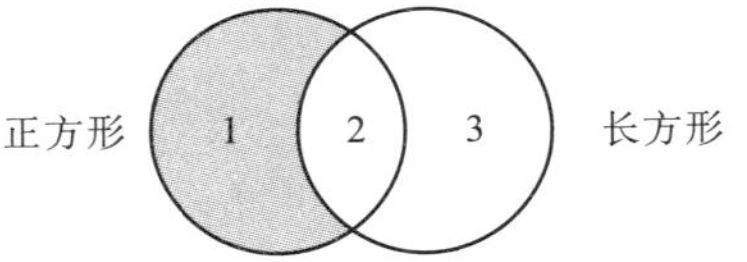

任何一种表示方法好像都是可信的。可能第一种更自然一些。不过，我们将会使用重叠圆体系，因为在处理复杂论证的时候，它会更好用。它们叫作维恩图，名字取自发明者约翰 · 维恩，一位 19 世纪的英国逻辑学家。

考察了两个类别之间存在的一种关系后，我们很自然会好奇是否还有其他关系。如果是我们第一个例子的反面极端，两个类别之间可能没有任何关系。这种关系可以被表述为“所有三角形都不是正方形”，而更普通自然的说法是“没有三角形是正方形”。通过标示出中间重合的区域内没有任何东西，即又是三角形又是正方形的东西，我们用图展示了这一主张。

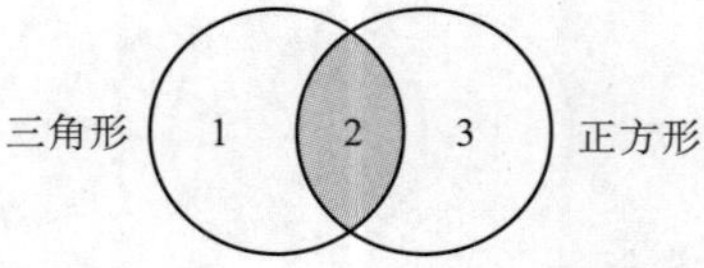

这是无法通过将一个圆放入另一个圆内来图示的一种关系。（试试看！）

在这两个极端的案例中，我们展示了一个类别完全被包含在另一个类别之中（“所有正方形都是长方形”）或者完全被排除在另一个类别之外（“没有三角形是正方形”）。然而，有时候我们只是主张两个类别之间至少有某些东西是共同的。例如，我们可能会说“有些外来者是间谍”。应该如何在下面的图示中表示这种关系呢？

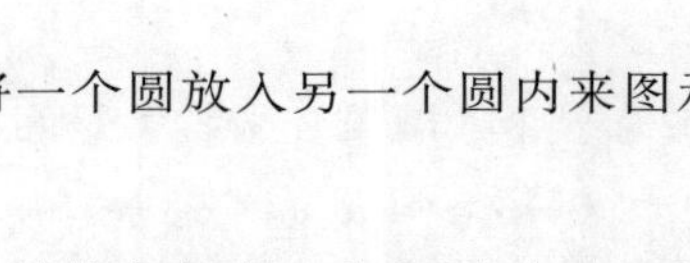

在这个例子中，我们不想划掉任何完整的区域。不打算划掉区域1，因为我们没有说所有的外来者都是间谍。显然，我们也不打算划掉区域2，因为我们的确说有些人既是外来者又是间谍。最后，我们也不打算划掉区域3，因为我们没有说所有间谍都是外来者。说某些外来者是间谍并不排除有些间谍是本地人的可能性。所以我们需要一些新的工具来表示两个类别至少有一些共同项的主张。我们要以如下方式来进行：

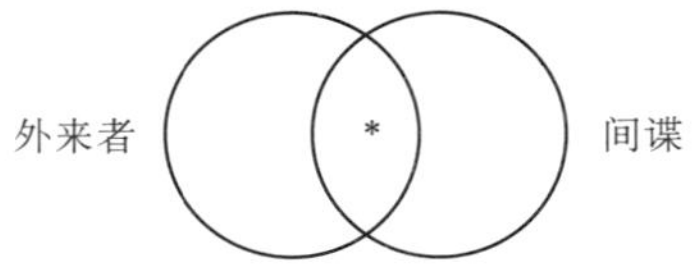

这里的星号表示至少有一个人既是外来者又是间谍。另外，注意我们稍微背离了日常说话方式。“有些”通常被认为表示“多余一个”，但这里我们用其表示“至少一个”。这让事情更简单并且不会带来麻烦，只要我们记得这是我们所用的“有些”所表示的意思。

有了这种图示类别关系的新方法，我们马上就能思考其他可能性。下面的图示表示有人是外来者，但不是间谍。用更自然的语言来说，它表达的是有些外来者不是间谍。

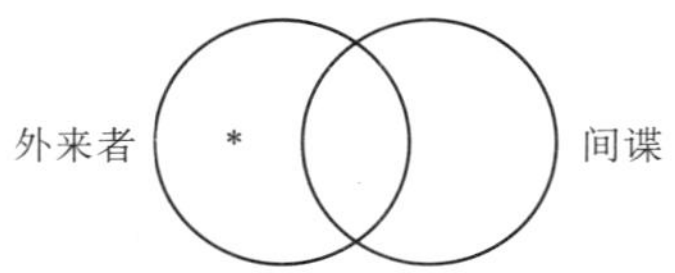

下一步我们要指出有些人是间谍但不是外来者。更简单地说，即有些间谍不是外来者，并且它这样表示：

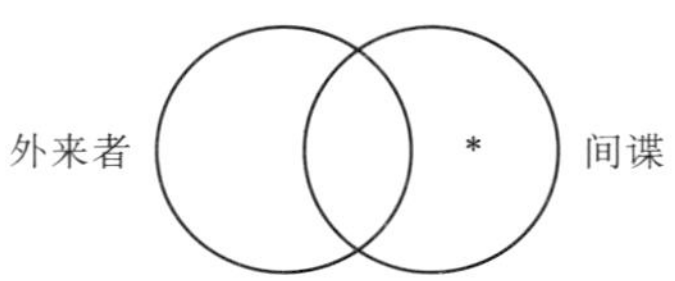

当然，最后这三项主张是相容的，因为可能有一些外来者是间谍，一些外来者不是间谍，而一些间谍不是外来者。

四种基本直言形式

尽管两种类型能以各种各样的方式联系在一起，但我们可以根据四种基本直言形式来考察这些关系：

A：所有 S 都是 P	E：没有 S 是 P
I：一些 S 是 P	O：一些 S 不是 P

这些形式被称作直言形式，具有这些形式的命题叫作直言命题。

对比前一章中讨论过的命题形式，A、E、I、O 作为直言命题的形式，本身不是命题，所以它们既不是真的也不是假的。相反，它们是全部命题类别的模型。通过使用指代对象种类的词汇统一替代变量 S 和 P，我们能够从这些形式中得到命题。例如，“一些间谍不是外来者”是 O 这一命题形式的一个代入例。不过，我们将简单地把具有 A、E、I 或 O 形式的命题称为 A、E、I、O 命题，除了可能引起混淆的地方。

A 和 E 命题叫作全称命题（因为它们关涉所有 S），而 I 和 O 命题叫作特殊命题（因为它们关涉一些 S）。A 和 I 命题被称为肯定命题（因为它们讲的是什么是 P），而 E 和 O 命题指否定命题（因为它们讲的是什么不是 P）。因此，这四种基本命题形式可以用这种方式表达：

A= 全称肯定（Universal Affirmative）　E= 全称否定（Universal Negative）
I= 特殊肯定（Particular Affirmative）　O= 特殊否定（Particular Negative）

这四种形式适合下面的表：

	肯定的	**否定的**
全称的	A：所有 *S* 是 *P*	E：没有 *S* 是 *P*
特殊的	I：一些 *S* 是 *P*	O：一些 *S* 不是 *P*

这里是四种基本直言形式的维恩图：

A：所有 *S* 是 *P*

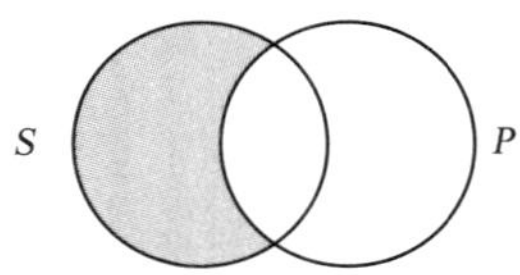

E：没有 *S* 是 *P*

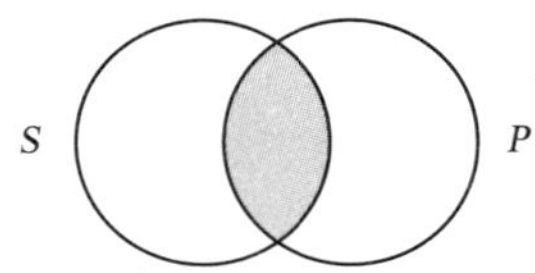

I：一些 *S* 是 *P*

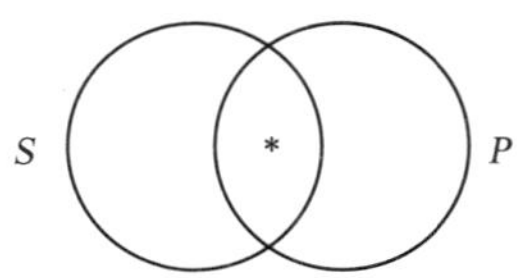

O：一些 *S* 不是 *P*

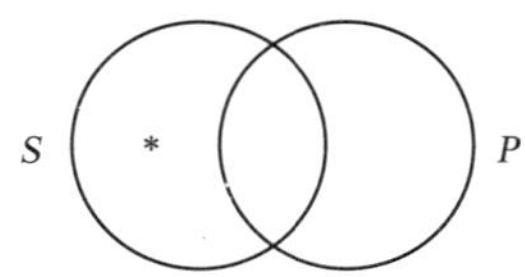

我们应该被记住这些基本的直言形式，以及它们的标签、分类以及图示，因为本章剩下的部分会经常提起。

练习 1

使用四种基本直言形式，展示下面每一图示代表什么信息：

例子：

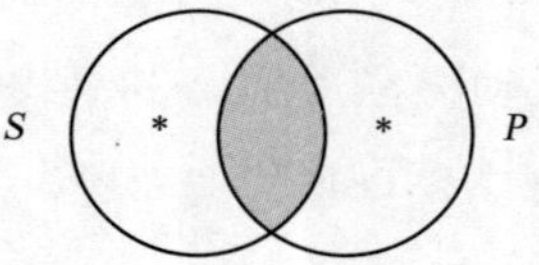

没有 S 是 P。
一些 S 不是 P。
一些 P 不是 S。
没有 P 是 S。

1.

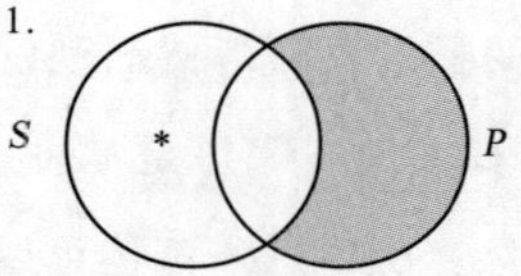

2.

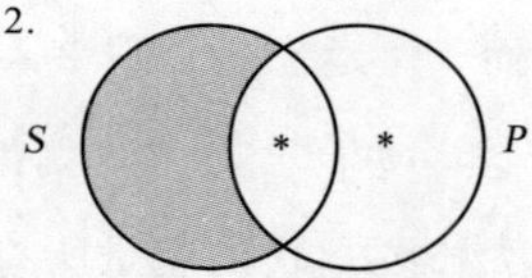

3.

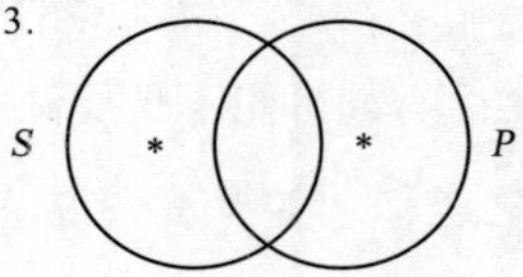

4.

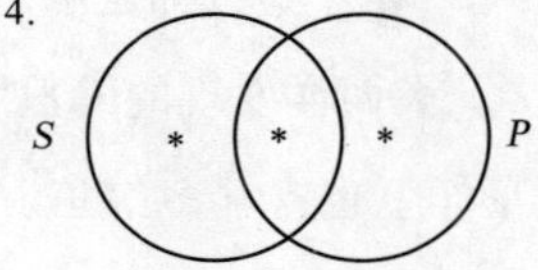

5.

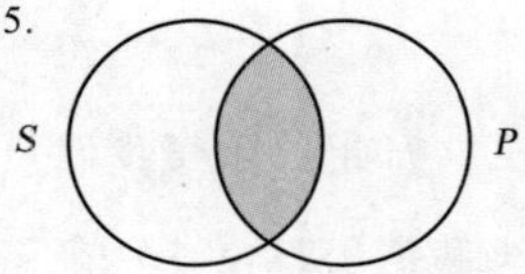

6.

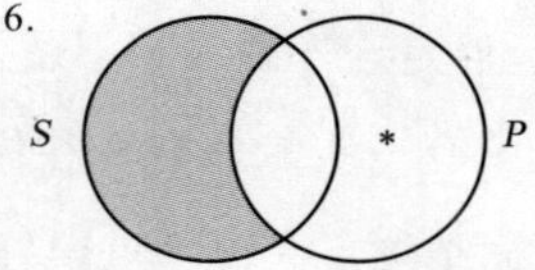

7.

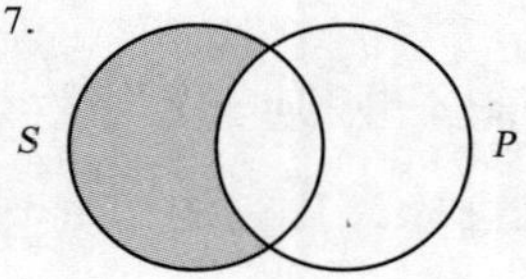

8.

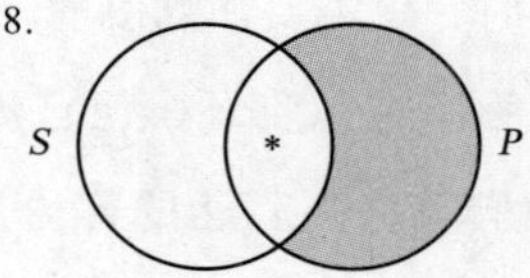

翻译为基本直言形式

具有特定的A、E、I和O形式的命题不经常出现在日常对话中。一般人几乎不会说："所有鲸鱼都是哺乳动物。所有哺乳动物都呼吸空气。因此，所有鲸鱼都呼吸空气。"更多的人会说："鲸鱼呼吸空气，因为它们是哺乳动物。"因此，如果我们的逻辑工具只能应用于具有明显A、E、I和O形式的命题，那么它几乎无法用于多少日常生活中的论证上。

然而，幸运的是，很多不以明显的直言形式出现的普通陈述可以被翻译为直言形式。例如，有人说"鲸鱼是哺乳动物"，说话的人大概要指代的就是所有鲸鱼，所以这一陈述可以翻译为A命题，即"所有鲸鱼都是哺乳动物"。然而，我们要小心。如果有人说"北大西洋发现的鲸鱼"，说话的人可能不是要说所有鲸鱼，因为太平洋里也有很多鲸鱼。与之类似，如果有人说"一头鲸鱼是哺乳动物"，通常可以翻译为A命题，即"所有鲸鱼都是哺乳动物"，但是这一翻译却不适用于"一头鲸鱼搁浅在岸上"，这似乎在说"有一头鲸鱼搁浅在岸上"。因此，如果我们只看人们说话的表面结构，会被严重误导。当我们将日常谈话翻译为基本直言形式时，也需要注意语境。

尽管有这些难题，但它仍可能给出一些粗糙但有效的指导，帮助我们将许多表达的普通形式翻译为具有A、E、I和O形式的命题。让我们从一个所有直言形式都会面对的问题出发：它们都需要一个事物的类别作为谓词。因此，"所有的鲸鱼都大"和"没有鲸鱼生活在陆地上”应该被严格转换为“所有鲸鱼都是大的东西”和“没有鲸鱼是活在陆地上的东西”或者“没有鲸鱼是陆地生物”。这就容易很多了。

如果我们看 A 命题中“所有”这个词，事情会变得更加复杂。我们已经看到了，在日常对话中“所有”一词时常被省略掉，就像“鲸鱼是哺乳动物”中一样。“所有”一词也能够从句子的开始去掉。“民主党人都是自由主义者”，通常表示一个 A 命题，即“所有民主党人都是自由主义者”。此外，其他词汇也能用来取代“所有”。在标准语境中，下列每一项主张都能够被翻译为一个具有“所有 S 是 P”形式的 A 命题：

每一个共和党人是保守的。

任何投资都是有风险的。

任何人都会死。

每只蚂蚁对它的母亲来说都是珍贵的。

为了翻译这样的陈述，通常我们需要从形容词和动词中构造名词词组。这些转变通常直截了当，但有时候也需要聪明才智，甚至这样之后，它们仍会显得有点扭曲。例如，“只有一个傻子才会蹦极”和“没有人会蹦极除非他是一个傻子”这两句通常被翻译为“所有蹦极的人都是傻子”。这个翻译可能看上去不像原来那么自然，但是因为翻译具有 A 形式，它明显展现出这一陈述具有其他 A 命题也有的逻辑特征。

经过某些变通，也可以把过于个体的陈述翻译为直言形式。标准方式是把“苏格拉底是人”翻译为A命题“所有是苏格拉底的东西都是人”。与之类似，典型语境中的“大炮准备发射了”不必一定翻译为I命题“一些大炮准备发射了”，因为原本的陈述是有关一台特殊的大炮。相反，原本的陈述应该被翻译为A命题“所有是那台大炮的东西都准备发射了”。这些翻译可能很生硬，但是为了要将三段论逻辑应用于日常表达形式，它们是必要的。

其他基本命题形式也面对相似的困难。如果一个女人说“我在寻找一个不黏人的男人”，而一个朋友回答“我的教会里的所有男人都不黏人”，那么这一回答应该能被翻译为E命题，“我的教会中没有男人是黏人的”。相反，“所有海洋寄居者都不是鱼”通常不应该被翻译为E命题，即“没有海洋寄居者是鱼”，而是“不是所有海洋生物都是鱼”。这意味着O命题，“一些海洋生物不是鱼”。因此，一些具有“所有*S*都不是*P*”形式的陈述应该被翻译为E命题，而另一些应该被翻译为O命题（形式“所有*S*不是*P*”的歧义，解释了为什么以更少歧义的形式“没有*S*是*P*”来表示E命题更标准）。还有一些句子，即便没有明显包含“没有”一词，也应该被翻译为E命题。“地下电缆不容易修”和“如果一条电缆在地下，它不容易修”，以及“没有任何地下电缆是容易修的”，都可以被翻译为E命题，即“没有地下电缆是容易修的”。

I和O命题也面对相似的难题。我们已经看到，“北大西洋发现的鲸鱼”应该被翻译为I命题“一些鲸鱼被发现在北大西洋”。另外，即便不包含“没有”或“一些”这样的词，有些普通表达形式也可以被翻译为O命题。例如，“有不是巧克力的甜点”可以被翻译为O命题，即“一些甜点不是巧克力”。

因为这样的难题，没有将一般英语句子翻译为A、E、I和O命题的机械操作步骤。要找到正确的翻译，你需要认真思考句子和它的语境。

练习2

将下面句子翻译为A、E、I和O命题。确定你翻译中的主词和谓词使用名词指代事物的类别（而不是用形容词和动词表示）。如果句子在不同的语境中可以翻译为不同的形式，给出每一种翻译并说明使其显得自然的语境。

1. 真男人吃蚂蚁。
2. 蝙蝠不是鸟。
3. 河马在进攻。
4. 河马是一种高贵的野兽。
5. 不是所有的螃蟹都生活在水里。
6. 所有螃蟹都不生活在水里。
7. 电影明星都很有钱。
8. 如果任何人打我,我会恨他们。
9. 如果任何东西坏了，它就不运作了。
10. 有人爱你。
11. 有人不爱你。
12. 没有人爱我，除了我妈。
13. 任何是摩门教徒的人都信上帝。
14. 我的朋友们是唯一在乎的人。
15. 只有大四学生可以选这门课。
16. 我们的比特犬是一只好宠物。
17. 每一样便宜的东西都是不好的。
18. 一些贵的东西是不好的。

19. 一些便宜的东西是好的。
20. 一些不便宜的东西是好的。
21. 一些便宜的东西是不好的。
22. 一些不便宜的东西是不好的。
23. 不是所有车都有四个轮子。
24. 有没有小孩的夫妻。
25. 没有人讨厌巧克力。
26. 有人讨厌巧克力。
27. 没有紫色的东西是苹果。
28. 没有不是白色的东西是雪
29. 不会有任何跑步的人是慢的。
30. 火烈鸟不是友好的。

矛盾命题

一旦我们理解了 A、E、I 和 O 命题本身，下一步就要问它们之间的关系如何。按它们的图示来看，一些关系一目了然。考虑 E 和 I 命题形式的维恩图：

E：没有 *S* 是 *P*

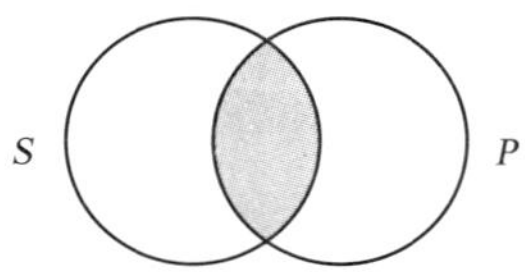

I：一些 *S* 是 *P*

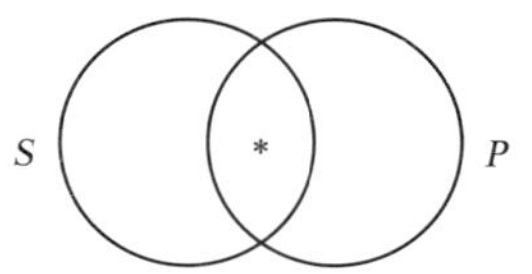

第一个图示中阴影的部分正好是第二个图示中含有星号的部分。这明确了一个 E 命题和相应的 I 命题（该 I 命题具有和 E 命题相同的主词和谓词）不可能同时为真。如果 E 命题要为真，中心区域一定**没有任何项**。但是相应的，I 命题要为真，中心区域中必须要**有某些项**。因此，它们不可能同时为真。它们也不可能同时为假。E 命题为假的唯一方法就是中心区域有某些项，但那样的话，相应的 I 命题就为真而为假了。I 命题要为假的唯一方法是中心区域内没有任何项，但那样的话，E 命题就不为假而为真了。因此，它们不能同时为真，也不能同时为假。换言之，它们总是有相反的真值。这样的关系被描述为这些命题是**矛盾命题**。

更一般地说，我们可以通过简单的过程来制作一个图示表示对一个命题的否定。维恩图中给出的唯一信息是通过这样的方式展现：用阴影画出某些区域，表示其中不存在任何项，或在某区域内标上星号，表示其中存在某些项。对于没有标记的区域，我们没有拿到任何信息。要表现对一个命题的否定，只要调换图示中的信息。即原来有星号的部分，就画上阴影；有阴影的部分，我们在其中标上星号。其他剩下的东西都维持不变。因此，我们能一眼看出相对应的 E 和 I 命题是相互否定的，所以它们必然总是具有相反的真值。这让它们成为矛盾命题。

相同的关系存在于 A 命题和与之相应的 O 命题之间。思考它们的形式：

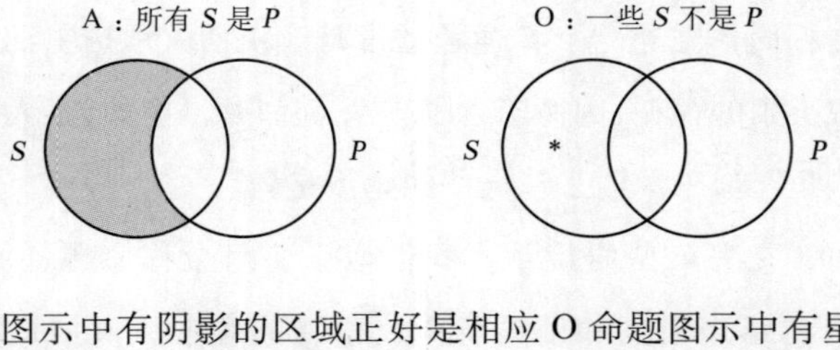

A 命题图示中有阴影的区域正好是相应 O 命题图示中有星号的部分，并且它们不包含其他任何信息。因此，A 和 O 命题相应地不

可能同时为假，也不可能同时为真，所以它们是矛盾命题。

练习 3

1. 一个 A 命题是否是它相应的 E 命题的矛盾命题？原因是？

2. 一个 I 命题是否是它相应的 O 命题的矛盾命题？原因是？

3. 如果一个命题是另一个命题的矛盾命题，后者是否总是前者的矛盾命题？原因是？

存在承诺

似乎 A 命题（形式为“所有 *S* 是 *P*”的）暗含与之相应的 I 命题（形式为“一些 *S* 是 *P*”的）。然而，这造成一个逻辑学家到现在都没能彻底解决的难题。通常，当我们做出一个陈述，我们是在谈论一些特定的事物。如果有人宣称所有鲸鱼都是哺乳动物，这个人是在谈论鲸鱼和哺乳动物以及它们之间的关系。在陈述过程中，这人似乎将鲸鱼和哺乳动物的存在作为既定事实。该言论包含了逻辑学家所说的对主词和谓词所指代事物的存在承诺。与之相同，陈述一个 E 命题通常是让说话人承诺主词中事物和谓词中类别的存在，因而暗含了一个 O 命题。例如，某人说“没有鲸鱼是鱼”似乎承诺了“一些鲸鱼不是鱼”。

然而，在另一些语境下，我们似乎使用全称命题（A 和 E）而不让自己承诺主词和谓词所指代事物的存在。例如，如果我们说“所有擅入者都将被罚款”，我们并没有承诺存在任何擅入者或任何由擅入带来的实际罚金；我们只是在说，“如果有擅入者，那么他们会被罚款”。与此类似，如果我们告诉一个犯困的小孩，“没有鬼在你床下”，我们不是在承诺存在鬼或床下有任何东西。最后，当牛顿说“所有不受外力推动的物体都是静止的”，他并没有承诺不受外力推动的物体存在。有了这些不包含对所指事物存在承诺的A和E命题的例子，考虑其他的就容易多了。

随之而来的问题是，在处理全称命题时是否应该包含存在承诺。我们再次要做出判断（记住，我们在第六章中对析取和条件式的真值表定义进行了判断）。传统逻辑是在假设全称命题（A和E）具有存在承诺的前提之上发展起来的。现代逻辑做出相反的判断，将“所有人都会死”等同于“如果他是一个人，那么这个人会死”，将“没有人是孤岛”等同作“如果他是一个人，那么这个人不是一座孤岛”。这种说话的方式不包含对任何人存在的承诺。

我们应该采取哪种方式？现代的方式更简单，而且已经被证明长期来看更有效力。出于这些原因，我们要采取现代的方式，不附加存在承诺于全称命题（A和E）之上，所以这些命题不会暗含特殊命题（I和O）。尽管如此，传统方式还是有其典雅之处，它有漫长且光辉的历史，并且适合某些语境，因此它本身还是值得钻研的。不过，为了简便起见，这里我们将不阐发传统逻辑理论。

练习 4

给出两个新的示例语境，其中：

1. 陈述一个并不会使说话人对主词所指事物做出存在承诺的 A 命题。

2. 陈述一个并不会使说话人对谓词所指事物做出存在承诺的 A 命题。

3. 陈述一个并不会使说话人对主词所指事物做出存在承诺的 E 命题。

4. 陈述一个并不会使说话人对谓词所指事物做出存在承诺的 E 命题。

直言论证的有效性

我们介绍了维恩图，因为它们为检测由直言（A、E、I 和 O）命题构成的论证的有效性提供了一种有效且有启发性的方式。基本的想法很简单：当所有包含在结论的维恩图中的信息也已经包含在前提的维恩图之中，一个由直言命题构成的论证是有效的。只有两种将信息放入维恩图中的方式：要么用阴影划出一个区域，要么在一个区域中放入星号。因此，要检验一个直言命题构成的论证的有效性，我们只需要检验结论图示所给出的信息（它的阴影或星号），然后再看看前提的图示中是否包含这个信息（同样的阴影或星号）。

下面简单的例子将简要地展示这如何进行：

论证　　　　　　　　图示

一些鲸鱼是哺乳动物

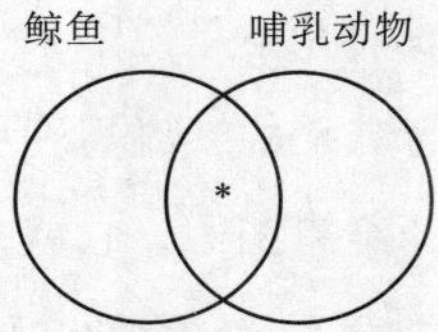

∴一些哺乳动物是鲸鱼

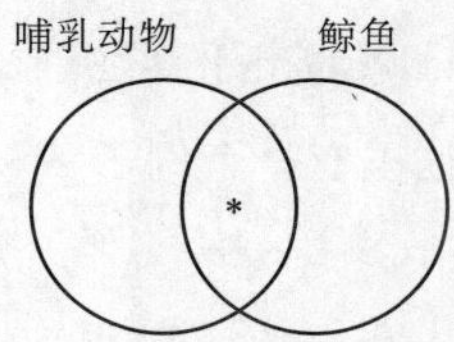

注意结论图示中包含的唯一信息是两圆重叠部分中的星号，而该信息已经包含在前提图示之中。因此，该论证是有效的。

同样的方法可以被用来检验论证形式的有效性。之前论证的形式以及相应的图示如下：

论证形式　　　　　　　　图示

一些 S 是 P。

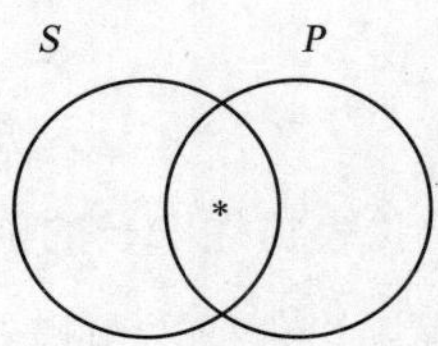

∴一些 P 是 S

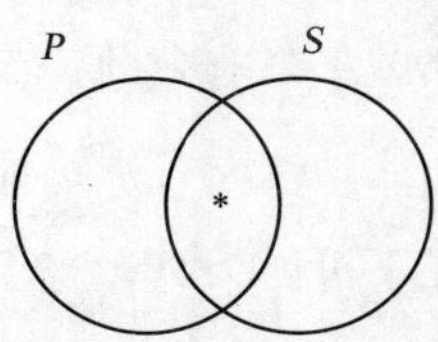

这一论证形式是有效的，因为所有包含在结论维恩图中的信息也都在前提的维恩图中。而任何有效论证形式的代入例也都有效。

注意我们并不是说如果一个论证没有通过这些测试，即如果结论（或者其形式）维恩图中有一些信息并没有包含在前提（或其形式）的维恩图中，它就是**无效的**。如命题逻辑中的真值表一样（见第六章），维恩图检验基于特定形式的论证是否有效，但是一些论证可能出于其他理由有效，即便它们不是由于直言形式而有效。这里有一个例子：

论证　　图示

所有父亲是男性家长

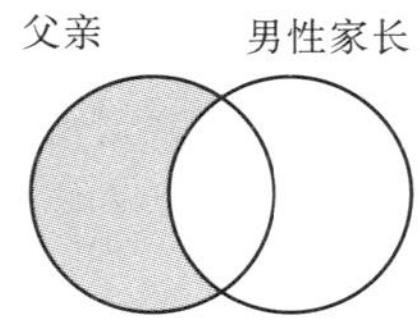

∴所有男性家长是父亲

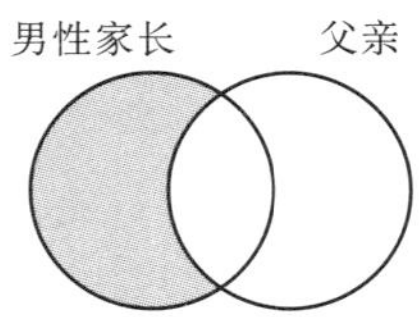

结论维恩图中代表男性家长的圆内有阴影，而前提维恩图中代表父亲的圈内有阴影，所以前提并没有包含结论中的信息。因此，这种论证形式就**不是有效**的，而这种形式的一些论证也就不是有效的。尽管如此，这一特殊论证明显是有效的，因为当结论为假的时候，前提不可能为真，基于这个简单的原因，结论不可能为假。因为这样的例子，维恩图能够向我们展示一个论证是有效的，而无法证明一个论证是无效的。

除了这一局限，维恩图方法可以用来检验很多不同类型的论证和论证形式的有效性。我们将展示这种方法如何适用于两种主要的论证类型：直接推理和三段论。

直言直接推理（categorical immediate inferences）

一个直言直接推理是具有如下特征的论证：

1. 它有单一前提（即为什么这种推理会被形容为直接的）。
2. 它由 A、E、I 和 O 命题构造而来（即为什么这种推理被称作直言的）。

这些论证值得重视是因为它们经常出现在日常推理中。

我们将关注最简单的一类直接推理，即换位法。我们仅通过调换主词和谓词来转变一个命题（从而得到它的逆命题）。对于主词，我们指的是出现在语法主语上的词语；对于谓词，我们指的是出现在语法谓语上的词语。在 A 命题“所有间谍是外来者”中，“间谍”是主词而“外来者”是谓词；逆命题是“所有外来者是间谍”。

在这个例子中，确认谓词很直白，因为语法的谓语是一个名词——谓语性主格。然而，通常我们要将语法的谓语从形容词变换为名词词组来得到指代一组事物的名词。“所有间谍是危险的”变成“所有间谍是危险的东西”。这里“间谍”是主词，而“危险的东西”是谓词。尽管这一变化有点刻意，但却是必需的，因为当我们转变一个命题（调换它的主词和谓词）的时候，我们需要一个名词词组来代替语法上的主语。在英语中，我们不能说“所有危险的都是间谍”，但是我们可以说“所有危险的东西都是间谍”。

解释了什么是换位法之后，现在我们想要知道这一操作什么时候产生**有效的**直接推理。要回答这个问题，我们使用维恩图来一一检验四种基本直言命题形式与其逆命题之间的关系。当包含在结论中的信息也包含在前提中的时候，即结论中有任何区域为阴影，前提中该区域也为阴影，而结论中任何区域有星号，前提中该区域也有星号时，直接推理是有效的。

两个例子很明显：I 和 E 命题可以有效转变。从一个“一些 *S* 是 *P*”形式的 I 命题，我们可以有效地推导出其“一些 *P* 是 *S*”形式的逆命题。

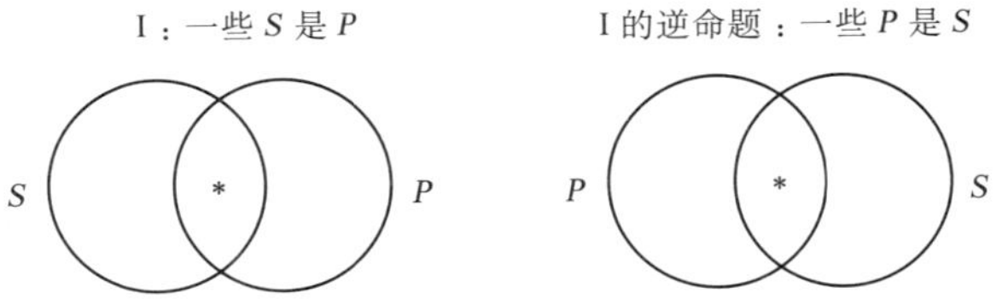

从一个“没有 *S* 是 *P*”形式的 E 命题，我们可以有效地推导出其“没有 *P* 是 *S*”形式的逆命题。

E：没有 S 是 P

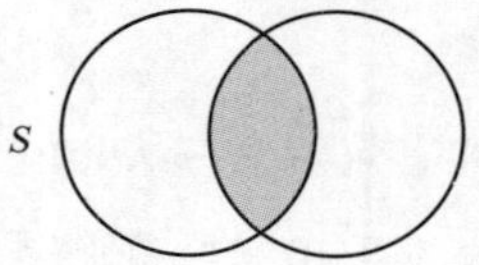

E 的逆命题：没有 P 是 S

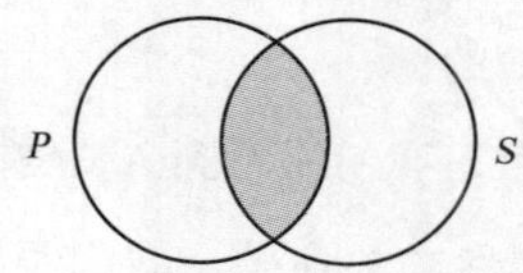

注意在上述两个例子中，信息（星号或阴影）在最初图示的中心部位，而逆命题的图示翻转了最初的图示。因此，两个图示包含同样的信息，因为逆命题的图示在相同区域里包含跟原本命题形式的图示中完全相同的标记。这表现了 E 和 I 命题不仅逻辑上**暗示**其逆命题，也逻辑上被它们所**暗示**。因为暗示是相互，这些命题被认为与它们的逆命题**逻辑相等**，且它们通常与其逆命题拥有相同的真值。

维恩图的使用也显示 O 命题不能一直有效转变。从“一些 S 不是 P”形式的命题，我们不可能总是推导出“一些 P 不是 S”形式的逆命题。

O：一些 S 不是 P

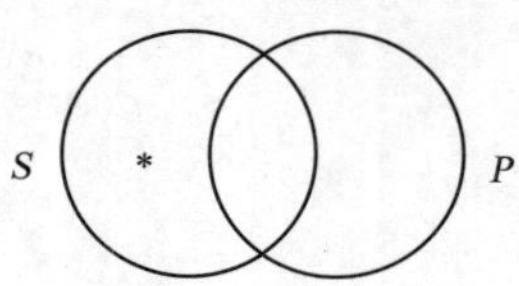

O 的逆命题：一些 P 不是 S

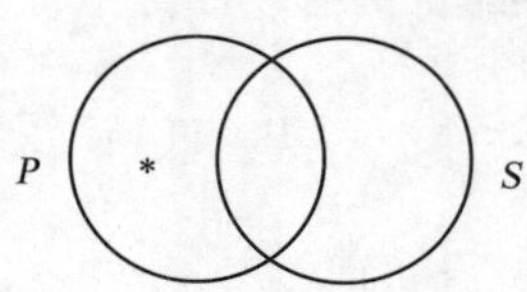

注意这个例子中的信息不在中心部位，而是落到了一边。结果是，当图示翻转时，信息也发生了改变。星号落入不同的圆内——在 O 命题的图示中它在代表 S 的圈中，但是在 O 的逆命题图示中它

在代表 *P* 的圈中。这显示一个从 O 命题推导到它逆命题的论证不总是有效的。[1]

最后，我们能看到 A 命题也不总能有效转变。从一个“所有 *S* 是 *P*”形式的命题，我们不可能总是推导出“所有 P 是 *S*”形式的逆命题。

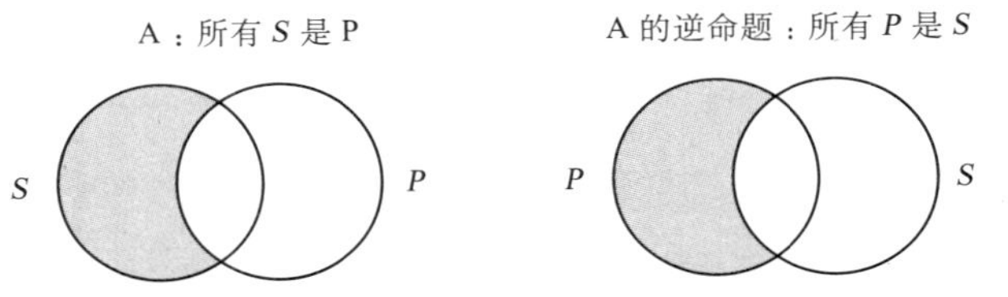

因为图示不是对称的，当图示翻转的时候，信息就改变了；阴影落入了另一个圆中。那显示为什么这一论证形式为什么不总是有效的。

传统上，其他直接推理也被研究过，但在此我们并不打算一一重述。对话的简单例子已经足够显示维恩图如何能够被用来检验一些论证的有效性。

1 我们说“不总是”（not always）而不简单地说“不是”，因为有一些奇怪的例子——逻辑学家叫它们“退化案例”（degenerate cases）——对于这些例子来说，该类型的推理是有效的。例如，从“一些人不是男人”，我们可以有效地推导出“一些人不是男人”。这里，通过让主词和谓词完全相同，我们把对话无聊化了。考虑到这种例子的存在，我们必须说，从 O 命题向其逆命题的推理通常是无效的，而不是一直是无效的。相较而言，有效论证的设定适用所有例子，包括退化案例。

练习 5

使用维恩图决定下列直接推理是否有效：

1. 所有恐龙是动物。因此，所有动物是恐龙。
2. 一些翼龙会飞。因此，一些会飞的东西是翼龙。
3. 一些蚓螈不是肉食者。因此，一些吃肉的东西不是蚓螈。
4. 没有霸王龙是国王。因此，没有国王是霸王龙。
5. 一些恐龙是爬行动物。因此，所有恐龙是爬行动物。
6. 一些恐龙现在不存在。因此，没有恐龙现在还存在。
7. 所有异齿龙食肉。因此，一些异齿龙食肉。
8. 没有恐龙是温血的。因此，一些恐龙不是温血的。

三段论理论

在直接推理中，我们从单一的 A、E、I 或 O 命题直接推导出结论。此外，当两个直言命题互相矛盾的时候，我们可以有效地从一个为真中推出另一个为假，也可以有效地从一个为假中推出另一个为真。所有这些论证形式都只包含一个前提。理解直言命题的下一步就是考虑有两个前提的论证。

这种论证中重要的一组是直言三段论。这些论证背后的基本观念是常识性的。设想你要证明所有的正方形都有四条边。这个证明需要展现一些正方形和四边形的联系或关系。某些中间类别能够提供这种联系，比如长方形。如此一来你就可以论证，因为正方形是长方形的子集，而长方形是四边形的子集，所以正方形必然也是四边形的子集。

当然，有很多其他的方法通过第三项把两项联系起来。所有直言命题构成的这种论证都叫直言三段论。更准确地说，直言三段论是这样的论证：

1. 论证不多不少只有两个前提和一个结论；
2. 论证只包含基本的 A、E、I 和 O 命题；
3. 只有一个前提包含谓词；
4. 只有一个前提包含主词；并且
5. 每一个前提都包含一个中项。

谓词就是结论中在谓语位置的项。它也被叫作大项，而包含谓词的前提被称为大前提。主词就是结论中位于主语位置的项。它被称为小项，而包含主词的前提也被称为小前提。习惯上先陈述大前提，再陈述小前提。

我们第一个直言三段论的例子如下：

所有长方形都是具有四条边的图形。（大前提）
所有正方形都是长方形。（小前提）
∴ 所有正方形都是具有四条边的图形。（结论）

主词 ="正方形"
谓词 ="具有四条边的图形"
中项 ="长方形"

要得到该三段论的形式，我们只需用变量替换各项：

所有 M 都是 P。

所有 S 都是 M。

∴ 所有 S 都是 P。

当然，很多其他论证也符合直言三段论的定义。这里有包含否定前提的一例：

没有椭圆是具有多边的图形。

所有圆都是椭圆。

∴ 没有圆是具有多边的图形。

下一个三段论具有特称前提：

所有正方形都是具有等边的图形。

一些正方形是长方形。

∴ 一些长方形是具有等边的图形。

练习 6

上述两个三段论中，主词、谓词、中项、大前提、小前提，以及三段论的形式（使用 ***S***、***P*** 和 ***M***）是什么？三段论是否有效？为什么？

附加练习

根据直言三段论定义的规定，总计有256种可能的直言三段论形式。解释为什么。

三段论的维恩图 之前的章节中，我们使用维恩图来检验直接推理的有效性。直接推理只包含两项或两个类别，因此相对应的维恩图只需要两个相互重叠的圆圈。直言三段论包含三项或三个类别。为了反映这一点，我们将使用三个相互重叠的圆圈。如果我们用字母上的横线来表示该区域内的东西并不属于某类别（所以 $\bar{S}$ 表示不在 S 中的项），这样我们的图示如下：

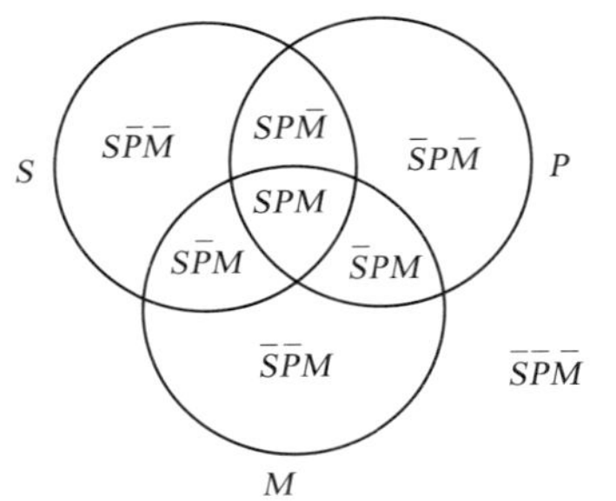

这个图示有8个不同的区域，可以按照类似真值表的顺序罗列如下：

S	P	M
S	P	$\bar{M}$
S	$\bar{P}$	M
S	$\bar{P}$	$\bar{M}$

$\bar{S}$	P	M
$\bar{S}$	P	$\overline{M}$
$\bar{S}$	$\bar{P}$	M
$\bar{S}$	$\bar{P}$	$\overline{M}$

注意，如果有项既不是 S 也不是 P 或 M，那么它完全落在重叠圆圈的体系之外。其他每种情况下，都有一项落入重叠圆圈体系内七个分隔区中的一个区域。

检验三段论的有效性　要用维恩图检验三段论的有效性，我们首先在图示中填入表示前提中所包含的信息。记住，维恩图所包含的信息只能通过阴影或填入星号表达。如果结论所表达的信息已经包含在前提的图示中，那么该论证是有效的。[1] 为了看清这点，要考虑我们已经提到过的例子的图示：

所有长方形都有四条边。

所有正方形都是长方形。

∴ 所有正方形都有四条边。

前提的图示如下：

1　这里我们不能说“仅当”(only if)，因为直言三段论退化案例可能是有效的，但不是因为它的形式而有效。这有一个例子：“所有能被 2 整除的都是偶数。除了 2 以外没有其他质数能被 2 整除。因此，除了 2 以外没有质数是偶数。”该三段论是有效的，因为它前提为真且结论为假是不可能的，但是其他具有相同形式的三段论却不是有效的。

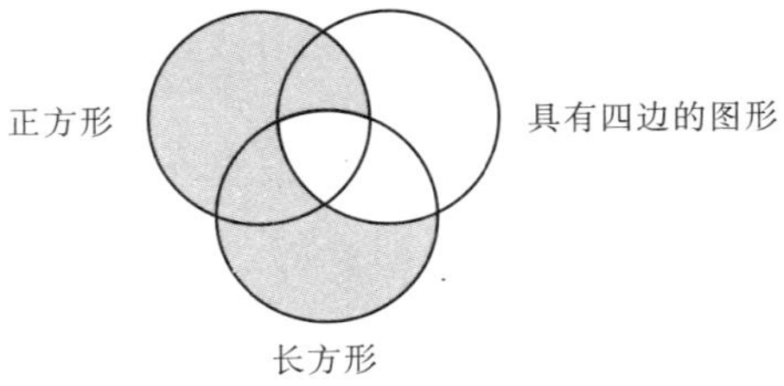

结论的图示如下：

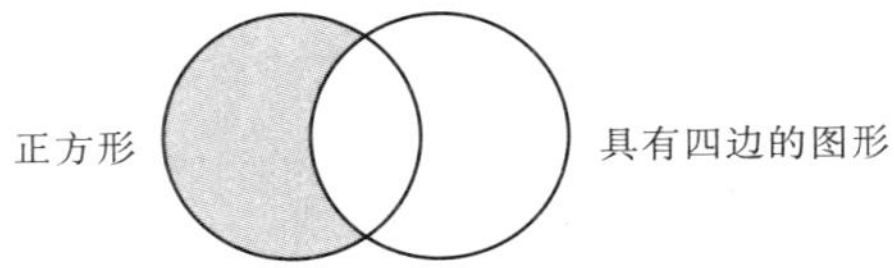

结论的这一图示仅包含这样的信息，即正方形圈内没有项不同时落入具有四边图形的圈内。而在前提的图示中，所有是正方形的项被圈入具有四边的图形的区域内。因此，前提图示包含所有结论图示中的信息。这表示这个三段论论证是有效的。

接下来，试试看具有否定前提的三段论：

没有椭圆有多条边。

所有圆都是椭圆。

∴ 没有圆有多条边。

前提的图示如下：

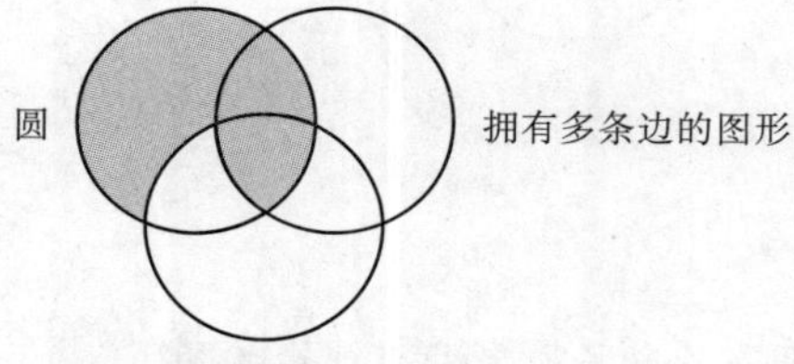

我们将结论“没有圆有多条边”图示如下：

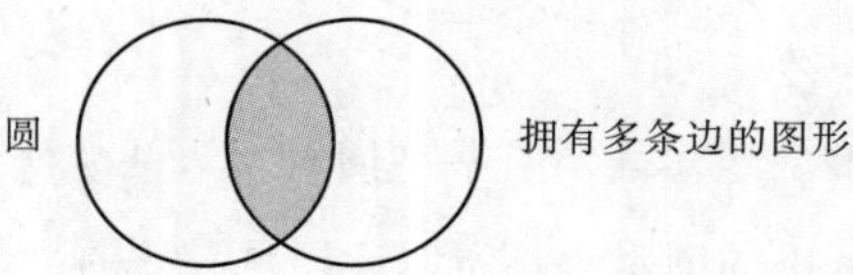

该信息明显已经包含在前提的维恩图中，所以这个三段论也有效。

让我们再试试看有特称前提的三段论：

所有正方形都有等边。
一些正方形是长方形。
∴ 一些长方形有等边。

好的策略是，在绘制特称前提图示之前，先绘制一个全称前提的图示。这样，上面论证的图示如下：

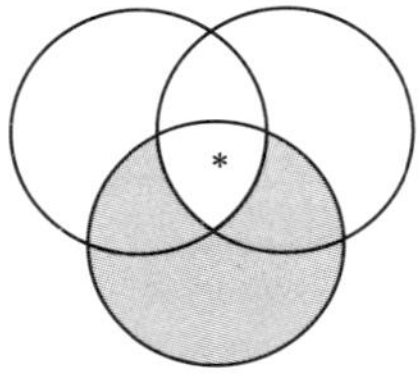

这里是结论，即有一些长方形拥有等边的图示：

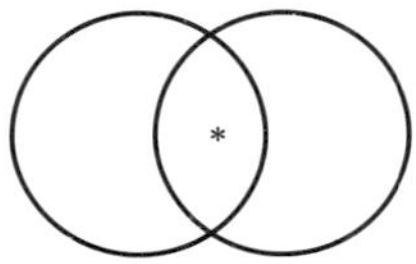

该图示中间区域的星号表示有些项同时落入两个圈内，而这一信息已经出现在前提的图示中，所以论证是有效的。

目前为止，我们只看了有效的三段论。让我们看看这一方法运用于无效三段论上的情况。这里有一例：

所有的儿科医生都是医生。

所有的儿科医生都喜欢小孩。

∴ 所有医生都喜欢小孩。

我们可以把前提图示放在左边，结论放在右边：

前提：
所有儿科医生都是医生。
所有儿科医生都喜欢小孩。

结论：
所有医生都喜欢小孩。

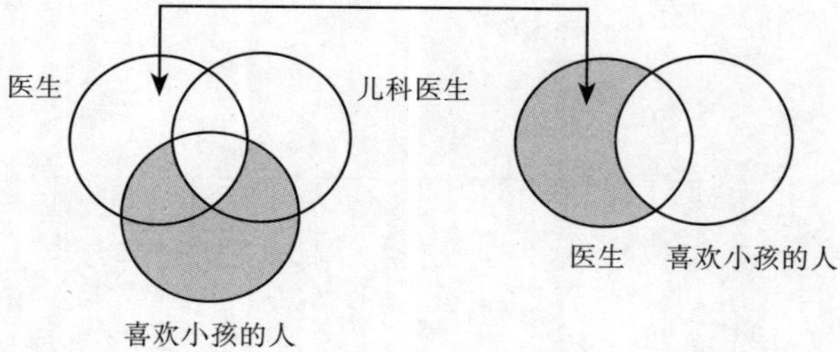

很明显结论的图示中的信息并没有包含在前提的图示中。箭头展示的是信息内容的不同。因此，这一三段论形式无效。

注意，这些图示的不同不只告诉我们该三段论形式是无效的**这一事实**，还告诉我们它无效的**原因**。在前提的图示中，是医生但不是儿科医生，并且也不喜欢小孩的人的左上区域没有阴影。这表示前提并没有排除有些人是医生但不是儿科医生也不爱小孩的可能性。而如果有任何人是医生且不是爱小孩的人，那么所有医生都爱小孩就不为真。因为这是三段论的结论，所以前提并没有排除结论可能为假的所有情况。因此，结论无法根据直言形式获得。[1]

这里有一例具有特称前提的无效三段论：

1　需要加上“根据直言形式”，因为如我们之前所见，它仍可能基于其他理由而有效。然而，在这个特殊例子中，没有其他东西能够让这一论证有效。

一些医生是高尔夫球手。

一些父亲是医生。

∴ 一些父亲是高尔夫球手。

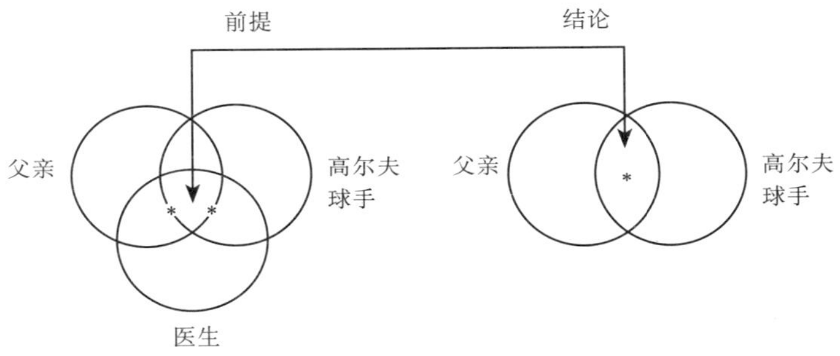

仔细检查这个图示。注意在图示“一些医生是高尔夫球手”中，我们需要在表示父亲的圆圈边线上加上星号，因为我们没有得到信息显示是否有任何项落入父亲一栏。出于同样的理由，在画出“一些父亲是医生”的图示时，我们也要在表示高尔夫球手的圆圈边线上加上星号。结果，我们没有表示有任何项存在于父亲和高尔夫球手之间重叠的区域内。而这却是结论所需要的，所以该三段论形式是无效的。

下面是一个具有否定前提的无效三段论：

没有婴儿是高尔夫球手。

没有父亲是婴儿。

∴ 没有父亲是高尔夫球手。

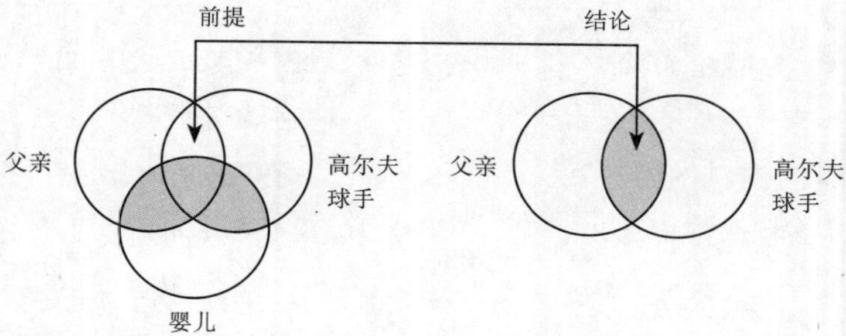

我们再次看到该三段论形式是无效的，因为结论的图示中整个圆圈重叠的区域是阴影，但是前提的图示中，那个区域的一部分却没有阴影。

维恩图方法足够决定直言三段论所有可能形式的有效性或无效性。要掌握这种方法，你只需稍加练习就行。

练习 7

使用维恩图，检验下列三段论形式的有效性：

1. 所有 M 是 P。
   所有 M 是 S。
   ———————
   ∴ 所有 S 是 P。

2. 所有 P 是 M。
   所有 M 是 S。
   ———————
   ∴ 所有 S 是 P。

3. 所有 M 是 P。
   一些 M 是 S。
   ———————
   ∴ 一些 S 是 P。

4. 所有 P 是 M。
   一些 M 是 S。
   ———————
   ∴ 一些 S 是 P。

5. 所有 P 是 M。
   一些 S 是 M。
   ———————
   ∴ 一些 S 是 P。

6. 所有 P 是 M。
   一些 S 不是 M。
   ———————
   ∴ 一些 S 不是 P。

7. 所有 M 是 P。
一些 S 不是 M。
∴一些 S 不是 P。

8. 所有 M 是 P。
一些 M 不是 S。
∴ 一些 S 不是 P。

9. 没有 M 是 P。
一些 S 是 M。
∴一些 S 不是 P。

10. 没有 P 是 M。
一些 S 是 M。
∴ 一些 S 不是 P。

11. 没有 P 是 M。
一些 S 不是 M。
∴ 一些 S 不是 P。

12. 没有 M 是 P。
一些 S 不是 M。
∴ 一些 S 不是 P。

13. 没有 P 是 M。
一些 M 不是 S。
∴ 一些 S 不是 P。

14. 没有 P 是 M。
没有 M 是 S。
∴ 没有 S 是 P。

15. 没有 P 是 M。
所有 M 是 S。
∴ 没有 S 是 P。

16. 没有 P 是 M。
所有 S 是 M。
∴ 没有 S 是 P。

17. 所有 P 是 M。
没有 S 是 M。
∴ 没有 S 是 P。

18. 所有 M 是 P。
没有 S 是 M。
∴ 没有 S 是 P。

19. 一些 M 是 P。
一些 M 不是 S。
∴ 一些 S 不是 P。

20. 一些 P 是 M。
一些 S 不是 M。
∴ 一些 S 是 P。

练习 8

解释对一个既有全称前提又有特称前提的三段论来说，为什么在绘制特称前提图示之前先绘制全称前提图示是一个好的策略。

运用三段论理论时的问题 在掌握了评估三段论的技术后，学生自然会去寻找日常生活中出现的论证，试图应用这项新习得的技能。他们常常会对结果失望。三段论的形式理论似乎与日常论证关系不大，并且也没有任何容易的方法能够弥合其间的差距。

导致形式理论与其应用之间的差距的原因有很多。第一，如我们在第二章和第五章中所见，日常谈话中有大量不讲明的东西。很多东西都是在对话中暗示的，而未明白讲出来。我们不觉得需要去讲很多是共识的事。在我们将三段论理论应用于日常论证之前，必须弄明白这些简单明了的事。这常常很有启发性，有时也很枯燥，但是它通常需要做大量的工作。第二，三段论理论只应用于以高度程式化形式出现的陈述，我们必须将它的前提和结论转变为基本的 A、E、I 和 O 形式。如我们在本章早先部分中所见，所需的翻译不总是简单或直白的。它也未必总是可能的。因为这些以及相关缘由，现代逻辑学家已经基本放弃了将所有推理转变为三段论形式的努力。

如果三段论理论在一些条件下很难应用，甚至在另一些情况下根本无法应用，为什么还要学习它呢？第六章的开始处已经给出了这个问题的答案。学习形式逻辑之所以重要是因为它加深了我们对逻辑核心概念的理解：有效性。另外，我们学过的论证形式确实构成了我们日常推理的很大一部分，而另外一大部分则以普通对话样式进行，这一层面通常是被隐藏起来的。通过检验理想形式下的论证，我们能够分离出丰富对话样式中其他有影响的因素，独立研究论证的有效性。

然而，第一至五章中阐明的技术与第六章、第七章中讨论的技术之间存在区别。前五章呈现的非形式分析的方法可以被直接用于出现在日常生活中的丰富而复杂的论证。这些分析方法并不完全严格，但是它们确实提供了分析和评估实际论证的实用指导。有关形式逻辑的章节具有相反倾向。与前五章相比，它严格程度非常高，但是应用的范围相应小了很多。通常，你要的越严格和精确，那么你能谈论的越少。

讨论问题

1. 本章中讨论的逻辑过程和第六章关于命题逻辑所阐明的逻辑过程之间有哪些主要差别？

2. 如果使用第六章、第七章中讨论的标准来评估日常生活中出现的论证，我们会发现日常生活的论证很少能满足这些标准，至少很少明确地满足。这是否表示我们日常大部分论证都是不合逻辑的？它还代表什么？

第三部分

如何评价论证

归纳的标准

之前的章节主要涉及旨在关注有效性的演绎论证。然而，日常生活中遇到的很多论证不是为了满足有效性的标准。它们只是被用来为其结论提供一些理由（可能是很强的理由）。这样的论证被称为归纳的，它们将是第三部分关注的内容。这部分以讨论归纳标准和论证的特质开始，紧接着是对归纳论证五种形式的概述：统计概括、统计应用、最佳解释推理、类推论证和因果推理。下一个内容是概率，因为如我们将看到的，归纳的标准强度能够通过概率来理解。第三部分的结尾会讨论决策中如何有效利用概率。

第八章

为了概括和从概括而来的论证

本章从区分归纳标准的强度和演绎标准的有效性开始我们对归纳论证的考察。归纳论证被定义为试图变有力而非有效的论证。下面将讨论两种普遍的归纳论证的例子。在统计概括中，对一个群体的主张是基于该群体抽样的特征。在统计应用中，对一个群体中成员的主张是基于该群体的特征。统计概括带我们从抽样到普遍主张，而统计应用将我们带回到个别情况。

归纳对演绎

演绎论证和归纳论证之间的差别可以通过各种方式描述，但其基本的不同涉及据称每一种论证类型的前提与结论之间都有的关系。只要一个论证试图是或被称为是有效的，它就是演绎的。我们从第五章中了解到，当且仅当前提为真时结论不可能为假，一个论证是有效的。下面是一个有效的演绎论证：

所有渡鸦都是黑色的。

∴ 如果有一只渡鸦在派克峰顶，那么它是黑色的。

因为前提设定了一条对所有渡鸦有效的普遍原则，如果它是真的，那么对所有在派克峰顶的渡鸦（如果有的话）都必然为真。相同的关系不适用于无效论证。尽管如此，如果论证试图成为或宣称是有效的，那么无效的论证也仍旧是演绎的。

相较而言，归纳论证并不在意有效性，所以它们不应该因为无效而被批评。下面是一例归纳论证：

目前为止我们观察到的所有渡鸦都是黑色的。

∴ 所有渡鸦都是黑色的。

这里，我们已经做了一个从观察到的渡鸦的特征到所有渡鸦——大部分我们并没有观察到——的特征的归纳推理。当然，这个论证的前提可能为真，然而结论最终为假。一个还没被观察到的渡鸦可能得了白化病。这种可能性如此明显，可见给出这个论证的人并没有将其作为有效的论证提出，所以它不是一个演绎论证。与之不同，提出前提是为结论提供理由或支持。当一个论证不自称是有效的，而仅仅是为了给结论提供理由，那么该论证是归纳的。

因为归纳论证旨在提供理由，而理由的强度不同，那么根据它们提供给结论的理由的强度，归纳论证就能够被评价为强或弱。

如果我们只见过10只渡鸦，而且都在我们的后院里，那么上面的论证提供了一个很弱的理由让人相信所有渡鸦都是黑色的。但是，如果我们已经环游过世界，见过一大半存在的渡鸦，那么上面的论证给出了一个很强的理由让人相信所有渡鸦都是黑色的。归纳论证通常旨在为结论提供强的支持，如果它们提供的支持对于这个目的不够强，它们就应该受到批评。

那么，最基本的差别不在于两种论证，而在于评估论证的两种标准。演绎的标准是有效性。归纳的标准是强度。依照论证旨在满足或宣称满足的标准不同，论证本身被分类为演绎的或归纳的。

演绎和归纳标准之间有很多重要的不同。有效性的演绎标准有一个基本特征，即给一个有效论证添加前提并不能让它变得无效。有效性的定义保证：在一个有效论证中，不可能前提为真而结论不为真。如果有任何其他前提能够改变这一点，那么可能这种推导关系不复存在，所以论证有可能不再有效。当然，额外信息可能让我们质疑某一前提的真值，但那是另一个问题了。

当我们处理归纳论证时，情况明显就不同了。引用一个著名的例子，在库克船长远航登陆澳大利亚之前，欧洲人已经看到了无数天鹅，它们每一只都是白色的。这样，很长一段时间内，欧洲人有很强的归纳证据支持所有天鹅都是白色的观点。而后，库克船长在澳大利亚发现了黑天鹅。当我们将这个新信息添加到最初归纳论证的前提中去会发生什么？假定我们接受库克船长的报告，现在我们就有了一个合理的演绎论证支持不是所有天鹅都是白色的这个相反观点；因为如果有些天鹅是黑色的，那么就不是所有天鹅都是白色的。于是，这就是强度归纳标准的特征：不论归纳论证有多强，进一步的信息始终有可能削弱，甚至是彻底消除论证的强度以及前提对结论的支持。因为归纳的强度和归纳论证总是能够通过这种途径被否定，它们被称作可废止的。有效的演绎论证不会面对相似的危险，因此它们被称作不可废止的。

归纳和演绎标准之间第二个重要差别在于归纳强度有程度之分，但是演绎有效性并没有。一个论证要么是有效的，要么是无效的。不能问一个论证的有效性程度如何。相反，归纳论证可以较强或较不强。我们观察到各种渡鸦或天鹅越多，上面的归纳论证越强。一些归纳论证极强，能将它们的结论置于任何合理质疑之外。另一些归纳论证则弱多了，即便它们仍旧有些力度。

因为有效演绎论证的前提和结论之间的必然联系，我们通常说有效演绎论证的前提（如果为真）为它们的结论提供确凿的支持，然而强归纳论证的真前提只为它们的结论提供部分支持。这是有理由的。因为有效演绎论证的前提保障结论必然为真，如果那些前提已知必然为真，那么它们就为结论提供了确凿的理由。相同情况不可能出现在归纳论证上。

然而，由此就认定归纳论证本身在为结论提供证明或根据上比不上演绎论证则完全是误导。首先，归纳论证通常将事实置于任何合理怀疑之上。下一壶水可能怎么烧都不开，不管温度多高，但是这不是我们担心的事。我们不对它采取预防措施，并且我们也不需要。

更重要的是，演绎论证通常并没有优于相应的归纳论证。比较下面两个论证，我们就能发现这一点：

演绎	归纳
所有渡鸦都是黑色的。	所有观察到的渡鸦都是黑色的。
∴ 如果有一只渡鸦在派克峰顶，那么它是黑色的。	∴ 如果有一只渡鸦在派克峰顶，那么它是黑色的。

当然，对演绎论证来说（对归纳论证非真）如果前提为真那么结论必然为真的说法是真的。这似乎是演绎论证优于归纳论证的一个长处。但是，在我们决定演绎论证能给结论多少支持之前，我们必须问一下它的前提是否为真。那并不是理所当然的事。如果考察这两个论证的前提，我们会发现确定归纳论证前提的真值比确定演绎论证前提的真值容易。如果我们仔细观察并做好记录，就能对所有*观察到*的渡鸦都是黑色的这一观点充满自信。但另一方面，我们要如何展示*所有*渡鸦（观察到和未观察到的——过去、现在和未来）都是黑色的呢？最明显的方法（虽然可能还有其他方法）可能是观察渡鸦，看看它们是不是黑色的。当然，这包含了为演绎论证的前提完成一个归纳论证（叫作统计概括）。在此，我们对演绎论证前提的真值的自信，不应该大于对统计归纳推理强度的自信。这种情况下——而这并不罕见——演绎论证为结论提供的理由支持并不强于相应的归纳论证，因为我们对归纳推理*强度*所持有的任何可能的保留，都

对应着同等对演绎论证前提真值的怀疑。

我们也要避免认为演绎论证总是从一般到特殊，而归纳论证总是从特殊到一般的常见错误。实际上，两种论证都可能以任意方向进行。有归纳论证试图建立特殊事实，同时也有演绎论证包含对特殊的概括。例如，当科学家们收集经验证据判断恐龙灭绝是否由流星撞击所引起，他们的讨论就是归纳推理的模型。然而，他们并没有试图进行概括或者建立科学定律。相反，他们试图确定 6500 万年前是否发生过某一巨大变故。有关特殊事实的归纳推理在日常生活中也很常见，例如，我们检查电视信号接收是否因为有人使用电吹风而受到干扰的时候。由特殊到一般的演绎论证也存在，尽管它们更微不足道，因而也有些无聊。这里有一例：

> 本杰明 · 富兰克林是第一任邮政总长；所以，任何人只要与本杰明 · 富兰克林同一，他就是第一任邮政总长。

当然，很多演绎论证确实是从一般到特殊，而很多归纳论证是从特殊前提到普遍结论。但必须要记住，这不是两种论证之间的决定性不同。演绎论证之所以是演绎的，就是因为它要满足演绎的标准有效性，而归纳论证之所以是归纳的则恰恰因为它不求成为演绎有效的，反而是要成为归纳很强的。

练习 1

设想一个标准语境，标记出下列论证是演绎的还是归纳的。解释是因其论证的用语还是形式，表明该论证意图成为或宣称为有效的。如果并不清楚论证是归纳还是演绎的，请说出原因。

1. 太阳马上要出来的，所以雨可能快要停了。

2. 明天要下雨，所以明天要么下雨要么天晴。

3. 还没有女性被选为总统。所以，将永远不会有女性被选为总统。

4. 健怡可乐从来没能让我晚上睡不着。我知道这一点是因为昨天晚上刚喝过但没有任何问题。

5. 家里一团乱，所以杰夫肯定从学校回家了。

6. 如果哈罗德是清白的，他不会藏起来。因为他藏起来了，他肯定不是清白的。

7. 貌似在巴黎没人能听懂我说话，所以要么是我的法语糟透了，要么是巴黎人不友好。

8. 因为我们的院子都在田纳西临河的地方，而我的院子里有很多蚊子，所以你的院子里肯定也有很多蚊子。

9. 她的新任丈夫的英语极有可能带口音，因为他来自德国，而大多数德国人讲英语都带口音。

10. 没有小于 2 的偶数，所以 1 不是一个偶数。

统计概括

归纳论证的一个经典例子是民意调查。假设一个候选人想知道她在选民中的支持度。因为调查所有选民在实际操作上是不可能的，所以她对投票意愿进行采样，然后推测这些取样民意反映了选民的整体意愿。这样，如果抽样到的选民中有60%表示会投票给她，她会得出结论，认为在实际选举中将赢取60%的选票。之后我们会看到，即便是由专家来做，这种推理也常常会出错，但是该推理的一般类型是清楚的：样本的统计特征被用于得出有关群体整体的统计观点。

本质上，同样形式的推理可能用来达到普遍的结论。本章开始讨论过的归纳推理就是一个例子：所有观察到的渡鸦都是黑色的，所以渡鸦都是黑色的。同样，我们从群体中抽取部分做样本来得出对整体的结论。这种形式的论证，不论结论是普遍或部分的（当它诉诸特定比例的时候），都叫作统计概括。

我们要如何评估这样的推理？要着手回答这个问题，我们可以考虑一个统计概括的简单例子。哈罗德尝试好几次在美国的自动售货机上使用加拿大的硬币，但是发现无法使用。由此他得出结论加拿大硬币不能在美国的自动售货机上使用。哈罗德的归纳推理如下：

过去，我尝试在美国自动售货机上用加拿大硬币，它们都无法使用。

∴ 加拿大硬币无法在美国的自动售货机上使用。

结论的力度就是加拿大硬币永远无法在美国的自动售货机上使用。

在评估这个论证时，我们应该问什么问题？我们可以从一个会问任何论证的问题开始。

我们是否应该接受前提？

可能哈罗德记忆力很差、记录错误或是一个很差的观察者。因为某种莫名的原因，他甚至可能在说谎。明白地问清楚这个问题很重要，因为当论证受到质疑的时候，其前提经常会经受不住仔细的检查。

如果我们确定前提是可以接受的（即为真且被确证的），那么我们就可以将注意力转移到前提与结论的关系上，关心前提能够给予结论多少支持。一个常识性的问题是："哈罗德试了多少次在美国的自动售货机上使用加拿大硬币？"如果答案是"一次"，那么我们对他论证的信心就差不多跌至谷底了。因此，对于统计概括来说，询问样本规模总是没有错的。

样本是否足够大？

我们应该对小样本保持警惕的一个原因是它们会被运气影响。假设哈罗德扔一枚加拿大硬币四次，每一次都是头像朝上。根据这一结果，他很难总结扔硬币的时候加拿大硬币总是头像朝上。他甚至很难合理地总结称，这枚加拿大硬币扔的时候总是头像朝上。原因显而易见：如果你花很长时间扔硬币，连续四次头像向上的情况并不是那么不可能（概率实际是十六分之一），因此这个规模的样本可能很容易因为运气而失真。另一方面，如果哈罗德扔二十次硬币且一直都是头像朝上，那么他就有很强的理由认为至少这枚硬币会一直头像朝上。事实上，他有很强的理由相信他有一枚两面都是头像的硬币。因为过于小的样本会导致错误的结论，我们需要确认我们的样本包含了足够的试验（trails）。

多少是足够的？目前，假设我们的取样在其他各方面都是合理的，我们到底需要多少样本来为强归纳论证提供基础呢？这不总是个容易回答的问题，有时回答它需要精确的数学技巧。假设你的公司要卖给美国国防部一千万计算机芯片，而你已经保证其中有缺陷的产品不会超过0.2%。要检测所有芯片会极其昂贵，而只检测一打将很难充分合理地确保全部运送的芯片都达到要求的规格。因为检测芯片很贵，你会想要尽量少的检测；但是因为达到规格至关重要，你又会希望检测足够数量以确保检测效果。回答这种问题需要高超的统计技巧，超出了本书的范围。

因此，有时我们很难确定需要多少例子来给予归纳论证合理的支持；然而，很多时候不需要诉诸技术细节，很小的样本就很明显了。从一个过小的样本中得出归纳结论会导致轻率概括的谬误。这种谬误常见的程度令人惊讶。我们见过一个人两三面并且见到他很愉快，我们马上跳到结论认为他是一个愉快的人。也就是说，我们从一些愉快行为的例子得出一个有关他性格的结论。当我们之后见到他，发现他悲伤、阴郁或愤愤不平，我们就会总结他已经改变了——这样用一个轻率概括取代另一个。

如果我们的样本足够大，我们就能避免“运气”带来的失真，但即便是很大的样本也可能只为统计概括提供了很差的基础。假设哈罗德试了上百次在美国的自动售货机上使用加拿大硬币，而它从没有办法用。这将提高我们对他概括的信心，但是仅凭样本的规模不足以为一个强归纳论证提供充分的理由。假设哈罗德用同一枚硬币在上百台美国自动售货机上使用，或者用一百枚不同的加拿大硬币在同一台自动售货机上试。第一种情况下，这一枚特定的硬币可能有问题；第二种情况下，这台特殊的自动售货机可能有问题。在任何一种情况下，他都没有好的理由做出一般结论，即没有加拿大硬币能在任何美国的自动售货机上使用。这让我们进入应该问任何统计概括的第三个问题。

样本是否偏差？

不管多大的样本，不能代表群体时，它就被认为是不公正的或有偏差的。这里我们能谈一谈偏差取样谬误。

一个最有名的偏差取样错误是《文学文摘》这本杂志犯下的。1936 年总统选举之前，这家杂志寄出 1000 万份问卷调查询问接受人会投票给哪个候选人：富兰克林 · 罗斯福还是阿尔夫 · 兰登。杂志收到 250 万份回复，基于这些回复，它自信地预测兰登会以压倒性多数获胜：兰登 56% 而罗斯福仅有 44%。当选举结果揭晓，罗斯福颠倒过来以更大优势票数获胜：罗斯福 62%，而兰登仅有 38%。

什么出错了？样本肯定足够大了；事实上，按照现在的标准它远超过所需样本数。是样本选取的方式而不是它的规模产生了问题：样本是从电话簿上的名字以及俱乐部成员名单上随机选取的。1936 年，美国只有 1100 万部付费电话，很多穷人——尤其是农村的穷人——并没有付费电话。大萧条期间，美国有超过 900 万失业人员；他们几乎都是穷人，因此不反映在俱乐部成员的名单上。最终，这些隐藏的群体把很大一部分选票投给了民主党候选人罗斯福。由于取样中的这些偏差，以及其他一些问题，《文学文摘》把罗斯福所获选票少估算了 18%。

回头看，可能很难相信机智的观察者会做如此差的民意取样，但是这种事情反复出现，尽管很少像《文学文摘》规模如此之大的惨败。例如，在 1948 年，曾成功预测罗斯福 1936 年胜选的盖洛普民调如其他主要民调一样，预测托马斯 · 杜威明显会赢哈里 · 杜鲁门。人们对这一预测的信心如此之高，以至《芝加哥论坛报》在选票开出来之前，就印出了通栏标题宣称杜威已经当选。

这次哪里出了问题？这里的答案更加微妙。盖洛普民调人员（以及其他人）耗费工夫确保样本对投票群体有代表性。采访人被告知要从特定社会团体中抽取一定数量的人——农村的穷人、郊区的中产阶级、城市中产阶级、少数种族等等——这样被采访人员的比例就吻合，尽可能地接近那些会投票的人群的比例（《文学文摘》在错误预测之后破产，所以民调人员没有心存侥幸）。然而，偏差还是以某种方式潜入取样之中；问题是“以何种方式？”一种猜测是被抽样到的人中有很大一部分在被采访时没有说实话；还有一个可能是一大部分人在选前最后一刻改变了主意。所以可能收集的数据并不可信。被普遍接受的解释则更加微妙。尽管盖洛普的工作人员被告知要采访特定阶层一定数目的人群（例如，很多是郊区的），但是他们没有被嘱咐从每一团体中随机选取。他们没有仔细考虑这个问题，而是倾向于去"更友好"的邻居那里，采访"更友好的"人。基于此，他们使样本偏向自己（很大程度上）的中产阶级偏好，结果代表性不足的选民给了杜鲁门意外的胜利。

取样程序是否偏差？

使用现代技术的专业人员通过偏差取样都会做出差的统计概括，所以我们日常、非正式的归纳概括通常不准确并不令人惊讶。有时候，我们因为小样本和偏差样本而走偏。例如，当我们只问我们的朋友来形成有关人们想什么或人们喜欢什么的观点，它就会发生。但是偏差也会以其他方式影响我们的推理。

偏见是日常生活中偏差的一个主要来源。即便抽取足够范围的案例为样本，我们还是经常会以一些先入为主的成见来重新理解我们听到或见到的东西。有偏见的人很少觉得他们鄙视的人好，看哪都觉得坏，不论这些人实际行为如何。实际上，大多数人都是好坏参半的。忽略前者，老是想着后者，一个有偏见的人很容易就加强负面的意见。

取样中，偏差的另一种普遍来源产生自问题的表述，它鼓励特定答案而抑制另一些。即便是向一个公正的样本发问，众所周知，问题表述的方式也能够对人们会如何回答施加重要的影响。下面的问题不是要引出信息，而是要迫使人们的回答倒向某一方向而不倒向另一边：

你支持哪个：（a）保护公民持有武器的宪法权利，还是（b）让诚实公民无防御地暴露在持械罪犯面前？

你支持哪个：（a）限制攻击性武器的销售，还是（b）向资金充足的枪支游说团体的需求认输？

两个例子中，一个选项被表述得听上去很有吸引力，另一个没有吸引力。毋庸置疑，使用这种问题时，不同的民意调查人会产生差别很大的结果。

现在我们可以来总结和重述我们的问题。对待归纳概括，有四个我们应该例行询问的问题：

1. 前提是否可以被接受?
2. 样本是否太小?
3. 样本是否偏差?
4. 取样过程是否偏差?

练习 2

通过询问之前的问题，具体说明下面的统计概括有什么问题，如果有的话：

1. 这门哲学课是有关逻辑的，所以大部分哲学课可能是有关逻辑的。

2. 大部分大学生喜欢滑雪，因为我们问了在落基山区多所院校的很多学生，而他们大部分都喜欢滑雪。

3. 凯马特公司问了全国所有的顾客是否喜欢他们胜过沃尔玛，而 90% 肯定回答，所以全国所有消费者中有 90% 更喜欢凯马特。

4. 一个瑞典人偷了我的自行车，因此大部分瑞典人都是小偷。

5. 我之前从没有试过这个，但是我刚把一个猕猴桃放进一盆水里。它浮了起来。所以大部分的猕猴桃能浮在水里。

6. 我有很多朋友。他们大部分认为我会成为一个伟大的总统。所以大部分的美国人都可能同意。

7. 在对刚投完票的选民进行的投票后民意调查中，大部分人告诉我们的候选人，他们把票投给了她，所以很可能大部分人确实投票给她。

8. 玛丽告诉我，她之前的所有孩子都是天才，所以她的宝宝也将会是一个天才。

9. 当被问到更想要赋税减免还是庞大的预算时，几乎所有人都说他们想要赋税减免。所以赋税减免在人民中受到压倒性的欢迎。

10. 在没有死刑的各州中，当上百名定谳谋杀犯被问到如果该州有死刑他们还会不会犯下谋杀罪行时，大部分谋杀犯说他们不会犯案。所以大部分谋杀能够被死刑遏止。

统计应用

在统计概括中，我们从有关某一群体样本的信息推理得到有关该群体的结论。如果群体被抽样的人中 60% 说他们会投票给候选人 X，我们可能就会得出该群体中大概有 60% 将会投票给候选人 X 的结论。而对统计应用（有时也叫作统计三段论），我们推理的方向则刚好相反：从有关一个群体的信息得出该群体某一成员或子集的结论。这里有一个例子：

加州 97% 的共和党支持者投票给了罗姆尼。
马文是来自加州的一名共和党支持者。
∴ 马文投票给了罗姆尼。

这些论证有如下一般形式：

F 们中的 X% 有特征 G。
a 是一名 F。
∴ a 具有特征 G。[1]

1 我们也可以有统计三段论的概率版。
加州 97% 的共和党支持者投票给了罗姆尼。
马文是来自加州的一名共和党支持者。
∴ 马文投票给罗姆尼的概率是 97%。
我们将在第十一章中讨论有关概率的论证。

很明显，当我们评估统计应用的强度时，具有特征 G 的 F 们所占百分比就很重要。数字越接近 100%，论证就越有强度。因此，我们关于马文所做的最初论证相当强。当数字接近 0% 的时候，我们也能得到强的统计应用。下面就是一个强归纳论证：

加州 3% 的社会主义者投票给了罗姆尼。

玛琳是来自加州的一名社会主义者。

∴ 玛琳没有投票给罗姆尼。

这里考虑的这种统计应用仅当数字接近 100% 或 0% 的时候才是强的。当百分比数在这个范围的中段时，这样的统计应用就是弱的。

评估统计应用强度时，一个更有趣的问题是前提与结论的相关性。在上面的概括表述中，F 表示所谓的相关类（reference class）。在第一个例子中，来自加州的共和党支持者是相关类；在第二个例子中，来自加州的社会主义者是相关类。统计应用的一个突出特征是使用不同的相关类能够产生相互冲突的结果。要了解这点，考虑如下的例子：

奥巴马的亲戚里有 3% 投票给罗姆尼。

马文是奥巴马的一个亲戚。

∴ 马文没有投票给罗姆尼。

对于马文没有投票给罗姆尼这一观点，统计应用给了我们强支持。这与为他投票给罗姆尼这一观点提供了强支持的第一个统计应用例子相互冲突。忽视不同相关类造成的论证之间的冲突会是一种谬误。如果二选一，我们应该相信哪个统计应用呢？这将取决于我们采取的相关类哪个更相关？哪个更重要，政治隶属关系还是家庭关系？

处理相互竞争的统计应用的一种方法就是合并相关类。例如，我们可以问，既是来自加州的共和党支持者又是奥巴马亲戚的人中，有百分之多少投票给了罗姆尼呢？我们可能以这种方式得到结论：

> 加州奥巴马亲戚中的共和党支持者有42%把票投给了罗姆尼。
>
> 马文是一名来自加州的共和党支持者，也是奥巴马的亲戚。
>
> ————————
>
> ∴ 马文投票给了罗姆尼。

这个统计应用为它的结论提供了很弱的支持。实际上，它也提供了很弱的支持去否定结论，即支持马文**没有**投票给罗姆尼的观点。

这种情况能够用不同大小的椭圆形来图示，以表明加州的共和党支持者和奥巴马的亲戚中投票或没投票给罗姆尼的百分比。首先，我们画一个椭圆代表来自加州的共和党人，并在上面加一条垂直线大致（非常粗略地）切出97%的椭圆区域来表示97%来自加州的共和党支持者把票投给了罗姆尼这一前提：

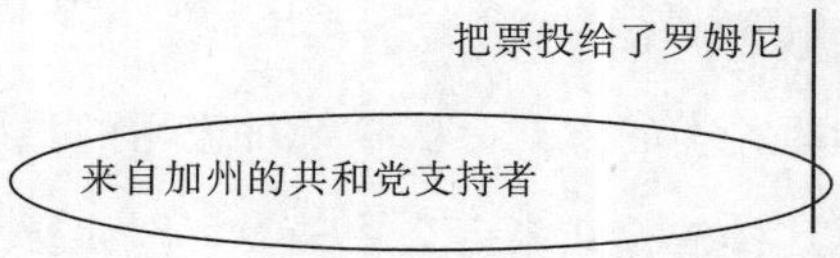

下一步，加上第二个椭圆表示奥巴马的亲戚们：

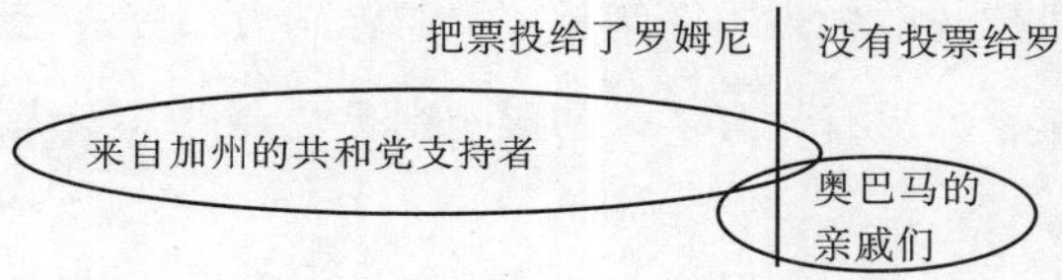

小椭圆只有大概 3% 落在直线左边，代表奥巴马的亲戚里有 3% 投票给罗姆尼这一前提。两个椭圆之间重合的区域表示既是来自加州的共和党支持者又是奥巴马的亲戚的人。该区域大概有 42% 在直线左侧，即加州奥巴马亲戚中的共和党支持者有 42% 把票投给了罗姆尼。现在，整个图示展示了所有前提如何能够为真，即便它们导向相互冲突的结论。

这一系列论证以一种清晰的方式展示了我们之前所说的归纳推理的可废止性。通过向前提添加进一步的信息，可以使强归纳论证变弱。假设马文是一名来自加州的共和党支持者，我们似乎有很好的理由相信他把票投给了罗姆尼。但是，当我们加上了他是奥巴马的亲戚这一附加信息后，最初的论证就丧失了大部分力度。新的信息可能会造成再次翻转。假设我们发现马文尽管是奥巴马的亲戚，却积极参与罗姆尼的竞选活动。而每一个积极参与某一候选人竞选活动的人都投票给该名候选人，那么我们似乎又有了好的理由认为马文把票投给了罗姆尼。

很明显，我们选择相关类的方式会影响统计应用的强度。一般的想法是我们应该以这样的方式来定义相关类，即让所有相关证据都影响对象。但是这就产生了困难。哪些因素相关，哪些因素不相关，并不总是显而易见的。在我们的例子中，2012 年选举中人们如何投票与政党隶属关系相关，与鞋码大小应该无关。性别是否有影响，如果有又有多大的影响则是需要进一步统计研究的课题。

这些有关确定相关类的适当方式的困难反映了所有归纳推理的一个特征。要获得成功，这种推理必须在更广的框架下进行，以帮助确定哪些特征是重要的，哪些不重要。没有这一框架，我们可能会没有理由不将鞋码作为确定某人如何投票时的参考。这显示了统计应用如同其他我们将要学习的归纳论证一样，不能脱离适当的背景假设而正确运作。

练习 3

将马文的故事推进两步，再产生具有统计应用强度的两次翻转，保证结论为马文投票给了罗姆尼。

练习 4

针对下面的统计应用，确定相关类，之后按照引述的百分比或比例以及相关类的相关度来评估论证的强度。

1. 世界上不足1%的人把票投给了罗姆尼。
   米歇尔是世界上的一个人。

   ∴ 米歇尔没有投票给罗姆尼。

2. 非常少的队伍能够再次获得超级碗的冠军。
   新英格兰队是上一届超级碗冠军。

   ∴ 新英格兰队将不会再获得超级碗的冠军。

3. 参议院成员中有很高比例的男性。
   伊丽莎白·沃伦是参议院成员。

   ∴ 伊丽莎白·沃伦是男人。

4. 3%有蓝色眼睛的社会主义者投票给了罗姆尼。
   玛琳是一名有蓝色眼睛的社会主义者。

   ∴ 玛琳没有投票给罗姆尼。

5. 约翰说过的话有98%是真的。
   约翰说他爸爸也叫约翰。

   ∴ 约翰的爸爸叫约翰。

6. 约翰说过的话有98%是真的。
   约翰说巨人队会赢。

   ∴ 巨人队会赢。

7. 有一半时间他不知道自己在做什么。
   他在吃午餐。

   ∴ 他不知道自己在吃午餐。

8. 大部分人不懂量子力学。
   我的物理学教授是一个人。
∴ 我的物理学教授可能不懂量子力学。

9. 几乎所有鸟都会飞。
   这只企鹅是鸟。
∴ 这只企鹅会飞。

10. 大部分宣称自己有特异功能的人都是骗子。
   玛丽宣称自己有特异功能。
∴ 玛丽是个骗子。

讨论问题

尽管在科学和日常生活中，我们都十分依靠归纳推理的方法，但是这种推理方法却引起很多难以回答的问题。关于归纳法合理性的最有名的问题由18世纪哲学家大卫·休谟首先在他的《人性论》中提出，之后在《人类理智研究》中再次提到。休谟怀疑论证的简化版如下：归纳概括似乎基于这样的假设，即尚未被观察到的例子会遵循已观察到的那些例子所具有的类型。也就是说，我们的归纳概括设定自然一成不变地运转：被观察到的事物此时此刻的行为是对事物在任何时间地点如何行为的精准指示物。但是我们有什么理由假定自然是一成不变的呢？因为这个主张本身就宣称一组只能通过归纳推理来获得的事实。但是因为所有的归纳推理都预设自然是一成不变这一原则，任何对这一原则的归纳性的正当证明都会是循环的。那么，貌似我们根本没有对归纳论证的最终正当性证明。上述论证是一个好的论证还是坏的论证？为什么？

第九章

最佳解释推理和类推论证

即便我们能够从样本中概括出结论，即一个国家中的大多数妇女都把票投给了特定候选人，然后我们能够应用这一概括得出结论，即伊利娜可能把票投给了该候选人，但这样的概括和应用可能仍旧无法解释伊利娜为什么投票给该候选人。她喜欢他的经历还是政策？哪些政策？或是她只是不喜欢他的对手？如第一章中所见，概括对解释来说并不总是足够的。我们也在第一章中看到，当一些论证帮助我们理解一个现象为什么发生时，它们能够被用来解释该现象。相反，解释在一种新的归纳论证中也能发挥不同的作用。有时，我们援引一个假设的解释价值作为该假设的证据。这种形式的论证被称作最佳解释推理，就是本章的第一个主题。它要求我们决定哪种解释是最好的，所以我们要研究评价解释的通常标准，包括可证伪性、保守性、适中、简单、有力以及深度。在解释完这些标准之后，本章将转向一个相关的论证形式，叫作类推论证，即将两事物具有某些共同特征视为它们之间有更多共同特征的证据。本章结束时会指出很多类推论证最终都是以隐含的最佳解释推理为基础的。

最佳解释推理

最普通的一种归纳论证形式是最佳解释推理。[1] 这种推理背后的总体观点是，当加上我们之前已接受的信念后，一个假设能让我们解释所观察到的或相信的某事，并且几乎没有其他相竞争的解释，那么它就获得了归纳支持。

为了了解最佳解释推理如何运作，假设你回到家，发现前门的锁被撬坏了，而且丢了一些贵重物品。十有八九，你会马上得出结论你家发生入室行窃了。当然，其他事情也可能造成混乱。可能警察错误地对你家进行了突击搜查想找出毒品，并带走了你的贵重物品作为证物。可能你的朋友在跟你开一个少见的玩笑。可能一个陨石击中了门，然后烧化了你的贵重物品。事实上，所有这些事情都可能会发生（即便是最后一种），而进一步的调查会显示它们中的一种确实发生了。那么，为什么我们如此快地接受了入室行窃的假设，甚至没有考虑其他这些备选的可能性呢？

---

1 吉尔伯特·哈曼（Gilbert Harman）对引起关注最佳解释推理的重要性有重要贡献；例如他的 *Thought* (Princeton, NJ:Princeton University Press, 1973)。类似的论证形式被称作溯因推理（abduction），查尔斯 · 桑德斯 · 皮尔士（Charles Sanders Peirce）很久之前就曾分析过，见他的 *Collected Papers of Charles Sanders Peirce*, Vol.5（Cambridge, MA:Harvard University Press, 1931）, p. 189。最近一次精彩的讨论来自皮特 · 立顿（Peter Lipton）的 *Inference to the Best Explanation* (Landon: Routledge, 1991)。

理由是你家被抢劫这一假设发生的可能性不小，而且这一假设与其他我们相信的事情一起，为该现象提供了最好的——最强的也是最自然的——解释。一个陨石击中你家大门的可能性极小，不值得认真考虑。你家被错误地突击检查或是你的朋友开了一个少见的现实玩笑的可能性尽管不是极小的，但是它们都不太符合整体的情况。如果是警察突击搜查，你会预期看到一名警官或至少留有通知。如果这是个玩笑，那很难理解玩笑的意图。相比之下，入室行窃不是非常罕见，且这一假设极其符合实际情况。逻辑地看，情况似乎如此：

（1）观察：你的门锁被撬坏，并且一些贵重物品丢失了。
（2）解释：你家被入室行窃的假设，结合之前所接受的事实以及原则，为观察 1 提供了一个适合的强解释。
（3）比较：没有其他解释提供几乎与 2 中一样好的解释。
∴（4）结论：你家被入室行窃了。

结论的解释力量使我们有好的理由相信它，因为这样做提高了我们理解所观察到的事情的能力并让预测可靠。理解很重要，因为它使事情变明白——让它们更易被理解——而我们想要理解周围的世界。预测很重要，因为它用新的数据检测我们的理论，而且有时让我们未雨绸缪，甚至掌控将来的事件。最佳解释推理能够让我们达成这些目标。

在此，将最佳解释推理与其他论证形式进行比较可能有所帮助。在相信是入室行窃之前，你已经有理由相信你的门锁被撬坏并且丢失了贵重物品的事实。你能看到这些。你无法了解的是为什么门锁被撬坏了。这个问题是解释所要回答的。当我们已经确信了已经发生的那些事时，解释帮助我们理解事情为什么会发生。（回忆一下第一章。）

解释通常以论证的形式出现。在我们的例子中，我们可以论证：

（1）你家被入室行窃了。

（2）当房屋被入室行窃的时候，贵重物品会丢失。

∴（3）你的贵重物品丢失了。

这个解释论证从作为最佳解释推理的结论的假设出发，以作为最佳解释推理的第一个前提的观察结束。不同之处在于，这个新的论证解释了为什么结论为真——为什么贵重物品丢失了——然而最佳解释推理则证明你家被入室行窃这一结论。

在对论证的解释使用中，更普遍的情况是，我们尝试通过从自身已经确定的前提（有时是演绎的）得出某事，使其能被理解。借由最佳解释推理，我们按相反的方向进行推理：不是从解释中得出观察的现象，而是从观察的现象中得出解释。为已经知道真值的某事提供最佳说明的这件假设，就为该假设的真值提供了证据。

一旦掌握了最佳解释推理的含义，我们就能发现到处都有这一类型的推理。如果你看见朋友在踢墙，你会推理他一定是生气了，因为没有其他解释说明他为什么会踢墙。当你说“你好”的时候，如果他走掉了，如果想不到他不回应你的其他理由，你可能会以为他生你的气了。类似，如果你的车在刚做完彻底检查之后熄火，你可能会认为汽油用光了，如果那是对你的车为什么停下来了最佳解释的话。心理学家认为人们在意别人对他们的看法，即便他们并不承认，因为这解释了为什么人们在他人面前表现得和自己独处的时候不一样。语言学家称印欧语系最初的语言起源于千年以前一个不靠海但却有湖和河的地区，因为这最能解释为什么印欧语系的语言没有关于海的共同词汇，但是却有表示小船或船的共同词根“nav-”。天文学家相信我们的宇宙起源于大爆炸，因为这种假说最能解释微波背景辐射和星系扩展。这些论证以及很多其他论证都是基本的最佳解释推理。

谋杀谜案的破解基本都有最佳解释推理的形式。案件的事实摆在眼前，然后聪明的侦探要论证，基于这些事实，只有一个人可能犯案。在《银色马》的故事中，夏洛克·福尔摩斯认为驯马师是偷走银色马的卑怯家伙，这匹马很有可能赢得第二天就要举行的韦塞克斯杯。一如既往，福尔摩斯的推理非常复杂，但是他论证的核心部分是当有人进入马厩牵走马的时候，马厩里养的狗没有大声叫。

> 我了解到这条狗不出声的重要性，因为一个真的推论总会引发其他问题。（我知道）马厩中有一条狗，然而，尽管有

> 人进来并且牵走了一匹马，它竟然没有叫到惊醒睡在草料棚里的两个马夫。显然，这位午夜来客是这条狗非常熟悉的人物。[1]

结合其他的事实，这已经足够确定驯马师斯特雷克是偷走银色马的人。在这一案件中，某件事并没有发生的事实提供了最佳解释推理的基础。

当然，福尔摩斯的推理并非完全无懈可击。斯特雷克有可能是无辜的，是对狗使用了催眠力的火星人犯下了罪行。但是这只是显示这一推理既不是有效的也不是我们所说的演绎的。它并没有显示福尔摩斯的推理有什么问题。因为他的推理是归纳的，它已经足够效力很强了。

最佳解释推理也是可废止的。不论这个推理有多强，它总是能够被将来的经验翻转。福尔摩斯可能后来会发现狗的血液里有镇静剂的痕迹，或者有其他人可能认罪或者为斯特雷克提供不在场证明。或者，福尔摩斯（或是你）想出了其他更好的解释。然而，除非且直至这样的新证据或假设出现，我们都有充足理由相信斯特雷克偷了马，因为那个假设提供了对我们目前所知信息的最可能的解释。未来的证据或假设总是有可能否定最佳解释推理的这一事实，并不说明这样的推理都是不好的。如果它是这样的话，那么科学和日常生活都会有麻烦，因为如此众多的科学以及

---

1 Sir Arthur Conan Doyle, "Silver Blaze", *The Complete Sherlock Holmes*, Vol.1 (Garden City, NY: Doubleday, 1930), p. 349. 其中故事将福尔摩斯描述成演绎大师，但是按照我们的定义，他的论证都是归纳的。

我们对世界的常识观点都依靠于最佳解释推理。

哪种解释是最佳的?

要评估这种推理，我们仍需要一些判断哪种解释是最佳的标准。不幸的是，没有决定这个的简单法则，但是我们能够列出一些影响解释评价的因素。[1]

首先，假设应该确实在解释观察到的现象。一个好的解释使它意图解释的东西能够被理解。在我们最初的例子中，被撬坏的锁能够被入室行窃解释，但无法被一个朋友来看你的假设解释（除非你有一些奇怪的朋友）。另外，假设需要解释所有相关的观察结果。错误的警方突袭假设，能解释被撬坏的门锁，但是无法解释丢失的贵重物品或你回家时没有看到任何通知或警官。

解释也应该深入。当解释本身还需要被解释的时候，该解释就是不深入的，是肤浅的。援引同样费解的事不会对解释本来就很费解的事情有所帮助。为什么警察要突袭你家？因为他们怀疑你。如果一个解释立刻引发另一个问题，该解释就是肤浅的：他们为什么要怀疑你？因为他们得到了错误的地址。如果他们不是拿到了错误的地址，那么我们会好奇他们为什么怀疑你。没有对他们怀疑的解释，警察突袭假设甚至不能充分解释被撬坏的锁。

第三，解释应该要有力。在解释方面，同一种解释能够成功

1　这段讨论的很多方面都类似于并受惠于蒯因（W.V. Qunie）和尤里安（J. S. Ullian）的 *The Web of Belief* 一书第五章，见 *The Web of Belief*, 2nd ed.(New York: Random House, 1978)。

地用于涵盖范围广泛的案例是其优秀的标志。很多被撬坏的锁都能通过入室行窃解释。在科学里，解释的范围尤其重要。爱因斯坦的相对论代替牛顿物理学的主要原因之一，就是爱因斯坦能够解释范围更广的现象，包括高速的微小粒子。

然而，当它们能够解释任何可能事件的时候，解释就会偏差太远。考虑这一假设，即物质的每个粒子都有其自身的单独精神使其只做它所做的事。这一假说可能看上去解释了一些甚至是爱因斯坦的理论都无法解释的现象。但是精神假说实际上没有解释任何事，因为它没有解释为什么任一粒子以与另一粒子截然不同的方式行事。二者都与假设相符,所以没有任何一种被解释。因此，为了成功解释现象，一个解释需要与某些可能结果不相符。简言之，它们需要可证伪性。（见第十六章的自我封闭。）

另外，解释应该是适中的，即它们不应该宣称太多东西——实际上，不应超过解释这些观察现象所需。当你发现门锁被撬坏且贵重物品丢失，你不应该仓促下结论说有针对你的阴谋或帮派占据了你家周围。没有进一步的信息，没必要特别说明不止一个盗贼以解释你看到的东西。你也没必要假设只有一个盗贼。出于这个原因，最适中的解释是不确切说明盗贼的数目，所以至少在更多证据出现之前，没有最佳解释推理能够确证任何有关盗贼数目的看法。

适中与简单性有关。著名的奥卡姆剃刀（Occam’s razor）原则体现了一种简单性，它告诉我们：如无必要，勿增实体。例如，物理学家不应该假设新的亚原子粒子或力，除非没有其他方法解释他们的实验结果。类似标准也应用在日常生活中。我们不应该去相信有鬼，除非解释阁楼里的声响或其他现象非它不可。简单性并不总是针对新的实体。与早前的观点相比，认为气体是由小到无法看见的粒子构成的这一理论就更简单，因为粒子理论能通过决定更大粒子运动的标准物理原理使气体定律得到解释而无须添加任何新的定律。简单性是解释出色的标志，因为简单的解释更容易理解和运用，但是在解释已经是最简的情况下，可信性和审美也会进入考量。

测试适中和简单似乎与测试力度之间存在紧张关系。这种紧张关系只有通过找到适当的平衡才能得以解决。最佳解释不会主张任何多于必要性的东西（所以它将是适中的），但是它的主张要足够涵盖广泛现象（所以它也是有力的）。这很棘手，但是最佳解释胜在能够尽可能地调解和融合这些相互冲突的标准。

最后，解释应该是保守的。当解释能够促使我们较少放弃成熟信念时，它们就是较好的解释。我们有很强的理由相信猫不可能弄坏金属的门锁。这就排除了你家邻居的猫弄坏了你前门门锁的假设。解释也不应该包含本身就不太可能为真的主张。一块陨石足够打破你的门锁，但是陨石击中门锁不太可能发生。至少在我们找到其他证据（比如陨石碎片）证明除了陨石没有其他更好的解释之前，入室行窃的假设更佳。

总之，当一个假设比其他相比较的假设更具解释性，广泛、有力、可证伪、适中、简单并且保守的时候，它就提供了最佳解释。这些标准中的每一项都能得到不同程度的满足，它们也可能相互冲突。如我们所见，人们可能牺牲掉对简单性的需求以获得更有力的解释。保守性也可能为解释出乎意料的观察结果而让路，诸如此类。这些标准用起来并不总是轻而易举，但是它们能常常被拿来确定哪种解释是最佳的。

一旦确定某个解释是最佳的，我们仍旧无法推出它就是真的。结果可能是，从一组弱解释中挑出来的最佳解释不一定足够好。几个世纪以来，人们都为尼罗河每年春天的洪水所困扰。任何人都知道，尼罗河起源于无尽的沙漠。那么，洪水从哪来呢？有各种无根据的解释——主要是有关这个或那个女神——但是没有任何一个有可取之处。在这些弱解释中找最佳解释就是浪费时间。只有在发现非洲中部有冬天为冰雪覆盖的高高山脉之后，一种合理的解释才成为可能。事实上，它解决了问题。所以一定要明白，最佳解释也必须是一个足够好的解释。

即便一个解释既是好的也是最佳的，它所解释的东西也可能是虚假的。很多人相信鲨鱼软骨能够防癌，因为鲨鱼不得癌症的最佳解释与它们的软骨有关。这一推理面临的一个严峻问题是鲨鱼确实会得癌症。它们的软骨中甚至也会长癌。所以这一最佳解释推理就失败了。

当某个特殊的解释既是好的，同时又优于其他竞争解释，且被解释的现象是精确的时候，最佳解释推理就会提供强归纳支持。另外一些时候，没有明显的获胜者，甚至就没有合理的竞争者出现。在这样的情况下，最佳解释推理将会相应较弱。

语境至关重要

一个最佳解释推理是否足够强取决于语境。当语境转换，严格的标准也会改变。证明配偶开走了我们的车的足够强证据，可能并没有强到能够判定邻居偷了我们的车。好的判断总是需要确定某一程度的强度对于当前的目的来说是否足够。

语境也能够影响各种因素的排序。例如，很多解释依靠普遍前提。在这种情况下，与观察的一致性往往就是首要测试。普遍法则不应该被反例驳倒（见第十七章）。但有时解释力应该优先：如果一个原则具有强解释力，我们可能接受它，即使要面对明显相悖的证据。我们不轻易放弃好的解释——我们也不应该放弃。一个原因是，我们不是在脱离信念体系中的其他命题而孤立地测试单一命题。当遇到与信念相悖的证据时，我们通常会在放弃什么和继续保有什么之间做出选择。有个简单的例子能够说明这点。假设我们相信以下事情：

（1）要么是约翰，要么是琼犯下罪行。

（2）任何犯案人员都必须有这么做的动机。

（3）琼没有犯罪动机。

从这三个前提，我们能够有效地推出约翰犯下罪行。然而，假设我们发现约翰可能并没有犯案（三个主教和两个法官起誓说约翰当时在别的地方）。现在，从约翰没有犯下该案的事实，我们不能直接得出结论说琼犯案了，因为那将导致不一致。如果她犯案了，那么根据前提 3，她没有有犯罪动机，但这与宣称无犯罪动机就不会发生犯罪的前提 2 冲突。所以，发现约翰并没有犯案导致论证的前提中至少有一个要被放弃，但是它并没有告诉我们哪个或哪几个。

在处理与信念复杂体系相背离的证据时，会出现同样的现象。相悖证据显示体系中肯定有哪里不对，但是它不会确切显示问题到底出在哪儿。一种可能是，假设的相悖证据本身是错误的。设想一名学生做了实验，得出结论显示一个物理学的基本定律是错误的。这一点也不会撼动科学界，因为对学生的实验结果的最佳解释就是她搞砸了。鉴于业已确定的法则，如果她正确地操作实验，根本不会得到她所得到的结论。当然，如果很多知名科学家都对已知定律产生疑惑，那么情况会完全不同。假设所有科学家如那个学生一样只是搞砸了实验，是极不可能的。令人吃惊的是，在处理强解释理论时，有非常多相反的证据可以被容忍。当遇到相悖证据的时候，科学家通常继续采纳原有理论。有时这会持续造成错误。多年以来，仪器显示南极洲上方的臭氧层比之前低，但是科学家将检测值归咎于不良设备，直到最终他们发现臭氧空洞。然而，人们通常忽略相悖证据而继续坚持某个有用的理论，只要它的缺陷没有引起严重的问题，即在关键领域造成坏的结果。确定什么时候最终转换至其他解释需要好的判断。

练习 1

设想你提供了一个解释，而一个批评者有如下回应。哪种标准（解释力、深度、力量、可证伪性、适中、简单或者保守）是他宣称你的解释所缺乏的方面？

1. 但是除了这一特例，那不会解释任何事。

2. 但是那与我们所了解的生物学中的每一件事都冲突。

3. 但是你不需要主张所有东西以解释我们所见。

4. 但是那只会引发你必须回答的新问题。

5. 但是那只解释了整件事的一小部分。

6. 但是那能运用于任何发生的事情上。

练习 2

具体说明下列解释违反了一个好的解释的哪一条标准，如果它违反了的话。这些标准要求一个好的解释要有解释力，深入、有力、可证伪、适中、简单，并且是保守的。单个解释可能不只违反一条标准。

1. 尽管我们通常这个时间在这间教室上课，但是我却没有看到任何人在教室里，因为一个恶毒的女巫把他们都变得不可见了。

2. 尽管我们通常这个时间在这间教室上课，但是我却没有看到任何人在教室里，因为他们都决定今天逃课了。

3. 尽管我们通常这个时间在这间教室上课，但是我却没有看到任何人在教室里，因为今天是哥伦布纪念日。

4. 我的房子倒掉了，因为它涂成了红色。

5. 我的房子倒掉了，因为一次很强的地震震中心刚好在我的房子下面，但它没有影响其他任何东西和任何人。

6. 我的房子倒掉了，因为它的木板被一种新的亚原子粒子击中了。

7. 我在这儿钓了一整天鱼，但我没有钓上任何鱼，因为这整条河里根本没有鱼。

8. 我在这儿钓了一整天鱼，但我没有钓上任何鱼，因为河神不喜欢我。

9. 我在这儿钓了一整天鱼，但我没有钓上任何鱼，因为我今天不走运。

10. 遥远夜空上那一道光正在迅速移动，因为那是美联航从波士顿到洛杉矶的每日航班。

11. 遥远夜空上那一道光正在迅速移动，因为它是外星人的空间飞船。

12. 遥远夜空上那一道光看上去正在迅速移动，因为我的眼睛现在有点问题。

练习 3

给出两个相互竞争的假设为下列现象提供解释。哪一种假设更佳？为什么？

1. 你认真地按食谱做，但是面包一直没发酵。

2. 你的房子开始剧烈摇晃，墙上的画都掉下来了。

3. 你的钥匙将打不开你家的门。

4. 人们开始在你家的草坪上摆放电视摄像机，并且有个面带笑容的男人走上了你的私人车道。

5. 实际上，市场上的所有食物都突然卖完了。

6. 你穿上一件衬衫，发现它不同以往，前面没有口袋。

7. 一个洞穴里既发现了史前人类的遗骨也发现了新进灭绝的食肉动物的骨头。

8. 一个洞穴里既发现了史前人类的遗骨也发现了新进灭绝的食草动物的骨头。

9. 在接待了烟草生产商的游说团体拜访之后，你们的参议员投票支持烟草价格补贴，尽管他之前还是反对的。

10. 巨大、神秘的压平的小麦图案出现在英国的田地里。(有人认为这些图案是外星来客造成的。)

11. 看手相的人预测将有好事发生在你身上，而事实确实如此。

12. 为了防止老虎进入，邻居在他的草坪上撒了紫色粉末，而肯定的是，没有老虎出现在他的草坪上。

讨论问题

1. 阅读一篇谋杀谜案或侦探故事。其中的破案是否基于最佳解释推理？如果是，将推理转换为标准形式，并且用上面讨论过的测试评价它。

2. 在第一章结尾的讨论问题中，科林·鲍威尔给出了若干论证证明2003年萨达姆·侯赛因仍在为核武计划积极获取裂变物质。鲍威尔的哪个论证是最佳解释论证？这些论证多大程度上满足了该论证形式的标准？

3. 将下面最佳解释推理转换为标准形式，然后用上面讨论过的测试，尽可能仔细地评估它。

> （在太古代，即距今38–25亿年前），太阳光照可能比现在少25%……这个微弱年轻的太阳引起了悖论。没有任何岩石记录的证据显示太古代时行星表面是冰冻的。然而，如果地球没有大气，或是类似今天组成成分的大气，地球从太阳那里接受的辐射能量总量将不足以维持它不冰冻。解决这个两难问题的方法是假设太古代早期的大气组成与今天不同。……出于各种原因，尽管有争议，但人们仍可以认为太古代大气中大量存在的气体主要有二氧化碳、水蒸气（最重要的温室气体），可能还有甲烷。这些温室气体的存在使大气和地球表面升温，从而防止太古代早期的地球被冻住。[1]

4. 从报纸、杂志和专业期刊的科学文章中找出三个以上最佳解释推理。这应该很简单，因为科学家常常使用这种形式的论证。将这些推理转换为标准形式，然后用上面讨论过的测试评价它们。

---

1 Fred T. Mackenzie, *Our Changing Planet* (Upper Saddle River, NJ: Prentice-Hall, 1998), p. 192.

类推论证

另一种非常常见的归纳论证从两事物在某些方面相似的前提出发，得出它们必然也在其他方面类似的结论。这种类推论证能够在日常生活的很多领域中见到。当我们买一辆新车，我们如何能够判断它性能是否可靠呢？如果它是一款旧型号的车，《消费者报告》可能会有帮助；但是如果它是一款崭新型号的车，没有任何记录，那么我们所能依靠的只有它与之前型号的相似性。我们的推理应该是，新型号在很多方面与旧型号相似，而旧型号性能可靠，所以新型号的性能可能也是可靠的。

相同的论证形式也用在科学上。这有一个地质学的例子：

> 陨石主要由铁构成，为太阳系中部分星体也是由金属铁构成提供了证据，这些星体的起源大概与地球相似。陨石成分以及起源的证据为地球核心是金属铁提供了支持。[1]

这里的论证是地球与某些流星在起源上类似，而那些流星有很大比例的铁，所以地球作为一个整体可能包含了相同比例的铁。因为较小数量的铁出现在地壳中，剩下的肯定都在地核里。

类似，考古学家可能会认为某种刀用在献祭仪式上，因为它的大小、形状、材质和雕工等都与其他祭祀用刀相似。这个例子

1　同上，第42页。

中的类比发生在新近发现的刀和其他刀之间。这一类比试图支持有关新进发现的刀的功能的结论。

尽管这些类推论证内容各异，但是它们却有一个共同的形式，可以被表述如下：

（1）对象 A 具有性质 P、Q、R 等。

（2）对象 B、C、D 等也具有性质 P、Q、R 等。

（3）对象 B、C、D 等具有性质 X。

∴（4）对象 A 可能也具有性质 X。

在考古学的例子中，对象 A 是新近发现的刀，而对象 B、C、D 等是早先发现的已知用于祭祀的刀。性质 P、Q、R 等是使 A 与 B、C、D 等类似的大小、形状、材质和雕工。X 是被用作祭祀用刀这一性质。前提 3 说早前发现的人工物品具有这个性质。第四行的结论讲到新进发现的人工物品可能也具有这个性质。

因为类推论证是归纳的，所以它们通常并不是有效的。尽管这把刀与其他祭祀用刀相似，但它仍有可能是用来给国王刮胡子或只是用来切面包的。这些论证还是可废止的。如果我们发现新进发现的刀子上印有“中国制造”字样，有关刀子的这个论证明显会丧失全部的强度。然而，这些都不能表示类推论证是不好的。除了可以是无效或可废止的，一些类推论证能够为它们的结论提供理由，甚至是强理由。

我们如何能分辨一个类推论证是强还是弱呢？一个明显的要

求是前提必须为真。如果早前发现的刀并没有真的被用在祭祀中，或者如果它们刀柄上没有与新发现的刀相似的雕工，那么类推论证就不能为结论提供多少支持，哪怕是很少的一点儿。

除此之外，引述的相似点必须相关。设想有人论证他的旧车外部红色、车内黑色、有四门且有天窗，而他的新车也有这些特质，所以他的新车可能会和他的旧车一样性能可靠。这个论证就很弱，因为它所援引的相似点明显与性能可靠性无关。这些相关性的评价依赖于背景信念，诸如性能可靠性主要取决于动力传动系统和发动机，而不是颜色或天窗。

相似点还必须是重要的。相似点通常越重要就越具体。很多有四个轮胎和一个发动机的车都是性能可靠的，但这不足以推理出因为这一辆车也有四个轮胎和一个发动机，所以它也是性能可靠的。理由很明显：还有很多性能不可靠的车也有四个轮胎和一个发动机。一般来说，如果很多对象具有性质 P、Q、R 且不具有性质 X，那么从这些类比中得到的论证就是弱的。相较而言，如果较少比例的对象具有性质 P、Q、R 且不具有性质 X，那么从这些类比中得到的论证就是强的。

如果我们不确定哪些方面是重要的，我们仍有可能了解哪些方面可能是重要的。然后，我们可以尽可能多地援引与这些方面相类似的对象。通过提高类比所需潜在相关方面的数量，我们能够增加重要方面出现在我们的名单上的可能性。这显示了为什么当类推论证援引对象之间有更多且更相近的类比时，它通常会更强。

另一个影响类推论证强度的因素是呈现相关的不类似点。如我们所见，因为类推论证是可废止的，当我们添加一个前提，陈述一项重要的不类似点时，一个强类推论证会变弱。假设我的新车在很多方面都与旧车相似，但是却有一个不同：新车有电动发动机，而旧车是汽油制动的。仅这一点不同已经足够弱化任何认为新车会性能可靠的结论了。当然，其他的不同点，如不同的颜色，不会影响性能可靠性；而判断一个不类似点多重要往往需要背景知识。

这里我们要小心。一些相关的不类似点并不会削弱类推论证。如果顶尖工程师介绍一个新的发动机设计是为了提高性能可靠性，那么这个不类似点可能就不会削弱类推论证。指向更加可靠而不是较不可靠的差异可能会让类推论证变得更强。

其他不类似点会以另外的方式提高类推论证的强度。如果在非常不同的祭祀用刀上发现同样的标记，那么在新近发现的刀上也有这些标记就是更强的证据，表明这把刀也是用于祭祀的。不同情况下，仅在前提中作为相似点援引的差异（如 B、C、D 等）能够加强类推论证。

最后，一个类推论证的强度取决于它的结论。与其他种类车相类似为弱结论（如新型号性能有可能还挺可靠的）提供更强的证据，而为强结论（如新型号将肯定如旧型号一样性能可靠）提供较弱的证据。与其他论证类型一样，当结论变弱的时候，类推论证变强当，反之亦然。

这些标准可以概括为当一个类推论证满足下列条件时，它是更强的：

1. 它援引更多且更接近的更重要的类似点。
2. 结论中的对象和其他对象之间的不类似点更少或更无关紧要。
3. 仅在前提中援引的对象更多样。
4. 结论更弱。

类推是解释么？

在了解了类推论证之后，我们很自然会好奇它们和最佳解释推理是什么关系？尽管有时仍有争论，但貌似类推论证往往是——如果不是总是——隐含的、不完备的最佳解释推理。如前文所述，类推并不支持任何结论，除非它们是相关的，而是否相关取决于它们如何与解释相符合。汽车的颜色与性能的可靠性无关，因为颜色在解释性能可靠性时不起作用。能够解释性能可靠性的是汽车的动力传动系统设计、材料、生产制造中的用心等。这是为什么这些方面的类似点能够支持有关性能可靠性的结论。与之类似，如果对一个人工物件上为什么会有标记的最佳解释是它被用于祭祀的话，人工物件上的标记就与是不是一把祭祀用刀相关。让解释成为最佳的是它也能解释其他祭祀用刀上的类似标记。这样，类推论证就能被视作包含对为什么对象B、C、D等具有性质X的最佳解释推理，紧接着又将该解释应用于新近发现的对象A上。

有时解释遵从其他方向。虽然有关刀子用途（X）的结论应该来解释标记（P、Q、R），然而有时是共享的特质（P、Q、R）要来解释结论中所宣称的性质（X）。这有一个典型的例子：

> 我们可以观察到我们所居住的地球和其他行星，如土星、木星、火星、金星和水星之间大量的（相似）。它们都像地球一样围绕太阳旋转，尽管距日距离不同，旋转的周期也不同。它们都同地球一样，吸收太阳光。它们中的好些也和地球一样同时会绕自己轴心旋转，并且由此有相似的日夜交替。它们中的一些也有卫星在没有日光的时候提供光线，就像我们的月亮一样。在运动中，它们和地球一样，都服从同样的重力定律。根据这些相似性，认为那些行星也会如地球一样有各种不同生物居住的想法并非不合理。这个由类推得到的结论存在一定可能性。[1]

这里的论证似乎是说其他行星可能支持生命，因为地球如此，且其他行星在绕日公转和绕轴自转，以及从太阳获得光线等方面与地球相似。当然，使某些类似点相关的，不是通过生命的存在来解释地球的运动。相反，地球的某些特质解释了为什么地球是宜居的。这个论证认为对我们的行星上有生命的最佳解释是那些使生命成为可能的特定条件。因此，该概括能够用以支持其他具

1 Thomas Reid, *Essays on the Intellectual Powers of Man* (Cambridge, MA: MIT Press, 1969), essay I, section 4, p.48.

有相同条件的行星可能也会有生命的结论。

以这样或那样的方式，很多（甚至可能是所有）类推论证都能够被视为最佳解释推理。但它们通常是不完备的解释。论证其他行星上有生命，无须赘述任何有关生命起源或维持生命所需条件的特定理论。汽车的论证也无须具体说明是什么让汽车性能可靠。这种类推论证仅仅列出一堆相似点，使名单可能会包含生命或性能可靠性所需的所有因素。通过这种方式，类推论证能够避免依赖任何关于什么相关和什么不相关的完备的理论。

在我们没有了解得足够多以形成详细理论或完成一个最佳解释推理的情况下，这种不完备性让类推论证十分有用。然而，类推论证的不完备性也让它们更易受攻击，因为它们所列的类似点可能无法囊括关键的方面。这并不代表类推论证永远不会有任何长处。它们可以是强的。然而，确实可以看到，当它们接近或像更完备的最佳解释推理时，它们的强度会增加。

练习 4

陈述下列论证所指示的变化是否会让论证更弱或更强，并且解释原因。论证的强度可能根本不受影响。如果是这样，说出为什么它不受影响。

1. 我的朋友和我一起看了很多电影，且我们对影片好坏的判断总能达成一致。我的朋友喜欢《指环王》三部曲。所以我可能也会喜欢它。

当出现下列条件时，该论证会变弱还是变强：

a. 我的朋友和我一起看过的电影只有喜剧，而《指环王》不是一部喜剧。

b. 我的朋友和我一起看过了很多很不同的电影。

c. 我的朋友和我总是周三一起看电影，但是我的朋友周末看了《指环王》

d. 结论宣称我肯定会非常喜欢《指环王》。

e. 结论宣称我可能不会完全不喜欢《指环王》。

2. 所有来自乔所在的高中，成绩等级高且分数也高的学生在大学都表现得很好。乔也有很高的成绩等级和分数。所以他将有可能在大学表现很好。

当出现下列条件时，该论证会变弱还是变强：

a. 其他学生都很用功，但是乔的好成绩来得很容易，所以他从不知道要用功学习。

b. 乔去了和与他相比的学生不同的大学

c. 乔准备主修某个简单容易的学科，而其他学生都在读医学预科。

d. 乔最近开始定期嗑药。

e. 乔需要全职工作来付大学学费，而其他学生都是由父母来缴学费。

3. 一种新药治愈老鼠身上的一种严重疾病。老鼠与人类在很多方面都相似。因此，该药可能会治愈人类身上相同的疾病。

当出现下列条件时，该论证会变弱还是变强：

a. 这种疾病影响肝脏，而老鼠的肝脏与人类的肝脏非常类似。

b. 这种药没有治愈老鼠身上的疾病。

c. 这种药被注射进老鼠的尾巴以使其生效（换句话说，注入老鼠身上其他部位都不会起效）。

d. 这一大类的药物此前都从没有在人类身上使用过。

e. 如果食用烹制过的食物，这种药物的药效会被加强。

练习 5

使用上文提到的标准，评价下列论证是强还是弱。解释你的答案。务必明确说明类推所依据的特征，同时也说明评价所涉及的任何背景信念。

1. 塞尚的风景画很美。他同时期画了另一幅相似的风景画。所以它可能也很美。

2. 我姨妈的暹罗猫咬了我，所以这只暹罗猫可能也会咬我。

3. 我认识的去年选这门课的学生的成绩为 A。我很像他们，因为我也很聪明且很用功；今年这门课涵盖的材料很相似。所以我可能也会得到 A。

4. 这个政客被发现婚内出轨欺骗伴侣，而他在公共责任中要面对同样强大的诱惑，所以他可能在公共事务中也不诚实。

5. 很高的最低薪资导致一个国家失业人数增加。该国经济与另一个国家相似。所以很高的最低薪资可能也会导致那个国家失业人数增加。

6. 当有人用棒球棒猛敲我头的时候，我感到疼痛。你的身体与我的身体很像。所以如果我用棒球棒猛敲你的头，你可能也会感到疼痛（这与所谓“他心问题”有关）。

7. 医生向病人谎报检查结果是不道德的，即便医生认为说谎是为了病人着想。我们这么认为是因为甚至是医生也会同意：如果理财顾问向他们谎报潜在投资，哪怕理财顾问认为是为了医生着想才说谎，在道德上也是错误的。

8. 克莱斯勒公司被认为对雪弗兰 Corvair 减震悬架缺陷所造成的伤害负有法律责任。福特平托油箱的缺陷所引起的伤害一样严重。所以，福特公司也应该被认为对这些缺陷所造成的伤害负有法律责任。

讨论问题

1. 以下节选文章提供了尼安德特人是食人族的证据。将主要的类推论证，即加着重号部分转换成标准形式。然后将论证重构为最佳解释论证。哪种呈现方式最能体现论证的力度，还是它们一样好？

“一个折磨人的问题得到了解答？”[1]

蒂姆·怀特担心他可能给尼安德特人——25000 年前灭绝了欧洲史前人类——带来了严重的指责。他说：

1 Michael Downey, *The Toronto Star*, October 10, 1999.

"危险的是，每个人都会认为尼安德特人都吃人，但这并不一定是事实。"怀特是一个法国和美国古人类学家团队的一员，最近发现了确凿证据显示约10万年前，至少有一些尼安德特人吃他们的同类。但是，他强调这并不意味着他们天生就是吃同类的。作为加州大学伯克利分校教授，同时也是一本关于史前同类相食著作的作者，怀特说，大多数人并没有意识到，同类相食在整个自然界中普遍存在。

尼安德特人是否吃同类的问题长期以来都是人类学家热烈争论的一个话题。从没有发现过证据。然而，随着最近对法国南部穆拉-盖儿西（Moula-Guercy）一个山洞里发现的一组石器和骨头的分析，这一争论终结了。这个山洞有一间客厅那么大，坐落在罗讷河以上80米高的地方。"这个地点拥有所有的证据，"怀特说，"好像10万年间都有人在山洞周围拉上了黄胶带，维持了现场的原貌。"鹿和其他动物群的骨头上有明确的附近石器的痕迹，表示鹿是被熟练屠杀的；它们被剥皮，身体被分解并且从骨头上削下肉和腱子。长的骨头被敲开以"获取其中富含脂肪的骨髓"，怀特说。

所以，这些到底和同类相食有什么关系？同一地点的六个人（到目前为止）的骨头上都有相同石器造成的一模一样的痕迹。这意味着，这些同样是人类的人被以对待鹿的方式剥皮并吃掉了。

如果你认为他们是在刚刚死去之后被吃的，那么他们却出自各个年龄层。两个是六岁的小孩，两个十几岁，还有两个是成年人。

但是或许他们是在食物异常匮乏的情况下被吃的，不是么？并不是。同一考古发掘现场有大量动物的骨骼，表明不是非得吃下那些尼安德特人。

具有相似刻痕的人类骨骼在从西班牙到克罗地亚的整个欧洲大陆都有发现，为尼安德特人超过上万年同族相食活动提供了难以磨灭的痕迹。但是找到清晰的证据显示相同的制备技术（preparation techniques）用在法国同一山洞里的鹿身上，会使得“重新评估早前的发现成为必要”，怀特说，之前人们一直将其归因于埋葬仪式或其他解释。

2. 在下面的选段中，威廉·佩利利用与手表做类比证明上帝存在。重构这个类推论证，然后运用上问讨论过的标准评价它。佩利的论证能否被重构为最佳解释论证？如果可以，是否那样的重构更能体现论证的力度？

“手表和钟表匠”[1]

穿过一片荒原的时候，假设我的脚踢到一块石头，

1 By William Paley, *Natural Theology* (New York: Hopkins, 1836).

并且被人问到这块石头是怎么到这儿的，我可能会回答说，据我所知恰恰相反，它一直躺在那儿；或许，说明这个答案的荒谬性并不很容易。但是假设我在地上找到一块手表，就会询问它为什么会在那儿，我应该不太会想到之前所给的那个答案，即据我所知那块表可能一直在那儿。那么，为什么这个答案不能像用在石头上一样用在手表上呢？为什么在第二个例子中，它不能像在第一个例子中一样可被采纳呢？只是因为这个原因，即当检查手表的时候我们会觉察到——我们不会在石头中发现这些——它的若干部分是为了某个目的而制定框架并组装在一起的。比如，它们这样组合并调整是为了产生运动，而这种运动被校准以使它可以指示一天中的小时数；如果各个部分以不同于现在的形状出现、具有不同的型号，或是以其他方式或次序装置，那么这样的机械里根本不会有现在这样的运动，或者它根本无法达成现在它所起到的作用……这个机械装置被观察到——实际上需要检查工具，可能还要对它有一些预先的了解以便观察和理解；不过，如我们所说，一旦被观察和理解了——我们想到的推理就是不可避免的，即手表有一个制造者——肯定在某时某地存在过理解手表构造、设计手表用途的一个或多个手艺人，为了那个我们认为它实际满足了的目的制造了它……

手表中有的每一种精巧复杂构造的迹象、每一处设计的展现，都存在于自然的杰作中；不同的是，自然更伟大、精妙，是所有计算都无法超越的。我的意思是，在机械的复杂、精巧和神奇上，自然的巧妙复杂超过了人工的巧妙复杂；如果可能的话，它们在数量和丰富性上甚至也超过人工；而且在大量的例子中，自然产物在机械性、精巧复杂、达成其目的或是适合其用途上，一点都不比人类才智最完美的产物逊色。

我知道，没有比一物一物对照更好的方法来介绍如此宏大的题目了：例如，把眼睛和望远镜比较。只要检查了工具就会有完全相同的证明显示眼睛是为看见而创造的，而望远镜的发明是用来协助它的。它们都是按照相同的法则创造的；二者都遵守光线传播和折射的规律。我不是在讲规律本身的起源，而是已经确定的规律，以上二者的构造都适应这些规律……

对一些人来说，可能有个差异足以瓦解眼睛和望远镜之间所有的相似，即一个是进行观察的器官，另一个是无法自行进行观察的工具。事实是，它们都是工具。就机械原理来说，至少对其中包含的机械原理，甚至是该类机械原理，这种状况根本不会改变相似性……目的相同，方法相同。二者的用途相似，达成用途的精巧复杂程度也相似。望远镜的镜片和眼睛的晶状体在形态、位置以及处理光线的能力方面都是完全相似的，每束光汇聚到距离镜片右边一段距离的一点上；在眼睛里，也是完全相同位置的视网膜铺开接受它。在如此密切的相似性下，在同样的证据运作之下，如何能从一个之中排除精巧复杂的特性呢？又如何能承认精巧复杂特性的证明正在被采用，就像最一般、最清楚的所有命题那样？……

除了眼睛之外，如果再也没有其他精巧复杂的例子，仅此一项就足以支持我们从眼睛的例子得出的结论，像对高智慧造物主的必要性一样。……证明并不是处在推理链终端的结论，好像链条上每一个精巧复杂的例子都只是一个链接，如果链接不成立，整个链条就无法成立；其实它更是一个分别由每个独立例子支持的论证。一次举例中的错误只影响这个例子。论证在该术语的全部意义上都是积累的。眼睛无须耳朵就可以证明它，耳朵也无须眼睛。每个例子中的证明都是完整的；因为当该部分的设计以及其为了这一设计而具有的结构的精巧复杂呈现出来时，就能放心了；没有什么进一步的思考能够减损例子已显示的力量。

第十章

因果推理

解释现象的一种通常的做法是引述原因。通过了解什么会导致衣服缩水，你就能理解你的衣服缩水的原因。你洗衣服的水是不是太烫了，是不是甩干时间太长了，还是其他因素综合导致的？为了确定是什么导致了什么，我们需要引入一种新的归纳推理——因果推理，这是本章的主题。因果推理通常基于对必要条件和充分条件的否定和肯定的测试。在阐发这些测试并将其运用于具体例子之后，我们将讨论作为一种从不完美的相关关系得出因果结论的方法的共变法。贯彻本章的目标是提升我们识别原因的能力，从而让我们能更好地理解为什么特定的结果会发生，也能更好地预测未来是否还会发生相似的事件。

有关原因的推理

如果我们的车在刚做完三万公里彻底检查之后在交通高峰期

的车流中熄火了，我们认为这件事必有原因。汽车不会毫无原因地停下来。所以我们会问“是什么原因导致我们的车停了”，答案可能是汽油耗尽了。事实上，如果我们发现它确实没有汽油了，那么这件事通常就结束了。我们会认为自己已经发现了这辆汽车不能运转的原因。这一推理针对特殊情况下的特定车辆，但是它基于特定的概括：我们相信我们的这辆车在汽油耗尽时会停下来，因为我们相信所有车在汽油耗尽时都会停下来。我们可能没有想过这点，但是这个特殊例子中的因果推理诉诸一个通常被接受的因果概括：汽车没有汽油就会停止运行。很多解释依赖于因果概括。

因果概括也被用于预测特定行为或事件的后果。例如，一名赛车选手可能会好奇如果他在燃料组合中加入一点点硝酸甘油会发生什么。这会带来更好的加速、造成爆炸、起很少作用，还是别的什么？事实上，赛车手可能没有办法毫不犹豫地回答这个问题，但是他的思维会被引燃硝酸甘油能导致危险的爆炸这一因果概括引导。

所以，因果解释和因果预测都有相似的类型出现。这些推理包含两个基本的因素：

1. 特定个案中的事实（例如，汽车停下来并且汽油表指示油箱空了，或者我刚在我的玛莎拉蒂油箱里加入了一品脱硝酸甘油，并且我正准备转动点火钥匙）。
2. 特定的因果概括（例如，汽车没有汽油无法运转，或点火的时候硝酸甘油会爆炸)。

基本的想法是因果推理将特殊事实归入因果概括之中。

这显示为什么因果概括很重要,但它们到底是什么?尽管这个议题仍具有争议性,这里我们会将它们处理为一种普遍条件式。一个普遍条件式具有如下形式:

对于所有 x,如果 x 具有特质 F,那么 x 具有特质 G。

我们会说,根据这一条件式,x 的特质 F 是它拥有特质 G 的充分条件;而 x 具有特质 G 是它拥有特质 F 的必要条件。

某些普遍条件式不是因果性的。下面两个普遍条件式没有一个表述的是因果关系:

如果一个图形是正方形,那么它也是长方形。

如果你 18 岁了,那么你就有资格投票。

第一个条件式告诉我们,作为正方形是作为长方形的充分条件,但是这是一个概念的(或先天的)关系,而不是因果关系。第二个条件式告诉我们达到 18 岁是有资格投票的充分条件。这里的关系是法律的,而不是因果的。

尽管很多普遍条件式不是因果的,但是就我们的观点看,所有因果条件式都是普遍的。因此,如果我们能够指出仅仅因为一个因果条件式是普遍条件式就判断它是错误的，我们就要反驳它。这将很好地服务于我们的目的，因为在下文主要是关于寻找反驳因果概括的理由。

剔除错误的因果概括很重要，因为它们会带来很多麻烦。过去，医生认为放血可以治疗疾病。他们在努力治愈病人的过程中杀死了很多人。因此，尽管为了生存下去确实需要因果概括，但我们也要它们正确无误。如果能拥有检测和应用这种概括的适当的原则，我们更有可能成功。

为了这个目的，过去存在非常复杂的程序。那些程序中最有名的一套来自约翰·穆勒，后来以“穆勒五法”[1]而闻名。尽管受到穆勒五法的启发，这里要介绍的程序仍包含一些根本的简化；穆勒介绍了五种方法，而我们将只介绍三种主要的法则。

前两种法则是充分条件测试（SCT）和必要条件测试（NCT）。我们会首先概要介绍这些测试。概述这些测试的一个优点是让它们能够运用于其他类型的充分和必要条件，例如出现在法律推理和道德推理中的那些。一旦搞清楚这些测试普遍如何运作，我们会将其具体运用于因果推理。

1 穆勒的“实验研究方法”出自他 *A System of Logic*（London: John W. Parker, 1843）第三卷第八章。穆勒的求异法、求同法和并用法分别对应于我们的 SCT、NCT 和并用测试。我们对穆勒五法的简化来自 Brian Skyrms, *Choice and Chance*, 3rd ed.（Belmont, CA: Wadsworth, 1986）第四章。

充分条件和必要条件

要确保我们的讨论尽可能普遍，我们将采纳下列对于充分和必要条件的定义：

> **当且仅当任何具有特征 F 的东西也具有特征 G，特征 F 是特征 G 的充分条件。**
>
> **当且仅当任何缺失特征 F 的东西也缺失特征 G，特征 F 是特征 G 的必要条件。**

这两则定义与之前段落中的定义相等，因为，如果任何缺失特征 F 的东西也缺失特征 G，那么任何具有特征 G 的东西也必须具有特征 F；且如果任何具有特征 G 的东西也必须具有特征 F，那么任何缺失特征 F 的东西也缺失特征 G。它可以推导出，当且仅当特征 G 是特征 F 的必要条件时，特征 F 是特征 G 的充分条件。

当 F 是 G 的充分条件，这些特征之间的关系可以用下图表示：

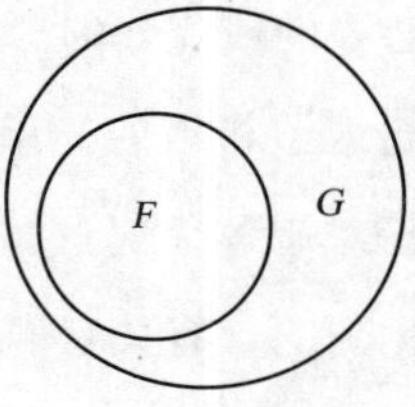

内圈表示充分条件，因为任何在内圈里的东西也必须在外圈里。

外圈表示必要条件，因为任何在外圈之外的也必须在内圈之外。

这些图示和之前的定义一起，应该已经清楚地表明可以作为一个特质的充分条件的内容，无须成为该特质的必要条件，反之亦然。例如，作为元素汞是作为金属的充分条件，但是它并不是作为金属的必要条件，因为还有其他金属。类似，作为一种金属是作为汞的必要条件，而不是作为汞的充分条件。当然，有些必要条件也是充分条件。作为汞是作为一种 20 摄氏度时呈液态的金属元素的必要且充分条件。然而，很多必要条件不是充分条件，反之亦然，所以我们需要小心以免混淆了两种条件。

当条件变得复杂时，这种区分也会变得复杂。我们的定义和测试适用所有的特征，不管是积极的还是消极的（如没有头发），不管单一的或二者兼有的（如既有络腮胡也有胡茬）还是非此即彼的（如要么有络腮胡要么有胡茬）。于是，头上（任何一处）没有任何毛发就是没有络腮胡的充分条件，所以没有络腮胡是头上没有任何毛发的必要条件。但是头上没有任何毛发对没有络腮胡来说不是必要的，因为你可以没有络腮胡但是头顶有一些毛发。否定可能会造成混乱，所以我们需要仔细考虑到底被宣称的哪些内容对于另一些来说是必要的或充分的。

即便在没有否定、合取或析取的简单例子中，将必要条件和充分条件搞混的趋势仍旧很普遍。对这些概念保持清醒的认知很重要，因为如我们将会见到的，有关它们的测试有本质差别。

练习 1

下列哪些判断是正确的？哪些是错误的？

1. 轿车是机动车的充分条件。

2. 轿车是机动车的必要条件。

3. 机动车是轿车的充分条件。

4. 机动车是轿车的必要条件。

5. 整数是偶数的充分条件。

6. 整数是偶数的必要条件。

7. 整数是偶数或奇数的充分条件。

8. 整数是偶数或奇数的必要条件。

9. 非整数是非偶数的充分条件。

10. 非整数是非偶数的必要条件。

11. 整数且可被 2 整除的数是偶数的充分条件。

12. 整数且可被 2 整除是偶数的必要条件。

13. 可被 2 整除的整数是偶数的必要条件。

14.（为了高兴）每小时开 75 英里是违反每小时 65 英里法定限速的充分条件。

15.（为了高兴）每小时开 75 英里是违反每小时 65 英里法定限速的必要条件。

16. 砍下乔的头是杀死他的充分条件。

17. 砍下乔的头是杀死他的必要条件。

18. 砍下乔的头并且放在水里十分钟是杀死他的充分条件。

练习 2

指出下列原则是真还是假，并解释原因。

1. 如果具有特征 F 是具有特征 G 的充分条件，那么具有特征 G 是具有特征 F 的必要条件。

2. 如果具有特征 F 是具有特征 G 的充分条件，那么缺失特征 F 是缺失特征 G 的必要条件。

3. 如果缺失特征 F 是具有特征 G 的充分条件，那么具有特征 F 是缺失特征 G 的必要条件。

4. 如果缺失特征 F 是具有特征 G 的充分条件，那么缺失特征 F 是具有特征 G 的必要条件。

5. 如果具有特征 F 或特征 G 是具有特征 H 的充分条件，那么具有特征 F 是具有特征 H 的充分条件。

6. 如果具有特征 F 或特征 G 是具有特征 H 的充分条件，那么具有特征 G 是具有特征 H 的充分条件。

7. 如果具有特征 F 或特征 G 是具有特征 H 的充分条件，那么不具有特征 F 是不具有特征 H 的必要条件。

8. 如果既具有特征 F 又具有特征 G 是具有特征 H 的必要条件，那么缺失特征 F 是缺失特征 H 的充分条件。

9. 如果不具有特征 F 和特征 G 是具有特征 H 的充分条件，那么缺失特征 F 是具有特征 H 的充分条件。

10. 如果具有特征 F 或特征 G 是具有特征 H 的充分条件，那么既具有特征 F 又具有特征 G 是具有特征 H 的充分条件。

充分条件测试

现在我们能设计测试来判断某事物是否满足我们对于充分条件和必要条件的定义。如果我们先讲明这些测试在形式上要使用的字母，它就会很简单。我们也将从简单的例子开始，其中我们只考虑目标特征G的四个充分条件备选项——A、B、C和D。A表示特征出现，～A表示该特征缺失。假定我们试图使用这些惯例，确定A、B、C和D四个特征中是否有任意一个能够成为G的充分条件。为此我们搜集了下面类型的数据：

表1

案例1	A	B	C	D	G
案例2	~A	B	C	~D	~G
案例3	A	~B	~C	~D	~G

我们由定义知道，当一项出现时另一项必然出现，则前者为后者的充分条件。因此，要测试一个备选项是否真的是G的充分条件，我们只要去检验那些特征G缺失的情况，而后再看备选特征中是否有出现的。充分条件测试（SCT）可以按如下叙述：

SCT：任何在G缺失的时候出现的备选项，都要被从G可能的充分条件中剔除。

测试按如下运用于表1: 案例1不需要检验因为G出现，所以案例 1 中不可能违反 SCT。案例 2 剔除两个备选项 B 和 C，因为二者在 G 缺失的情况下出现了。最后，案例 3 出于同样缘由剔除 A。现在只剩下 D 作为 G 的充分条件备选项。

现在让我们考虑特征 D。在 SCT 运用过程中存留下来是否意味着 D 就是 G 的充分条件？不！基于我们到目前为止被告知的，仍然完全有可能出现新的案例揭示 D 出现且 G 缺失的情况，从而表明 D 也不是 G 的充分条件。

案例 4:	~ A	B	C	D	~ G

在这种方式下，总有可能出现新的个案反驳掉由一组有限个案推理而来的结论——某一备选项是充分条件。相较而言，没有新的个案能够改变 A、B 和 C 不是充分条件的事实，因为它们没能通过 SCT。

观察显示，当我们运用 SCT 去排除备选项是充分条件时，我们的论证是演绎的。我们仅仅找到有关某特征是充分的这一普遍论断的一个反例（见第十七章反例）。然而，当备选项没有被排除，而我们得出了该备选项是充分条件这一肯定结论，那么我们的论证就是归纳的。归纳推理，不管如何证实，都仍是可废止的（回想一下第八章开始库克船长发现黑天鹅的故事）。这就是我们得出 D 是充分条件这一结论的归纳推理可能遭到案例 4 中的新数据反驳的原因。

必要条件测试

必要条件测试（NCT）与SCT相似，但以相反的方式进行。对于SCT，如果F在G缺失的时候出现，那么我们就要把F从G的充分条件中剔除。对于NCT，如果能够找出G出现但F不出现的例子，那么我们把备选项F从G的必要条件中剔除。这么做之所以可行，是因为当F不出现时G仍能出现，则F对G来说不可能是必要的。因此，在对必要条件测试的应用中，我们只要检验目标特征G出现的情况，然后查看是否有任何备选特征缺失。

NCT：任何在G出现时缺失的备选项，都要被从G可能的必要条件中剔除出去。

下表给出了一例该测试的应用：

表2

案例1	A	B	C	D	~G
案例2	~A	B	C	D	G
案例3	A	~B	C	~D	G

因为案例1给出的不是G出现的情况，它无法剔除任何G的必要条件的备选项。案例2把A从G的必要条件备选项中剔除出去，因为它显示G可以在没有A的情况下出现。之后，案例3剔除了B和D，仅留下C成为G的必要条件仅存的可能备选项。

当然，依靠这个并不能得出 C 就是 G 的必要条件，因为新的案例仍然可能剔除它。情况和 SCT 中一模一样。因为备选项没有通过测试而得出某一备选项不是必要条件这一否定结论的论证，是无法被任何新案例颠覆的演绎论证。相反，因为备选项通过了 NCT 而得出某一备选项是必要条件这一肯定结论的论证，是能够被该备选项未能通过 NCT 的新案例颠覆的归纳论证。例如，假设我们找到了：

案例 4: ～A ～B ～C ～D G

新案例 4 中的信息已经足够展示 C 不可能作为目标特征 G 的必要条件，不论我们在案例 1—3 中发现了什么。

运用 SCT 和 NCT 时，辨别目标特征至关重要。案例 4 显示备选项 C 不是目标特征 G 的必要条件。然而，备选项 C 仍有可能对相反的目标特征～G 来说是必要的。它对于 A、B 和 D 来说也有可能是必要的。案例 1—4 中没有任何信息排除过这些可能性。因此，即便在案例 4 之后，我们仍不能简单地称 C 不是一个必要条件。案例 4 显示备选特征 C 不是目标特征 G 的必要条件，但是 C 对其他特征而言仍可能是必要的。这一点也适用于充分条件。表 1 中，案例 2 排除了备选特征 B 对目标特征 G 而言是充分的，但是表 1 中没有任何个案显示 B 对于目标特征 C 而言不是充分的。为避免混淆，当谈论什么是或不是必要或充分条件时，辨别清楚目标特征重视十分重要。

联合测试

同时运用这些规则来寻找充分且必要的条件也是可能的。任何备选项，如果未能通过 SCT 或 NCT，都不能作为充分且必要条件。在表 2 中，C 是 G 唯一可能的必要条件，但是它不是 G 可能的充分条件，因为案例 1 中，C 因在 G 缺失时出现而未能通过 SCT。然而在表 1 中，D 是 G 的可能充分条件，因为 D 从未在 G 缺失时出现过；D 也可能是 G 的必要条件，因为 G 从未在 D 缺失时出现过。因此，表 1 的案例 1—3 都没有将 D 从条件的备选项中剔除，也就是说 D 是 G 的充分且必要条件。与之前一样，这种可能性也会被案例 4 反驳掉，所以任何得出某备选项是必要且充分条件这一肯定结论的推理必须是可废止的，因此也是归纳的。

练习 3

对下表做出判断

a. 如果有的话，A、B、C 和 D 中哪个备选项没有被**充分**条件测试从目标特征 G 的充分条件中剔除出去？

b. 如果有的话，A、B、C 和 D 中哪个备选项没有被**必要**条件测试从目标特征 G 的必要条件中剔除出去？

c. 如果有的话，A、B、C 和 D 中哪个备选项没有被**任何一个**测试剔除出去？

示例：

案例 1:	A	B	～C	D	～G
案例 2:	～A	B	C	D	G
案例 3	A	～B	C	D	G

a. 只有 C 通过了 SCT。

b. 只有 C 和 D 通过了 NCT。

c. 只有 C 通过了两个测试。

1.

案例 1	A	B	C	D	G
案例 2	～A	B	～C	D	～G
案例 3	A	～B	C	～D	G

2.

案例 1	A	B	C	D	G
案例 2	～A	B	C	D	G
案例 3	A	～B	C	D	G

3.

案例 1	A	B	C	D	～G
案例 2	～A	B	C	D	G
案例 3	A	～B	C	～D	G

4.

案例 1	A	B	C	D	G
案例 2	～A	～B	C	D	G
案例 3	A	B	～C	～D	～G

5.

案例 1	A	B	C	D	～G
案例 2	～A	B	C	～D	～G
案例 3	A	～B	～C	D	G

6.

案例 1	A	B	～C	D	G
案例 2	～A	～B	C	D	～G
案例 3	A	～B	C	～D	～G

7.

案例 1	A	B	～C	D	～G
案例 2	～A	B	～C	D	～G
案例 3	A	B	～C	～D	～G

8.

案例 1	A	B	C	D	G
案例 2	～A	～B	C	D	G
案例 3	A	～B	～C	D	～G

练习 4

设想你的台式机系统不运转了，你想找出原因。在确认插上电源之后，你试验了一个新的中央处理器（CPU），新的显示器（MO）和新的系统软件（SW），并且在桌子上组装到一起。电脑故障的必要条件和充分条件的备选项有插头（输入或输出）、CPU（旧或新）、显示器（旧或新）以及软件（旧或新）。对每一备选项，判定（1）如果有的话，哪种情况将它从故障的充分条件中剔除，且（2）如果有的话，哪种情况将它从你故障的必要条件中剔除。如果有的话，哪个备选项没有被从故障的充分条件中剔除？没有从故障的必要条件中剔除出去？是否能就此得出这些备选项是故障的必要条件或充分条件？为什么能？为什么不能？

	插头	CPU	显示器	软件	结果
案 1	输入	旧 CPU	旧 MO	旧 SW	运转
案 2	输入	旧 CPU	旧 MO	新 SW	运转
案 3	输入	旧 CPU	新 MO	旧 SW	故障
案 4	输入	旧 CPU	新 MO	新 SW	运转
案 5	输入	旧 CPU	旧 MO	旧 SW	运转
案 6	输入	旧 CPU	旧 MO	新 SW	运转
案 7	输入	旧 CPU	新 MO	旧 SW	故障
案 8	输入	旧 CPU	新 MO	新 SW	运转
案 9	输入	新 CPU	旧 MO	旧 SW	故障
案 10	输入	新 CPU	旧 MO	新 SW	运转
案 11	输入	新 CPU	新 MO	旧 SW	故障
案 12	输入	新 CPU	新 MO	新 SW	运转

练习 5

一场宴会后，若干名就餐者生病且死亡了。你怀疑他们吃过或喝过的什么东西引起了他们的死亡。下表记录了他们的饮食和死亡与否。目标特征是死亡。死亡的必要条件和充分条件的备选项有汤、主菜、酒和甜点。对每个备选项，判断（1）如果有的话，哪种情况将它从死亡的充分条件中剔除，以及(2)如果有的话,哪种情况将它从死亡的必要条件中剔除。如果有的话，哪个备选项没有被从死亡的充分条件中剔除？没有被从死亡的必要条件中剔除？是否能就此得出这些备选项是死亡的必要条件或充分条件？为什么能？为什么不能？

就餐者	汤	主菜	酒	甜点	结果
安	西红柿	鸡肉	白葡萄	派	活着
巴尼	西红柿	鱼肉	红葡萄	蛋糕	活着
凯西	西红柿	牛肉	红葡萄	冰激凌	死亡
道格	西红柿	牛肉	红葡萄	蛋糕	活着
艾米丽	西红柿	鱼肉	红葡萄	派	活着
弗雷德	西红柿	鱼肉	红葡萄	蛋糕	活着
葛簇特	韭葱	鱼肉	白葡萄	派	活着
哈罗德	西红柿	牛肉	白葡萄	蛋糕	活着
伊尔玛	韭葱	鱼肉	红葡萄	派	活着
杰克	韭葱	牛肉	红葡萄	冰激凌	死亡
肯	韭葱	鸡肉	红葡萄	冰激凌	活着
莱斯利	西红柿	鸡肉	白葡萄	蛋糕	活着

严格检测

回到表 1，很容易看出备选项 A、B、C 和 D 没有被 NCT 从目标 G 的必要条件中剔除，因为 G 只在一个案例中（案例 1）出现，而 A、B、C 和 D 也都在其中出现了。目前为止还算满意。但是如果我们想更严格地检测这些特征，重要的就是找到更多目标 G 出现的案例，去看这些备选项是否也出现，并且由此能继续在 NCT 的考验下保留下来。

下表给出了不严格检测的更多极端例子：

表 3

案例 1	A	～B	C	D	G
案例 2	A	～B	～C	～D	～G
案例 3	A	～B	C	～D	～G
案例 4	A	～B	～C	D	G

这里备选的特征 A 被 SCT 剔除（在案例 2、3 中）但没有被 NCT 剔除，所以它是目标特征 G 的一个可能的必要条件但不是可能的充分条件。B 没有被 SCT 剔除但是被 NCT 剔除(在案例 1、4 中)，所以它是目标特征 G 的一个可能的充分条件但不是可能的必要条件。C 被两个法则都剔除了（在案例 3、4 中）。只有 D 没有被两个测试中任何一个剔除，所以它是唯一一个 G 的必要且充分条件。

这个例子的特别之处在于，不管目标 G 出现与否备选 A 总是出现，而不管目标 G 缺失与否备选 B 总是缺失。现在，如果某事物总是出现，像 A 那样，那么它不可能通不过 NCT；因为不可能有一个案例，在备选项总是出现时，目标总是出现且备选项缺失。如果我们想要在 NCT 下严格测试备选项，那么我们应该找到一个 A 缺失的案例，然后再看看 G 是否也缺失。

以相反的方式，但基于相似的原因，当我们想要在 SCT 下严格测试备选项 B，那么我们应该找到 B 出现的案例，然后再看看 G 是否也出现。如果我们将注意力限制在 B 总是缺失的案例中，如表 3 一样，那么 B 不可能通不过 SCT，但是通过测试对 B 来说无关紧要，而那甚至不会开始表明 B 是 G 的充分条件。

现在考虑一下除目标特征 G 之外都跟表 2 一样的另两套数据：

表 4

案例 1	A	B	C	D	G
案例 2	～A	B	C	D	G
案例 3	A	～B	C	～D	G

表 5

案例 1	A	B	C	D	～G
案例 2	～A	B	C	D	～G
案例 3	A	～B	C	～D	～G

因为在表 4 中，G 在所有案例中都出现，没有备选项能够被 SCT 从目标特征 G 的充分条件中剔除。然而，这个结果无关紧要。表 4 没有为 G 的充分条件提供严格的测试，因为我们的注意力被限制在一系列太窄的案例中。只要 G 总是出现，没有什么能被从

G 的充分条件中剔除。

与之相似，G 在表 5 的所有案例中都缺失，所以没有备选项能够被 NCT 从目标特征 G 的必要条件中剔除。然而，因为数据太有限，它无法剔除备选项这一点，甚至不会开始表明任何条件是 G 的必要条件。

那么，对两种法则来说，严格检测包括要找出那些仍旧可能没法通过测试的个案。对 SCT 来说，它要求注意备选项出现的案例和目标缺失的案例。对 NCT 来说，严格检测要求注意备选项缺失的案例，也要注意目标出现的案例。没有这样一些案例，通过测试更像是一个从没碰过球棒的人吹嘘自己从没被三振出局过一样。

获得肯定结论

假设我们对备选项 C 进行严格检测，它出色地通过了 SCT。现在我们能否得出肯定结论，认为 C 是目标 G 的充分条件？这取决于考察的是哪种备选项和案例。通过严格检测后，也就满足了三项条件：

1. 我们测试了一些案例，其中备选项 C 出现。
2. 我们测试了一些案例，其中目标 G 缺失。
3. 我们没有找到任何案例,其中备选项 C 出现且目标 G 缺失。

在满足这三项条件的案例中，有时我们会遭遇两难。可能不止一个备选项通过严格测试。两个备选项可能都是目标特征的充分条件，但是通常有理由怀疑导致结果的只是其中之一。为了测试这一假设，我们可以添加另一个限制：

4. 如果有另一个备选项 D，从未在目标 G 缺失时出现过，那么我们就要检测 C 出现而 D 缺失的案例。

在这些案例中，目标 G 必须出现，因为 C 出现了，且条件 3 已经被满足。测试这组案例能够让我们放心，不仅只有备选项 D 是目标 G 的充分条件。

最后，因为得到 C 是 G 的充分条件这一肯定结论是合理的，下面的进一步条件也应该被满足：

5. 我们已经测试过足够多种可能包含 C 出现且 G 缺乏情况的案例，如果有这样的案例的话。

这个新条件不能以 1—4 适用的机械的方式加以应用。要确定条件 5 是否被满足，我们需要依靠背景信息判断多少案例是“足够的”以及哪类案例是“可能包含 C 出现且 G 缺乏这一情况的案例，如果有这样的案例的话”。例如，如果我们想要确认不是新软件让电脑崩溃，我们不需要把同一型号不同颜色的电脑都试一遍。我们需要试的是不同 CPU、显示器、软件等，因为我们知道这些是可能影响电脑运转的因素。像这样的背景信息告诉我们什么时候已测试够足够多正确类型的案例。

当然，我们的背景假设可能最后被证明是错的。即便已经测试了每个我认为有关的特征的很多变化，我们还是可能会惊讶找到 C 和～G 都出现的新案例。然而，所有这些都表明，像所有归纳论证一样，我们的推理是可废止的。虽然将来的发现可能削弱它，但如果背景信念得到了证实，如果我们花了足够长的时间和精力仍未能发现任何 C 出现且 G 缺失的案例，那么我们的归纳推理仍旧可以很强。

相似的规则运用在必要条件的肯定结论上恰恰相反。我们很有理由认定备选项 C 是目标 G 的必要条件，如果下列条件得到满足：

1. 我们测试了一些案例，其中备选项 C 缺失。
2. 我们测试了一些案例，其中目标 G 出现。
3. 我们没有找到任何案例,其中备选项 C 缺失且目标 G 出现。
4. 如果有另一个备选项 D,从未在目标 G 出现的时候缺失过，那么我们就要检测 C 缺失而出现的案例。
5. 我们已经测试过足够多种可能包含 C 缺失且 G 出现情况的案例，如果有这样的案例的话。

这个论证同样依靠于背景假设来确定条件 5 是否得到满足。一如之前，这一论证也是可废止的。然而，如果背景假设是被证实的，条件 1—5 都得到满足的事实就足够为得出备选项 C 是目标 G 的必要条件这一肯定结论提供强的理由。

SCT 和 NCT 本身仍旧是否定的和演绎的，但这并不会让它们比包含在条件 1—5 之中的肯定测试更好。当我们需要论证某一条件是充分还是必要的时，否定的 SCT 和 NCT 没有什么用处。只有运用如条件 5 这样需要背景信息的东西时才能得到这种肯定结论。这些归纳论证可能不像否定论证一样明确和牢固，但是在一定的环境下，它们仍旧可以在归纳上是强的。这也是它们所要的全部。

运用这些方法找出原因

在叙述 SCT 和 NCT 以及将这些测试运用于抽象的条件类型以剔除备选项时，我们的程序是相当机械的。在我们尝试得到必要的、充分的或二者皆是的特定条件时，我们就不能这么机械了。将这些规则运用于实际具体的情况会引入大量其他复杂状况，尤其是在使用我们的测试去确定原因时。

正常状态

第一，在我们对因果条件的普通理解中，我们经常假定情况是正常的，记住这一点很重要。如果你划火柴，那么它会点燃，这是常识的一部分。因此，我们认为划火柴是让它点燃的充分条件。但如果有人在房间里灌满二氧化碳，那么不管怎么划火柴，它都不会点燃。在此，某人可能倾向于认为划火柴毕竟还不是点燃它的充分条件。我们可以试着更谨慎一些说，如果划了火柴并且房间没有充满二氧化碳，那么它会点燃。但这个新条件忽视了其他可能性——例如，房间被填入氮，或者火柴是耐火的，或者我们错误地划了火柴的另一头，或者火柴已经燃烧过了，等等。要确定真正真实的充分条件，条件式的前件似乎会无穷无尽。然而事实上，我们似乎对于说“如果你划火柴，那么它会点燃”这样的说法很满意。我们毫不担心房间充满二氧化碳的可能性，火柴是耐火的可能性，等等。通常，我们认为事物是正常的，并且只有出现某些好的理由时才会放弃这一假设。

这些思考引导我们将最初对充分条件和必要条件的定义放到上下文中进行重述：

当且仅当 F 在正常语境中出现时，G 也出现，则 F 是 G 的充分条件。
当且仅当 F 在正常语境中缺失时，G 也缺失，则 F 是 G 的必要条件。

什么算正常语境会随类型和考察的目的而变化，但是所有对因果性充分条件和因果性必要条件的考察都是在很多被视为既定因素的背景下进行的。

背景假设

如果要让一个因果假设经受 SCT 和 NCT 的严格检测，我们必须寻找可能反驳该假设的广泛案例。一般来看，可能的反驳越广泛就越好。然而，必须对这种活动加以限制，否则测试将陷入令人绝望的陷阱中。如果我们在测试一种药物是否能够治愈某种疾病，我们应该在年龄、用药史和体型等方面不同的各种人群中进行，但是我们不会检查它是否在叫埃德蒙德的人身上起效，或是看看它是否在开沃尔沃汽车的人身上起效。我们想说的是，这些因素明显无关。但是什么让它们无关的？我们要如何从无关考量中辨别出有关的？

这个问题的答案是，我们有关因果的推理发生在被我们当作真的已确立的信念框架之下。这个框架包含大量所谓的常识——我们期待每个神智正常的成年都具有的知识。例如，我们都知道人类无法在水下呼吸、不能穿墙、不能同时分身两地等。这些寻常信念数量几乎是无限的。因为它们是寻常的信念，所以不太会被提及；然而，它们在从无关因素中辨别出有关因素上却发挥着重要作用。

专业知识也包括其自身的原则，这些原则很大程度上被专家认为是理所当然的。例如，医生们知道很多人体结构的细节，而在处理特定疾病的时候，这些背景知识始终指引他们的思维。即便有人宣称发现血液并不循环，也没有医生会浪费时间反驳这种观点。

拒绝考虑其他人提出的可能性好像有点故步自封。然而，放弃我们基本信念的代价会很高。例如，一个医生认真思考血液并不循环的观点，他可能得放弃我们对人类和其他动物的整套观点，以及生物学和科学剩下的部分。这个医生要怎么继续行医很不明确了。另外，现实生活中通常没有其他实践选项。面对时间压力和有限的信息，不接受一些背景假设，我们是没有办法判断新想法的。

一个翔实的例子

为了更清晰地了解我们的测试和对背景信息依赖之间复杂的相互作用，看看实际应用这些测试时的一些细节会很有帮助。出于这个目的，我们将检验找出特殊现象，即后来被确认为退伍军人病的大爆发原因的努力。这个例子不仅展示因果推理如何依靠背景知识，还带有另一个有趣的特征：在发现退伍军人病的过程中，调查人员被迫放弃了之前默认为完备确立的因果概括。事实上，直到它被放弃，这一错误的背景原则不断给他们带来麻烦。

这个故事开始于一场原本应该无聊的大会：

> 1976 年 7 月 21 日到 24 日，第 58 届美国退伍军人团宾夕法尼亚分部大会在费城的贝尔维尤-斯特拉特福德酒店举行。……7 月 22 日到 8 月 3 日，149 名与会者出现了看似相同的奇怪病症，都有发烧、咳嗽以及肺炎。然而，这是一次异常的、没有明显缘由的爆炸性的肺炎大爆发.....退伍军人病，媒体很快就命名的这种疾病，成为对流行病学家和实验室调查员都难以对付的挑战。[1]

1 David W. Fraser and Joseph E. McDade, "Legionellosis," *Scientific American*, October 1979, pp. 82–99.

注意，在这个阶段，研究人员开始只是假设他们处理的是一种单一的疾病而不是一组相似但不同的疾病。该假设可能会被证明是错误的；但是，如果很多病人的症状都充分相似，这就是一个很自然的起始假设。另一个合理的起始假设是这种疾病有单一的病原体。这一假设也可能被证明是错误的，尽管实际上没有。认为他们处理的是具有单一病因的单一疾病至少是一个很好的简化假设，一个在找到更好理由放弃它之前可以持有的假设。无论如何，现在我们都对目标特征 G 有了清楚的确认：一种确认为退伍军人病的被仔细描述过的疾病发生了。它令人困惑之处在于感染了这种疾病的人有类似肺炎的症状，但是检查却不见任何导致肺炎的病原呈阳性。

故事继续：

> 调查任何流行病的起始步骤都是确定疾病的特性，谁生病了以及在哪里，在什么时候生的病。下一步是生病的人有什么独特之处：他们去过哪里，做过什么和其他没生病的人不一样的事。知道这些事可能会显示出病原体是如何传播的，由此也可以确认病原体及其来源。[1]

这个过程部分包含对 NCT 的直接应用：有无任何可疑特征总是在那些病倒的人的经历和生涯中出现？这方面立即就有了进展：

1　同前。

> 我们很快得知这种疾病并不仅限于退伍军人。另有72例出现在没有直接与本次大会有联系的人身上。他们与得病的与会者有一个共同之处：出于某些理由，他们都曾到过贝尔维尤-斯特拉特福德酒店或附近。[1]

当然，严格说来，所有染病的人不止有一个共同点。例如，当他们还在费城的时候都活着，而事实上，活着是感染退伍军人病的必要条件。但是研究人员对这一必要条件并不感兴趣，因为它是感染任何疾病的普通背景条件。另外，它也没有为从未染病的人中辨别出染病的人提供条件。当时活着的绝大多数人都没有感染退伍军人病。因此，研究人员对这一必要条件并不感兴趣，因为它在测试充分条件的SCT中肯定会惨败。基于常识和医学专业知识，大量其他条件也被从备选项名单上排除。

名单上的一个首要的备选项是出现在贝尔维尤-斯特拉特福德酒店。NCT对该备选项的应用直截了当。每个感染了这种疾病的人都曾在这间酒店或附近待过。因此，出现在贝尔维尤-斯特拉特福德酒店就无法从退伍军人病的必要条件中删除。

SCT的应用更加复杂，因为不是所有在贝尔维尤-斯特拉特福德酒店待过的人都感染了这种病。其他因素起了作用："年纪更大的与会者受影响的比例高于年纪较轻的，男性的比例是女性的三倍。"因为一些在贝尔维尤-斯特拉特福德酒店和附近出现过

1　同前。

的年轻女性（相较其他而言）并没有感染退伍军人病，出现在酒店可以从退伍军人病的充分条件名单上划除。然而，这是医学背景知识的一部分，即对疾病的易感性通常随年龄和性别发生改变。基于这些不同，一些在贝尔维尤-斯特拉特福德酒店待过的人比起其他人具有更高的染病风险。到目前为止的调查显示，对于一些人来说，出现在贝尔维尤-斯特拉特福德酒店与感染退伍军人病的充分条件联系在一起。实际上，在贝尔维尤-斯特拉特福德酒店待过和容易感染这种疾病的结合无法通过SCT从得这种疾病的充分条件中排除出去。

一旦在贝尔维尤-斯特拉特福德酒店待过成为关注的焦点，其他假设自然会出现。食物中毒是一个合理的猜想，因为有时食物会传播疾病也是医学知识的一部分。它被列在可能备选项的名单上，但是并不对。调查人员检查了每一家当地的餐馆和每个提供食物和饮料的活动。有些在每一处都进食过的人并没有得退伍军人病，所以这些地方的食物被SCT从得退伍军人病的充分条件中剔除了。这些备选项也被NCT从必要条件中剔除了，因为得退伍军人病的人中有一些没有在这些餐馆和活动的任何一处进食。因此，食物和饮料不可能是原因。

进一步的调查揭示出致病原因的另一个重要线索：

> 某些观察显示该病可能通过空气传播。染病的退伍军人在贝尔维尤-斯特拉特福德酒店的大厅停留的时间比那些没事的人平均长了60%；生病的退伍军人在酒店前的人行道上停

> 留的时间比没受到影响的退伍同伴多。……因此，似乎最可能的传染方式是空气传播。[1]

单凭在贝尔维尤-斯特拉特福德酒店大厅呼吸过空气仍旧不够成为必要或充分条件，但是调查人员推论认为大厅空气中有什么引发了退伍军人病，因为患病比例增减与在大厅（或前面接近它的人行道上）停留的时间成比例。这是对很快就会讨论到的共变法的应用。

现在焦点集中在大厅的空气，下一步就是精确找到空气中的特定原因。再次诉诸医学背景知识，我们知道可能导致疾病的、由空气传播的病原体有三个主要备选项："重金属、有毒的有机物质和带病的有机体。"对采自一名死于该病的患者的组织进行检验显示，"可能与该流行病有关的金属或有毒有机物质并没有呈现异常含量"，所以只余下带病的有机体作为备选。我们又应用了一次 NCT。如果是重金属或有毒有机物质引起的疾病，那么含量异常高的这些物质将会在感染该疾病的患者的组织里发现。因为并非总如此，这些备选项被从必要条件中剔除。

再一次诉诸背景知识，似乎某一细菌是这种具有退伍军人病症状的空气传播疾病最有可能的来源。但是研究人员已经对引发类似肺炎疾病的细菌进行了常规检查，什么也没有发现。因此，注意力被引向另一可能，即某一之前并不知道的有机体引发了感

1 *Scientific American*, October 1979, pp. 82-99.

染，但是它却因为某种原因逃脱了检测。

最终证明，是一种未被检测到的、之前并不知道的细菌引发了这种病，但是找出它又花了四个多月的时间。煞费周折中遭遇的各种困难表明有关依赖于一种背景假设的另一重要事实：有时它会被证明是错误的。简言之，测试细菌出现的标准方法是在培养皿中让它们繁殖——平底器皿中有细菌存活所需的营养物。在合理数量的试验后，如果某个特殊种类的细菌菌落并未出现，那么可以得出结论该细菌没有出现。就如事实已经显示的，引发退伍军人病的细菌在通常用以检测细菌存在的培养菌中不能生长。因此，一个重要的背景假设最终被证明是错误的。

在大量工作之后，通过使用活的组织而不是标准的人工合成培养菌，人们发现了一种可疑的细菌。那么，任务就是要展示事实上是这一特殊细菌引发了疾病。再简而言之，当人们被特殊细菌传染的时候，他们通常会产生针对该有机体的抗体。在退伍军人病这个案例中，这些抗体比细菌本身更容易检测到。它们也会在整个染病过程结束后仍旧留在病人的身体中。因此，我们有了应用 NCT 的另一次机会：如果退伍军人病是这种特殊细菌导致的，那么只要这种疾病出现，抗体也应该出现。可疑的细菌出色地通过了这项测试并且被恰如其分地命名为嗜肺军团菌。因为调查人员艰苦工作测试了如此广泛不同的备选项，他们假定该疾病必然有某些起因是在他们所检测过的备选项中。因此，由于只剩下一个备选项，他们确信可以得出肯定结论，即该细菌是退伍军人病的必要条件。

寻找退伍军人病病因的故事带出了在科学中使用归纳方法的两个重要特征。第一，它包括已经被确立的东西和正在被检测的东西之间复杂的相互作用。面临新的问题，已确立的原则能被用来提议检测理论上意义重大的假设。然后，检测排除一些假设并留下另一些。在调查的最后，如果有一个幸存者与我们之前已经确立的原则很契合，那么已确立的原则储备就增长了。第二，这个例子表明归纳方法是会出错的。没有已确立原则的背景，像NCT和SCT这类归纳原则的应用会缺乏目标；然而有时这些已确立原则让我们失望，因为它们有可能是错误的。阻碍寻找退伍军人病病因的错误背景原则的发现，引起实验技术的重要改进。发现特定基础背景原则是错误的能够导致科学领域的革命性改变。

讨论问题

1. 有时我们将必要条件描述为原因，但是另一些时候又将充分条件形容为原因。为什么？保证对每种类型给出至少两个不同例子。

2. 嗜肺军团菌对退伍军人病来说是必要的，但活着、有血液等也是。我们为什么会认为退伍军人病是嗜肺军团菌引发的而不是活着、有血液以及其他必要条件引发的？

共变法

对充分条件测试和必要条件测试的使用依赖于世界上存在的事物的特定特征有时出现，有时不出现。然而，世界的某些特征总是某种程度上出现。因为它们总是出现，NCT 永远不会将它们从任何事件的可能必要条件中剔除，而 SCT 永远不会将任何事从它们的充分条件中剔除。然而，一个特征存在于世界上的范围和程度通常是一个需要因果解释的重要现象。

一个例子应该会让这一点清楚起来。最近几十年，酸雨对于美国东北部和加拿大的影响一再激起争议。部分争议来自对于收集到的数据的适当解读。争议起因于下面的原因：大气总是包含一定量的酸，很大部分来自自然资源。同样众所周知的是，环境中过量的酸会对植物和动物产生严重影响。湖泊尤其易受酸雨影响。最后，人们也承认了工业，尤其是中西部的工业，向空气中排放了大量二氧化硫，而这增加了大气中水分的酸性。问题在于——这里开始有争议——这些工业产生的酸是不是在它们下风处的环境损害的原因。

如何能够解决这样的争端？我们已经介绍过的两个法则无法提供直接帮助，因为如我们所见，只有当我们能找到所给特征出现或缺失的比对案例时，它们才能提供因果假设的严格检测。只有当我们能找到特征不在其中出现的案例，并且检查确定目标特征也没有在其中出现时，NCT 才能为必要条件提供严格检测。只有当我们能找到目标现象缺失的案例，然后检查备选充分条件是否也缺失，SCT 才能为充分条件提供严格检测。然而，在这个案例中，没有任何检查能够加以应用，因为大气中总是有一定量的酸，所以不可能去检查大气的酸完全缺失的时候会发生什么。与之相似，作为调查的目标现象的环境损害在我们的现代工业社会中如此普遍，也就很难找到一个该现象完全缺失的个案。

所以，如果大气中总是有酸，并且环境损害总是在一定程度上存在，我们如何能确定释放到大气中的二氧化硫对受影响区域内的环境损害负有重要责任？这里我们使用穆勒称为的共变法。我们追问环境的损害量的变化是否直接与释放到环境中的二氧化硫的量成比例。如果环境损害随释放到大气中的二氧化硫量增加而提高，并且当二氧化硫量变低时而回落，这意味着大气中的二氧化硫含量与环境损害正相关。那么我们就有足够理由相信至少在一定程度上，降低二氧化硫排放会降低环境损害。

依赖共变法的论证很难评估，尤其当没有普遍接受的背景理论能去解释共变法的时候。一些这样的变化很好理解。例如，大部分人知道车开得越快，耗油越多（汽油消耗直接随速度而变化）。为什么？这里有个很好的理论：以高速行驶比低速行驶更耗费能量，而能量来自汽车引擎中消耗的汽油。另一些相互关系不太好理解。据说，一名女性怀孕期间吸烟多少与她的孩子到 30 岁时的愉快程度相关。这种关联几乎不能与汽油消耗和速度之间的关联相比，因为即便妈妈怀孕期间吸了很多烟，很多人在 30 岁时也很愉快，而很多人的妈妈即便从未吸过烟，他们在 30 岁时也很不愉快。另外，没有发现普遍接受的背景理论来解释确实存在的相互关系。

引述背景理论很重要，因为即便两组现象之间并没有直接的因果关系，它们相互关联的程度也可以很高。出现在很多统计课本上的一个常见例子是男孩的鞋码与字写得好坏之间正相关的联系。很难想象二者存在任何因果关系。大脚不应该会让你写字更漂亮，而同样很明显，字写得漂亮也不能给你一双大脚。正确的解释是鞋码和字写得好坏都与年龄正相关。这里，两种现象（鞋码和书写技能）之间的非因果相互关系被第三个共同的相互关系（成熟）解释，这个相互关系是因果的。

有时，也可以向后（backward）获得因果相互关系。例如，好几年前，体育统计学家发现向前（forward）传球和赢得橄榄球比赛有负相关。也就是说，一支队伍向前传球越多，它获胜的概率就越低。这表示传球不是一个好的战略，因为你做得越多，你越有可能输。然而，进一步的检验显示，因果关系事实上是反的。一场比赛接近尾声的时候，快输的队伍倾向于多传球以努力追赶比分。换言之，球队大量传球因为他们要输了，而不是其他原因。

最后，一些相互关系似乎不可解释。例如，据说荷兰的出生率和鹳在烟囱里做窝的数目有很强的正相关。当然，有一种背景理论可以解释它——鹳带来孩子——但该理论无法得到现代科学的支持。因为缺乏任何更好的背景理论，这一现象似乎是奇怪的。

于是，考虑到现象 A 型和 B 型之间很强的相互关系，存在四种可能：

1. A 是 B 的原因。

2. B 是 A 的原因。

3. 某个第三者是 A 和 B 的原因。

4. 相互关系仅仅是巧合。

在我们接受这些可能性中任何一个之前，我们必须要有好的理由说明为什么支持它而不是其他三个。

产生这样一个理由的一种方法就是去操控 A 或 B。如果我们反复改变要素 A，但是 B 根本没有变化，这一发现就提供了反对可能性 1 的理由，因为如果 A 导致了 B，B 一般会随着 A 而改变。与之类似，如果我们来回操控 B，但是 A 根本没有任何变化，这一结果提供了反对可能性 2 的理由，而支持 B 没有导致 A 的假设。这些操作一起会将可行选择限制在 3 和 4 之间。

很多科学实验以这种方式进行。当科学家第一次发现吸烟和肺癌之间的联系时，一些香烟制造商回应说，肺癌可能引起吸烟的欲望或者可能存在导致吸烟与肺癌的第三方原因能够解释这种相互关系。它暗示，吸烟可能减缓了肺癌早期的不适或者引发肺癌的第三因素导致的不适。要测试这些假设，科学家们操控了实验动物吸烟的量。当所有其他要素保留尽量稳定时，吸烟增加，肺癌也增加了；吸烟减少，肺癌也减少。如果某个第三要素已经导致吸烟和肺癌，却又在吸烟被操控的时候保持稳定，那么不会有这些结果。如果早期肺癌导致吸烟，但又在科学家操控吸烟水准的时候保持稳定，实验发现也会不同。因此，这样的实验至少帮助我们排除了选项 1—4 中的一些。

像这样的直接操控不总是可能或道德上被许可。如果测试对象是人类而不是实验动物，数据可能会更可靠，但这不是一个道德的选项。可能更复杂的统计方法能够产生更可靠的结果，但是它们总是需要大量且专门的数据。不幸的是，这种数据不总是可行的。

练习 6

以下例子中的两组现象 A 和 B 之间都存在很强的负向的或正向的相互关系。尝试判断 A 是 B 的原因、B 是 A 的原因、二者都是由第三因素 C 导致的，还是相互关系仅仅是巧合。解释你的选择。

1. 对某一位美国总统，他头上头发数量（A）和中国人口数目（B）存在负相关。

2. 我儿子的身高（A）随我前门外面树的高度（B）增长。

3. 据称，在上过性教育课的学生（A）和感染性病的人（B）之间存在很强的负相关。

4. 曾经，一个州的骡子数目（A）和该州大学付给教授薪水（B）之间存在很强的负相关。换言之，骡子越多，教授的薪水越低。

5. 纽约市一个特定区内消防车的数量（A）和那里发生的火灾（B）之间有很高的正相关。

6. “华盛顿（合众国际社）：一份联邦财政研究说，那些锁门、有看门狗或枪的美国乡村人面临的入室盗窃风险和他们那些不锁门的邻居一样高。该项研究以对俄亥俄州将近900个家庭的调查为基础，由法律实施援助管理局给予的三年170000美元部分资助。接受调查的乡村居民中有百分之六十经常锁门（A），但是比那些不锁门的居民更常被入室行窃（B）。”

讨论问题

1. 吸烟有害健康不再有疑问之后，一场关于二手烟对不吸烟者的健康可能存在危害的争论又展开了。收集这个议题的正反意见并且评估各方归纳论证的强度。

2. 大气中二氧化碳的浓度和地球表面平均温度之间高度的正相关经常被援引作空气中持续增加的二氧化碳导致全球变暖的证据。该论证由阿尔·戈尔所拍的《难以忽视的真相》一片中著名的“曲棍球效应”图展现。这一论证是否有说服力？对全球暖化持怀疑态度的人可以如何回应？

第十一章

概率

之前三章讨论过的几种论证都是归纳的，所以它们不需要满足演绎的有效性标准。相反，它们要满足归纳的强度标准。然而演绎的有效性取决于什么可能，归纳的强度取决于什么可能性更大。笼统地看，在论证前提使其结论更有望或更有可能这个意义上说，一个论证是归纳很强的。因此，就像我们通过学习形式逻辑能获得对演绎有效性更好的理论理解一样，如在第六章和第七章中所做，通过学习概率，我们能获得对归纳强度更好的理论理解，如我们将会在本章中所做。为完成对归纳论证的探索，本章将提供对概率的基本讨论。讨论从展示若干有关的概率的普遍错误开始。为避免这些谬误，我们需要细心了解概率，所以概率的形式定律将和贝叶斯公式一起介绍。

概率的一些谬误

概率是普遍的。在整个一生中，我们都会做出预设或做出概率判断。每当我们要形成一个不确定的信念时，我们都会这么做，如同在第八到第十章所学过的所有归纳论证中一样。这样的论证，即便它们的前提为真，也不自诩会得出具有确定性的结论。它们仅试图展示结论是更有望的或更有可能的。因此，有关概率的判断就包含在对这样的论证和信念的评价中。概率在我们最重要的决定中也起到了至关重要的作用。概率上的错误会导致灾难。医生牺牲了病人的生命，股票经纪人赔掉了客户的钱，而教练会输掉比赛，因为他们高估或低估了概率。这样的错误很常见，并且有若干固定的类型。理解这些谬误很重要，这样我们就能学着避免它们。

赌徒谬误

赌场的繁荣部分归功于赌徒错误理解了概率。这个错误如此常见，以至于它被称作“赌徒谬误”。当人们走霉运的时候，他们常常提高赌注，因为他们相信最终肯定会走运赢回输掉的东西。赌博的系统有时就是基于这个谬误的想法。人们追踪赌场轮盘上出现号码的记录，试图找出一个很久没有出现过的号码。然后，他们把钱都推到那个号码前，认为那个号是注定的。通常他们最后会输掉一大笔。

这些赌徒似乎在假设，“长期来看，总会相互消平（或达到平均)”。用一种理解方式来说，这等同于数学家说的大数公式，并且它是非常正确的。抛硬币的时候，我们预期有一半扔出头像，所以应该是扔 10 次里有 5 次是头像。然而，如果我们真的验证一下，会发现 10 次里出现头像的数目与这一预期数值经常是相差甚远——有时头像出现多于 5 次，有时少于。大数法则告诉我们的是尝试的次数越多，头像所占的实际百分比就越趋近理论预测的百分比。如果你把一个硬币抛 100 万次，头像的百分比比预期的 50% 多出了 1 个百分点就很令人吃惊了。

大数定理常常被以导致赌徒谬误的方式误解。一些人以为在每组尝试中，每种可能结果出现的次数都会是平均的。要明白这是一个谬误，我们可以回到抛硬币上。扔一个硬币，直至头像连续出现三次（所需时间比你想象的要少）。第四次出现头像的概率是多少？直截了当地说，一些人认为头像再次出现的概率非常小，因为一个公平的硬币不太可能连续出现四次头像，所以需要一次反面来消平。那是错的。任意一次抛硬币得到头像的概率都是一样的，不管之前一次抛掷的结果如何。之前的结果不能影响最新一次抛硬币的概率。

启发法

日常生活中，我们经常要在没有进一步信息的情况下做出决定。为了处理这种过重的决定负担，我们通常使用认知心理学家所谓的启发法（Heuristics）。严格来说，启发是解决问题或是形成决定的普遍策略。例如，解决几何学问题的好的启发法是从你试图达到的结论出发，然后向回思考。

认知心理学领域最近的研究表明，首先，人类非常倚重启发法；其次，我们通常对它们太有自信。结果却是我们的概率判断常常错得离谱，而且有时我们的思想完全是混乱的。在这一点上，两种启发法尤其有指导意义：代表性启发法和可用性启发法。

代表性启发法 有个简单的例子可以展示错误如何从代表性启发法中产生。设想你随机从一副标准牌中抽出五张牌。下面两手牌中哪种更可能出现？

1手	2手
梅花3	黑桃A
方块7	红心A
方块9	梅花A
红心Q	方块A
黑桃K	黑桃K

数量多到令人惊讶的人会自动认为第二手比第一手可能性少多了。实际上，如果你稍做思考，任意特定的两手牌明显在公平的游戏中具有完全相同的可能性。这里人们搞糊涂了，因为第一手很普通；因为一手普通的牌总是出现，它让我们相信这是典型的一手牌。然而，在很多牌卡游戏中，第二手非常引人注意——值得讨论——因此看上去不怎么典型。我们对典型性的依赖让我们看不到概率的一个简单而明显的事实：任意特定的一手牌出现

的可能性与其他的都一样。

讨论问题

琳达 31 岁，单身，坦率并且非常聪明。作为一名学生，她主修哲学，深入关注歧视和社会正义议题，并且参加了反核游行。按符合琳达真实情况的概率大小给下面陈述排序，然后解释你的排序：

琳达是一名小学教师。

琳达在一家书店工作，并且参加了瑜伽课。

琳达积极参与女权运动。

琳达是一名参与治疗精神病的社会工作者。

琳达是一名银行柜员。

琳达是一名保险推销员。

琳达是一名银行柜员并且积极参与女权运动。[1]

可用性启发法 因为取样和做调查成本昂贵，我们常常会运用想象力来做，也就是在我们的头脑中完成。如果你问一个棒球迷哪支球队击球率更高，底特律老虎还是圣地亚哥教士队，那人可能只是回忆一下，或者查一下，或者想想每支球队并且去判断一下哪支球队有最好的击球手。不用说，后一种方法有风险，但是很多棒球迷对顶尖击球手的平均击球率有着令人惊叹的知识。

1 Amos Tversky and Daniel Kahneman, “Extensional Versus Intuitive Reasoning: The Conjunction Fallacy in Probability Judgment.” *Psychological Review* ,90(1983) , p. 297.

然而，即便拥有这样的知识也很容易出错。自然浮现在脑中的球员是每支球队的明星球员。我们的记忆更容易获取他们，而我们更可能仅仅以他们为基础就做出判断。然而这样的样本很容易就出现偏差，因为所有击球手对球队的平均击球率都有贡献，而不仅仅只是明星球员。一支球队较弱的击球手比另一支球队较弱的击球手要好得多的事实可以扭转结果。

讨论问题

在一本小说的四页上（约 2000 字），你觉得能找到多少具有 _ _ _ _ _ *n* _ 这样形式（第 6 个字母为 n 的 7 个字母组成的单词）的词？写下你的答案。现在，你觉得能找到多少具有 _ _ _ _ *i n g* 这样形式（结尾为 ing 的 7 个字母组成的单词）的词？解释你的答案。[1]

检查这些启发法并且注意它们所产生的错误这点并不是说明我们应该停止使用它们。第一，很有可能心理上是不可能的，因为对这些启发法的运用貌似是根植在我们的心理构成中的。第二，大量广泛的标准案例中，这些启发法都给出了迅速且基本准确的估计。困难一般都出现在使用启发法的情况为非标准情况的时候，即当情况复杂或非同一般的时候。

为了避免在做出有关概率的重要判断时出现这样的错误，我们需要问 :“情况是否标准到足以允许使用启发法？” 因为这样

1　同上。

太拗口，我们可以只是问："这是不是人们能够用脑子搞明白的事情？"当问题的回答，像它通常那样是"否"的时候，那么我们需要求助更形式化的程序来决定概率。

讨论问题

在一项出色的研究中[1]，托马斯·基洛维奇、罗伯特·法罗尼和阿摩司·特沃斯基发现了一个引人注意的例子，显示人们倾向于将统计上并不重要的事件看作重要的。在职业篮球比赛中，有些球员以连续进球而出名。连续进球手好像会有一阵集中得分，然后就没什么运气，再也投不准。更准确地说，连续进球就是"球员在特定时段内的表现要远远好于基于该球员整体记录所作的预期"。要检验连续进球是否真正存在，作者对费城 76 人队球员一年的进球纪录做了细致研究。这支球队包含联赛中以连续进球而闻名的安德鲁·托尼。作者发现没有证据支持连续进球，即便是对安德鲁·托尼也没有。你准备怎么确定连续进球是否存在？如果，如基洛维奇、法罗尼和特沃斯基论证的那样，对连续进球的信念是一个"认知错觉"，为什么还有那么多人，包括大部分职业运动员都相信它确实存在？

1 Thomas Gilovich, Robert Vallone, and Amos Tversky, "The Hot Hand in Basketball: The Misperception of Random Sequences," *Cognitive Psychology*, 17(1985): 295—314. 引自 pp. 295—296。

概率语言

确定概率的第一步是采取更精确的谈话方式。我们日常语言包含多种多样表达概率的方式。第三章中讨论过的一些保护词语提供了表述概率承诺的非正式方式的例子。因此，一个人可以说新英格兰爱国者队不太可能会赢得今年的超级碗而无须讲这到底多不可能。我们也可以具体确定概率的各种程度。朝窗外望去，我们可能会说有一半的概率要下雨。还有更生动的例子，有人可能会评论说罗恩 · 保罗赢得总统竞选的机会如烈焰地狱中的雪球那么大。每个例子中，说话人都指出支持某个事件发生或不发生的证据的相对强度。说有一半的概率要下雨表示我们拥有的下雨证据和不下雨的证据一样强。第三个陈述中的比喻表示说它的人相信罗恩 · 保罗赢得总统选举的概率基本不存在。

通过使用数字，我们能够让概率论断更精确。有时我们使用百分比。例如，气象局可能预报明天降雪概率为 75%。这很自然可以被转换为分数：明天会降雪的概率是 3/4。最后，分数也可以被转换为小数表达：有 0.75 的概率明天会降雪。

概率范围有两个端点：绝对确定事件会发生和绝对确定事件不会发生。因为不可能超过绝对确定性，概率既不能攀升超过 100%，也不可能落到 0% 之下（既不会大于 1，也不会小于 0）。（这应该已经很显而易见了，但是当百分比和分数相加时就可能搞混，比如当尤吉 · 贝拉被认为说过成功是三分之一的天分加 75% 的努力的时候。）当然，我们通常说的概率论断往往落入两个端点之间。因此，说有 100% 的概率会下雨多少有点奇怪，说下雨的概率是一分之一也一样诡异。即使如此，这些奇特的说话方式不会引起程序上的困难，而且很少出现在实践中。

先天概率

当人们做出概率论断时，我们有权问他们为什么给出他们所宣称的概率。第八章中，我们看到了统计程序如何能够被用以建立概率论断。这里我们要检验所谓概率的先天方法。一个简单的例子就能体现这两种方法之间的差别。我们可能会好奇从一副标准 52 张的扑克牌中抽出一张 A 的概率是多少。使用第八章中讨论过的程序，我们可以从一副牌中多次随机抽取（每次都换一张牌），然后从中得出关于结果的统计概括。我们会发现 A 大概会 13 次中出现 1 次。由此我们可以得出结论，抽到一张 A 的概率是 1/13。

但是我们不必非得如此麻烦。我们可以假设 52 张牌中每一张被选到的概率都是相同的。有了这一假设，一条明显的推理线就应如下进行：一副 52 张标准牌里有 4 张 A，所以随机选到一张的概率是 4/52。简化后就是 1/13 次。这里想要的结果的集合是同等可能结果总数的子集，要计算想要的结果出现的概率，我们只要用想要的结果的数目除以可能结果的总数。这个分数告诉我们随机抽取时事件可能出现的概率。因为所有的结构都同样可能：

$$抽到一张A的概率=\frac{A的数目}{牌的总数目}=\frac{4}{52}=\frac{1}{13}$$

注意在得到我们的结论，即从一副 52 张的牌中随机抽牌 13 次其中有 1 次概率抽到一张 A 时，我们只用了数学推理。这展示了概率的先天方法。它被叫作先天方法是因为我们仅通过对情况进行推理就能得到结论。

在计算从一副 52 张的牌中抽到一张 A 的概率时，我们计算想要的同等可能结果与总的同等可能结果之间的比率。然后，一般来说，当所有结果都同等可能的时候，一个假设 h 的概率，用符号记为“Pr（h)”就表示如下：

$$Pr(h)=\frac{想要的结果}{总结果}$$

我们可以用稍微再复杂一些的例子来展示这个原则。掷两颗骰子扔出 8 点的概率是多少？下面的图表列出了两颗骰子扔一次会出现的所有同等可能的样式。注意 36 种可能结果中有 5 个是 8 点。因此，扔出 8 点的概率是 5/36。

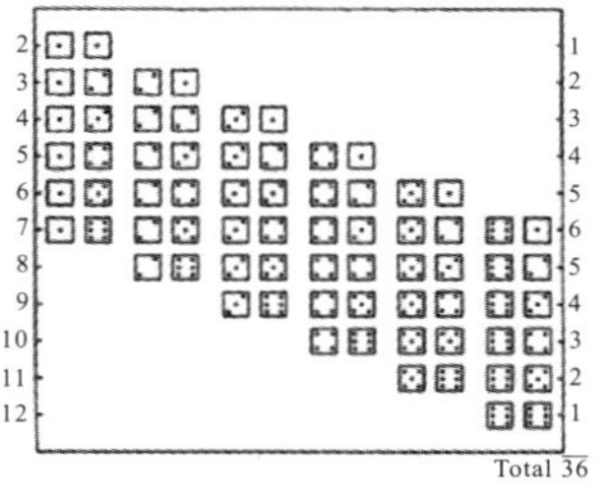

练习 1

使用上面的图表，回答下列有关掷两个骰子的问题。

1. 扔到 5 点的概率是多少？
2. 哪个数目被扔到的概率最高？它的概率是多少？
3. 扔到 11 点的概率是多少？
4. 扔出 7 点或 11 点的概率是多少？
5. 哪种更有可能：扔出 5 点还是扔出 8 点？
6. 哪种更有可能：扔出 5 点或 8 点，还是扔出 2 点或 7 点？
7. 扔出 10 点或更高点数的概率是多少？
8. 扔到偶数点的概率是多少？
9. 扔到奇数点的概率是多少？
10. 扔到点数 4 到 6 的概率是多少？
11. 扔到点数 2 或 12 的概率是多少？
12. 扔到点数 2 到 12 的概率是多少？

概率的一些规则

假设你确定了某些简单事件会发生的概率，你要怎么将这一信息用于事件的结合上？这是个复杂的问题，本书中只能轻微涉及。然而，有一些概率的简单规则应该了解，因为它们能够在结果不定时指导我们做出选择。

否定的概率

按惯例，事件应该被赋予 0 到 1（闭区间）的可能性。一个事件要么发生，要么不发生；至少，这点是确定的（即它概率为 1）。由此，很容易发现如何计算事件不会发生的概率，考虑到它会发生的概率：我们仅需将它会发生的概率从 1 中减去。这就是我们的第一条规则：

规则 1：否定。一个事件不会发生的概率是 1 减去它会发生的概率。用符号表示为：Pr（非 h）= 1−Pr（h）

例如，从一副标准牌中抽出一张 A 的概率是 1/13，所以抽出不是 A 的概率是 12/13。这是对的，因为 52 次中有 48 次抽到不是 A，而这简化后就是 12/13。

合取的概率

我们常常想知道不仅是某个单一事件多么可能会发生，而是两件事按特殊次数一起发生会有多大可能。这里有在某些这样的案例中计算概率的一条简单规则：

规则 2：独立事件的合取。假定两个独立事件，它们都发生的概率是它们各自单独概率的乘积。用符号表示为（h1 和 h2 相互独立）：$Pr(h_1 \& h_2) = Pr(h_1) \times Pr(h_2)$

这里“独立”一词需要解释。假设你从一副牌中随机抽取一张，然后把它放回去，洗牌，重新再抽一次。这种情况下，第一次抽牌的结果不会提供任何有关第二次抽牌结果的信息，所以是独立于它的。用这种体系连续抽出两张 A 的概率是多少？使用规则 2，我们知道答案是 1/13 ×1/13，或者 1/169。

如果我们不把第一次抽到的牌放回去，情况就会不同。规则 2 不再适用于这个案例，因为两个事件之间已经不再是相互独立的。第一次抽牌抽到一张 A 的概率还是 1/13，但是如果抽到一张 A 且没有放回牌堆中，那么整副牌中就少了一张 A，所以下一次抽到 A 的概率就减少为 3/51。所以，不放回第一次抽到的 A 时连续两次抽到 A 的概率就是 4/52 × 3/51，或 1/221，明显低于 1/169。

如果我们要将规则 2 扩展到那些事件不相互独立的个案中，那么我们将不得不在另一件也发生的前提下来谈一个事件发生的概率。假定 h1 已发生，h2 会发生的概率被叫作 h2 基于 h1 的条件概率，并且通常用符号表示为：Pr（h2|h1）。这一概率的计算只考虑 h1 为真的那些个案，然后用那组中的总数除该组中 h2 也为真的个案数目。用符号表示为：

$$\mathrm{Pr}(h_2|h_1)=\frac{h_1\text{想要的结果}}{h_1\text{总结果}}=\frac{h_1\text{和}h_2\text{的结果}}{h_1\text{总结果}}$$

使用条件概率的概念，规则 2 能够做如下修改以处理那些事件不需要相互独立的个案：

规则 2G：普遍的合取。假定两个事件，它们都发生的概率是第一件发生的概率乘以第二件发生的概率，假定第一件已经发生。用符号表示为：$Pr(h_1 \& h_2) = Pr(h_1) \times Pr(h_2|h_1)$

注意在 h1 和 h2 相互独立的事件中，h2 的概率与 h1 发生的概率无关，所以 h2 基于 h1 的概率就只是 h2 的概率。因此，规则 2 就只是更一般的规则 2G 的特殊案例。

我们能够将这些规则扩展到两个以上的事件中。例如，对于规则 2，不论我们要考虑的事件数目多少，假定它们相互之间彼此独立，它们全部发生的概率就是它们中每一个发生的概率的乘积。例如，抛硬币并且扔出头像的概率是 1/2。抛硬币 8 次且每一次都出现头像的概率是多少？答案是：

$$1/2 \times 1/2 \times 1/2 \times 1/2 \times 1/2 \times 1/2 \times 1/2 \times 1/2$$

即等于 1/256。

析取的概率

下面一条规则让我们能够回答下面这类问题：掷一次骰子，出现 8 点或者 2 点的概率是多少？回到那张图表，我们已经了解到通过数 2 点出现的方式的数目（即 1）并将这个数目与 8 点出现的方式的数目（即 5）相加，来解答这个问题。我们可以得出结论它们中一个或另一个出现的概率是 6/36，或 1/6。包含这项计算的原则可以被表述如下：

> **规则 3：排他的析取。两个相互排斥的事件中至少发生一件的概率是它们中每一件会发生的概率的总和。用符号表示为（其中 h1 和 h2 相互排斥）：Pr（h1 或 h2）= Pr（h1）+Pr（h2）**

说两件事相互排斥是指它们不能一起发生。例如，你不能一次掷两个骰子同时得到 2 点和 8 点。然而，你却可能既没有扔出 2 点也没有扔出 8 点，因为你可能扔出其他数目。

当事件不是相互排斥的时候，计算析取概率的规则变得更复杂。例如，假设班上刚好有一半是女生，刚好一半的学生超过 19 岁，且男生和女生中的年龄分布相同。随机选择一个学生是女生或超过 19 岁的概率是多少？如果只是把概率相加（1/2+1/2 = 1），我们会得到结果，认为挑到某个学生确定要么是女生要么超过 19 岁。但答案是错误的，因为班上四分之一是男生且没有超过 19 岁，而他们中可能会有一人被随机挑到。正确的答案是，随机选到一人是女生或者超过 19 岁的概率为 3/4。

通过检验下面的表格我们可以知道这是正确的答案：

	超过 19 岁	没有超过 19 岁
女生	25%	25%
男生	25%	25%

我们很容易知道在 75% 的案例中，一个被随机选中的学生是女生

或者超过 19 岁。这个表格也展示出我们最初计算在哪里出了错。第一行表示 50% 的学生是女生。左边一栏显示 50% 的学生超过 19 岁。但是我们不能简单地将这些数字相加来得到一个随机选中学生要么是女生要么超过 19 岁的概率。为什么？因为那样会重复计算超过 19 岁的女生。我们在第一行里算了她们一次，然后在左栏中又算了一遍。要修正这样的重复计算，我们需要将既是女生又超过 19 岁的学生减去。左上格内数字显示是 25%。所以正确的计算方式是 50% + 50% - 25% = 75%。

这种类型在规定析取概率计算的一般规则中有所反映：

> **规则 3G：一般的析取。两个事件中至少发生一件的概率是它们中每一件发生的概率的总和，减去它们都发生的概率。用符号表示为：$Pr(h_1 \text{ 或 } h_2) = Pr(h_1) + Pr(h_2) - Pr(h_1 \& h_2)$**

如果 h1 和 h2 是相互排斥的，那么 Pr（h1 & h2）= 0，且规则 3G 退为规则 3。因此，就像规则 2 与规则 2G 一样，规则 3 就只是更一般的规则 3G 的特殊案例。

序列中的概率

在考虑规则 4 之前，我们先思考一个特殊的例子。掷 8 次硬币至少扔出一次头像的概率是多少？我们有可能会以如下方式进行推理：第一次扔，有 50% 的概率得到头像，并且第二次扔得到头像的概率是 50%，所以扔过两次之后已经能确定我们至少有一次可以扔出头像，因此扔过 8 次之后，应该有 400% 的概率。换言之，你不可能扔不出头像。这个论证让人有些可疑有两个原因。第一，概率永远不可能超过 100%。第二，肯定有一定的概率，不管多渺茫，我们都仍然可能掷了 8 次硬币都没有一次是头像。

解决这个问题最好的方式是重新表述它，使得头两条规则能够被使用。不再问头像至少出现一次的概率，转而可以问头像一次都不出现的概率是多少。头像一次都不会出现，等于有字的一面会连续出现 8 次。按照规则 2，我们知道怎么计算这个概率：8 个 1/2 相乘，即如我们已见到的，是 1/256。最后，根据规则 1，我们知道它不会发生（即头像至少出现一次）的概率是 1-1/256。换言之，扔 8 次至少出现一次头像的概率是 255/256。这接近一定了，但是还没有完全一定。

我们可以像下面这样概括这些结果：

> **规则 4：独立的序列。一个事件在一连串独立尝试中至少出现一次的概率是 1 减去该事件不出现在尝试数目中的概率。用符号表示（n 是独立尝试的数目）：Pr（h 在 n 次尝试中至少出现一次）= 1 - Pr（不是 h）^{n}**

严格地说，规则 4 并无必要，因为它可以从规则 1 和规则 2 中推导出来，但是认识它很重要，因为它阻止了有关概率的一种常见误解：人们常常认为某事是确定的，实际却不然。

排列与组合

另一种常见的混淆是排列和组合。排列是一组有确定次序的项。组合是一组无确定次序的项。例如，设想三张牌——黑桃 J、黑桃 Q 和黑桃 K——扣在你面前。如果你挑出两张翻过来，有三种可能的组合：J 和 Q、J 和 K、Q 和 K。与之相比，有 6 种可能的排列：J 然后 Q、Q 然后 J、J 然后 K、K 然后 J、Q 然后 K，以及 K 然后 Q。

规则 2 用来计算排列的概率——以特定次序出现的事件合取。例如，如果你抛一个公平的硬币两次，头像和字以这样的次序（第一次扔出头像并且第二次扔出字）出现的概率是多少？因为每次扔都是独立的，规则 2 告诉我们答案是 1/2 × 1/2 ＝ 1/4。只要数一下可能的排列就很容易确认这个答案（头像然后头像、头像然后字、字然后头像、字然后字）。这四种排列中只有一种（头像然后字）是想要的结果。

我们需要用另一种方式来计算组合的概率。如果你抛一个公平的硬币两次，得到任意次序的头像和字的概率是多少？有两种方式可以解决将要发生的事情。硬币可以先出现头像然后出现字，或者先是字然后是头像。这些选项是相互排斥的，所以根据规则 3 这一析取的概率是 1/4 ＋ 1/4 ＝ 1/2。从四种可能性（头像然后头像、头像然后字、字然后头像、字然后字）中数出两种（头像然后字，字然后头像）能够确认这个答案。另一种计算概率的方法是认识到第一次投掷并不产生什么影响。不管你第一次扔出什么（头像还是字），第二次都需要相反的一面。第一次扔肯定会得到头像或字，所以概率是 1。然后，不论第一次扔出了什么，第二次扔得到相反一面的概率都是 1/2。这些结果是相互独立的，所以根据规则 2 它们合取的概率是 $1 \times 1/2$ 的乘积，即 1/2。

也可以用这些规则来计算不具有独立性的组合的概率。规则 2G 告诉我们抽到一张 A 不把它放回牌堆中去，然后再抽到一张 K 的概率是 $4/52 \times 4/51 = 16/2652$。但是以任意次序抽出一张 A 和一张 K 的概率是多少呢？这就是抽出一张 A 或 K，然后再抽出与第一张相对的另一张的概率。根据规则 2G 概率是 $8/52 \times 4/51 = 32/2652$。这一结果和之前有特定次序的结果之间的不同表明为什么我们需要区分到底在处理排列还是组合。

练习 2

使用概率规则来计算这些概率：

1. 掷一个公平的六面骰子一次扔出 5 点的概率是多少？
2. 掷一个公平的六面骰子一次扔不出 5 点的概率是多少？
3. 掷一个公平的六面骰子第一次扔出了 5 点，那么第二次扔这个骰子再扔出一个 5 点的概率是多少？
4. 一次扔两个公平的六面骰子，两个骰子都是 5 点的概率是多少？
5. 一次扔两个公平的六面骰子，一个或两个骰子是 5 点的概率是多少？
6. 一次扔两个公平的六面骰子，有且只有一个骰子是 5

点的概率是多少？

7. 一次扔两个公平的六面骰子，至少一个骰子是5点的概率是多少？

8. 一次扔两个公平的六面骰子，至少一个骰子不是5点的概率是多少？

9. 一次扔六个公平的六面骰子，至少一个骰子是5点的概率是多少？

10. 一次扔六个公平的六面骰子，至少一个骰子不是5点的概率是多少？

练习 3

计算从一副标准的52张扑克牌中如下抽牌的概率。

1. 一次抽牌抽到7或者5。

2. 一次抽牌既没有抽到7也没有抽到5。

3. 抽到一张7，然后不将第一张牌放回牌堆中去，下一次抽到一张5。

4. 与上条相同，但是将第一张牌放回牌堆，并且在第一次抽完之后洗牌。

5. 在抽出的牌不放回牌堆的条件下，连续抽三次中至少有一次抽到一张黑桃。

6. 在抽出的牌不放回牌堆的条件下，连续抽四次中至少有一次抽到一张黑桃。

7. 与上条相同，但是每次抽牌之后都放回牌堆并且重新洗牌。

8. 在第一次抽的牌放回牌堆并且重新洗牌的条件下，两次连续抽牌，抽到一次红心之后再抽到一次方块。

9. 在第一次抽的牌放回牌堆并且重新洗牌的条件下，两次连续抽牌，以任意次序抽到一次红心和一次方块。

10. 在第一次抽的牌不放回牌堆的条件下，两次连续抽牌，以任意次序抽到一次红心和一次方块。

练习 4

假设一个镇上有两家卖彩票的，它们都卖出了刚好100张彩票。

1. 如果每家彩票只有一张中奖彩票，你同一种彩票买了两张，你中奖的概率是多少？

2. 如果每家彩票只有一张中奖彩票，你两种彩票各买一张，至少一张中奖的概率是多少？

3. 如果每家彩票只有一张中奖彩票，你两种彩票各买一张，两张都中奖的概率是多少？

4. 如果每家彩票有两张中奖彩票，你两种彩票各买一张，至少一张中奖的概率是多少？

5. 如果每家彩票有两张中奖彩票，你同一种彩票买了两张，两张都中奖的概率是多少？

6. 如果每家彩票有两张中奖彩票，你同一种彩票买了两张，至少一张中奖的概率是多少？

练习 5

1. 你面前有两个袋子，一个里面有两个火腿三明治，另一个里面有一个火腿三明治和一个芝士三明治。你拿到其中一个袋子，从中掏出一个火腿三明治。这个袋子里另一个三明治还是火腿三明治的概率是多少？

2. 你面前有三个袋子：两个里面有鸡油三明治，另一个有芝士三明治。你要猜哪个袋子有芝士三明治。你猜了，然后选择的袋子被放在一边（你显然有 1/3 的概率猜中）。剩下的两个袋子，里面有鸡油三明治的一个被拿走。现在，你有一次机会用你选的袋子交换剩下的袋子。这样的交换会提高、降低或不影响你最后正确选到有芝士三明治的袋子的概率？

贝叶斯公式

尽管骰子和扑克牌为学习如何计算概率提供了很好且简单的模板，但真实生活通常更复杂。一种特别有趣且重要的问题形式常常来自医学方面。假设温迪的结肠癌测试呈阳性。结肠癌的治疗痛苦且危险，所以在开始给温迪治疗之前，她的医生想确定温迪确实得了结肠癌的可能性究竟多高。毕竟，没有完美的检测。

对于温迪所接受的检测，此前的研究显示如下概率：

一般人群中一个人得结肠癌的概率是0.3%（或0.003）。

如果一个人得了结肠癌，那么测试呈阳性的概率是90%（或0. 9）。

如果一个人没有得结肠癌，那么检测呈阳性的概率是3%（或0.03）。

基于这些假设，在检测呈阳性的情况下，温迪确实得了结肠癌的概率是多少？大部分人认为这个概率会相当高。即便最训练有素的医生也会认为温迪极有可能得了结肠癌。[1]

正确的答案是什么？要计算出一个检测呈阳性的人是否真的得了结肠癌，我们需要用想要的结果数除以总结果数。想要的结果包括每个测试呈阳性并且真的得结肠癌的人。对温迪来说，这个结果并不那么“想要”，所以我们将这组描述为真阳性。总结果包括每个检测阳性的人。它包含真阳性加上假阳性，即那些检测呈阳性但是没有结肠癌的人。在上面所述概率的条件下，普通人群100000人中，会有270个真阳性（100000×0.003×0.9）和2991个假阳性[（100000-300）×0.03]。这样，温迪得结肠癌的概率是大约270/（270 + 2991）。这只有约8.3%，而大多数人预估超过50%！

为什么包括医生在内的人们都这么严重地高估了概率？部分

1　Gerd Gigerenzer, *Calculated Risk: How to Know When Numbers Deceive You* (New York: Simon&Schuster, 2003).

原因似乎是他们过于关注真阳性的比例（90%），忘记了因为有如此多没有结肠癌的人（总人口的 99.7%），所以即便假阳性的比例很小（3%）也会产生数目巨大的假阳性（2991），从而稀释更小数目的真阳性（270）。（当有关概率的问题修正为每组人群中的人数，大多数医生都能给出正确答案。）不管是什么原因，人们总是很有可能在这类案例中犯错误，所以我们要很仔细，尤其是如此攸关利害的情况。

一种计算这类概率的方法使用最初由英国牧师托马斯·贝叶斯（1702—1761）介绍的著名公式。该公式的一个简单证明应用了前文中的概率法则。我们想计算出 Pr(h|e)，即，在证据 e(例如，温迪结肠癌检测呈阳性)的条件下，假设 h(例如，温迪得了结肠癌)的概率。要得到结论，我们从规则 2G 开始：

1. $Pr(e \& h) = Pr(e) \times Pr(h|e)$

两边都除以 Pr（e）得到：

2. $Pr(h|e) = \frac{Pr(e \& h)}{Pr(e)}$

如果两个表达式逻辑相等，它们必须有相同的概率。通过真值表(像第六章中一样)，我们可以确定“e”与“(e & h) ∨ (e & ～h)”逻辑等同。由此，在第 2 项的分母中，我们可以用“(e & h) ∨ (e & ～h)”代替“e”，得到：

$$3.\quad Pr(h|e)=\frac{Pr(e\&h)}{Pr[(e\&h)\vee(e\&\sim h)]}$$

因为“e & h”和“e & ～h”相互排斥，我们可以将规则 3 应用于第 3 项的分母中，得到：

$$4.\quad Pr(h|e)=\frac{Pr(e\&h)}{Pr(e\&h)+Pr(e\&\sim h)}$$

最后，我们将规则 2G 应用于第 4 项并且得到：

$$BT:Pr(h|e)=\frac{Pr(h)\times Pr(e|h)}{[Pr(h)\times Pr(e|h)+Pr(\sim h)\times Pr(e|\sim h)]}$$

这就是简化版的贝叶斯公式。

该公式使我们能够计算最初例子中想要的概率：

h= 得结肠癌的病人

e= 结肠癌检测呈阳性的病人

$Pr(h)=0.003$

$Pr(\sim h)=1-Pr(h)=0.997$

$Pr(e|h)=0.9$

$Pr(e|\sim h)=0.03$

如果我们把这些值代入贝叶斯公式，就得到：

$$\Pr(h|e)=\frac{0.003\times0.9}{[0.003\times0.9]+[0.997\times0.03]}\approx0.083$$

通过这种方式，我们可以从其反面，即给出假设的证据的条件概率，来计算给出证据的假设的条件概率。这就是贝叶斯公式如此有用的原因。

很多人觉得另一种方法更直观。第一步是设立一个表格。两个相互关联的因素是：(1) 病人是否有结肠癌，以及 (2) 病人的结肠癌检测是否呈阳性。要绘制出这两个因素所有可能的结合，我们需要这样的表格：

	结肠癌	不是结肠癌	总数
检测出阳性			
没有检测出阳性			
总数			

接下来，我们需要在右下的格子里输入人口规模。概率不会受到人口规模的影响，但是当人口乘以给定的概率时，选择足够大的人口以得到整数会更加整齐。要确定适合的人口规模，将两个最特殊的概率小数点右边的位数相加，然后选择一个人口是 10 的那个总数的次方。在我们的例子中，最特殊的概率是 0.003 和 0.03，且 3 + 2 = 5，所以我们可以输入 10^5：

	结肠癌	不是结肠癌	总数
检测出阳性			
没有检测出阳性			
总数			100000

该人口规模代表被测人群的总数目。我们没有未测试人群的任何信息，所以他们不进入我们的计算。

最下面一行现在可以填入总人口中得了结肠癌的和没得结肠癌的。只要用人口数乘以普通人群结肠癌的概率 [Pr（h）]，将得到的数字填入最下端一行第二格中。该数字代表该人群中有结肠癌的总人数。然后从总人口中减去那个数目，把得到的数字填入剩下的一格中。这代表该人群中没有结肠癌的总人数。因为这两组穷尽了所有人口，它们相加必须是人口规模总数。在我们的个案中，我们被告知普通人群中一个人得结肠癌的概率是 0.003。以此为基础，我们能够给表格最底端一行填上：

	结肠癌	不是结肠癌	总数
检测出阳性			
没有检测出阳性			
总数	300	99700	100000

接下来，将得结肠癌的人口总数分为检测呈阳性的和检测不呈阳性的并填入第二列中。通过既定的检测阳性的条件概率，既定结肠癌 [Pr（e|h）]，可以计算出这些数字。在我们的例子中，

如果一个人有结肠癌，检测呈阳性的概率是 0.9。因此，有结肠癌的人中有 270（=0.9 × 300）人检测会呈阳性，剩下的（300–270 = 30）人不会，所以我们就有了这些数字：

	结肠癌	不是结肠癌	总数
检测出阳性	270		
没有检测出阳性	30		
总数	300	99700	100000

与之相似，我们可以将没有得结肠癌的人口总数分为检测呈阳性的和检测不呈阳性的并填入第三列中。这里我们使用一个人在没有得结肠癌条件下 [Pr（e| ～ h）] 检测阳性的条件概率。该概率被给定为 0.03，而 0.03 × 99700 = 2991。这个数字意味着，在普通人群没有得结肠癌的 99700 人中，有 2991 人将检测呈阳性。因为该列的数字相加必须得到总数 99700，剩下的数字就是 99700–2991 = 96709。

	结肠癌	不是结肠癌	总数
检测出阳性	270	2991	
没有检测出阳性	30	96709	
总数	300	99700	100000

最后，算出测试呈阳性或测试不呈阳性的总人数，我们就能

填出第四列。只要把横行数字加起来：

	结肠癌	不是结肠癌	总数
检测出阳性	270	2991	3261
没有检测出阳性	30	96709	96739
总数	300	99700	100000

将最右列加起来以检查计算：3261 + 96739 = 100000。

现在人口被分开，情况就摆在你面前。该表显示，在测试人数为 100000 人的普通人口中根据给定的概率分配，总共有 3261 人测试呈阳性。这些人中，有 270 人会有结肠癌。因此，在病人检测呈阳性的条件下，病人得结肠癌的概率是 270/3261，即约 0.083 或 8.3%，像之前一样。

你也可以确定其他条件概率。如果你想要知道测试不呈阳性条件下没有得结肠癌的条件概率，那么你需要查看没有测试出阳性的那一行。这一行最右一栏告诉你总人口中有 96739 人测试不呈阳性。“不是结肠癌”下的一栏告诉你这些人中有 96709 人没有结肠癌。因此，在你的测试结果不呈阳性的条件下，没有得结肠癌的条件概率是 96709/96739 或者约 0.9997。这意味着如果你测试呈阴性，极高的可能性是你并没有得结肠癌。

这些表格通过将人群分组而起效。我们已经学了一些这些组别所具有的名字：

	假设（h）	非假设（～h）	
证据（e）	真阳性	假阳性	
非证据（～e）	假阴性	真阴性	
			人口

假阳性有时也被叫作假警报，而假阴性有时候被称为漏警。还有些术语也很常见：

Pr（h）＝基础比率或风险率或先验概率

Pr（h|e）＝解或后验概率

Pr（e|h）＝测试敏感度

Pr（～e|～h）＝测试特异度

1-Pr（e|h）＝ 1- 敏感度＝假阴性比率

1-Pr（～e|～h）＝ 1- 特异度＝假阳性比率

你不需要为了计算出概率而使用这些术语，但是了解它们有助于你理解人们对这些议题的讨论。

贝叶斯公式最重要的一点是基础比率具有巨大影响。要了解它有多大影响，让我们重新计算结肠癌例子中的解 [Pr（h|e）]，赋予基础比率 [Pr(h)] 不同的值，但是使用相同的敏感度 [Pr(e|h)=0.9] 和特异度 [Pr（～e|～h）＝ 0.97]：

如果 Pr（h）＝ 0.003，那么 Pr（h|e）＝ 0.083

如果 Pr（h）＝ 0.03，那么 Pr（h|e）＝ 0.48

如果 Pr（h）= 0.3，那么 Pr（h|e）= 0.93

练习 6

建立表格来确认基础比率为 0.03 和 0.3 时对 Pr（h|e）的计算。

这些计算表明，当基础比率高的时候，给定测试的阳性测试结果比基础比率低的时候意义更大。因此，当医生使用特定测试作为在一般人群中的筛选测试时，如果患结肠癌在该一般人群中的比率仅为 0.003，那么阳性测试结果本身并不能表明病人罹患癌症了。相反，医生使用特定测试作为仅适用于具有一定特征的人的诊断测试时，如果具有该特征的人中患结肠癌的比率是 0.3，那么阳性测试结果就表明病人有可能患癌了，尽管测试可能还有错误。因此，贝叶斯公式揭示了使用和解读这类测试的正确的和错误的方式。

我们也要注意进行额外测试时概率的变化。在我们最初的例子中，一个阳性测试结果将癌症概率从基础比率 0.003 提高到解答的 0.083。现在假设，医生预定了一个额外的独立测试，并且结果还是阳性。在这点上要应用贝叶斯公式，我们可以将原始的阳性测试结果（0.083）看作计算第二次阳性测试结果出现后概率中的先验比率或基础比率。这个方法可行是因为我们现在不是对一般人群感兴趣，而只对已经在第一次测试中呈阳性的子人群感兴趣。两次测试后的解 [Pr（h|e）] 是 0.731，其中“e”现在是

一行中两个相互独立的阳性检测结果。接下来，如果医生预定了第三次独立检测，且结果仍旧呈阳性，那么 Pr（h|e）提升到 0.988。这样，贝叶斯公式揭示了预定额外检测的常识实践背后的技术理性。只有当医生太过相信单一阳性检测结果而不做额外测试的时候才会出现问题。

练习 7

建立表格来确认上面对第二次和第三次阳性测试结果之后概率的计算。

练习 8

1. 如果其他概率与原始例子里一样，但普通人群中一个人有结肠癌的概率只有 0.1%（或 0.001），温迪有结肠癌的概率会是多少？

2. 如果其他概率与原始例子里一样，但普通人群中一个人有结肠癌的概率只有 1%（或 0.01），温迪有结肠癌的概率会是多少？

3. 如果其他概率与原始例子里一样，但病人有结肠癌时测试为阳性的条件概率只有 50%（或 0.5），温迪有结肠癌的概率会是多少？

4. 如果其他概率与原始例子里一样，但病人有结肠癌时测试为阳性的条件概率只有 99%（或 0.99），温迪有结肠癌的概率会是多少？

5. 如果其他概率与原始例子里一样，但病人没有结肠癌时测试为阳性的条件概率是1%（或0.01），温迪有结肠癌的概率会是多少？

6. 如果其他概率与原始例子里一样，但病人没有结肠癌时测试为阳性的条件概率是10%（或0.1），温迪有结肠癌的概率会是多少？

7. 在一次随机筛选检查中，克里斯的可卡因检测呈阳性。该测试敏感度和特异度为95%，并且克里斯所在学校的学生中有20%使用可卡因。克里斯确实使用了可卡因的概率是多少？

8. 和问题7一样，克里斯所在学校的学生中20%使用可卡因，但是这次在两次独立检测中，可卡因测试呈阳性，两次检测的敏感度和特异度都是95%。现在克里斯确实使用了可卡因的概率是多少？

9. 你的邻居中有20%的房子地下室氡气含量高，所以你请一名专家来为你的地下室做测试。一项便宜的测试能测出实际有高含量氡气的地下室中80%呈阳性，但是那些没有高含量氡气的地下室中也会有10%呈现阳性。如果这项便宜的测试对你的地下室测出阳性结果，那么你地下室中氡气含量高的概率是多少？

10. 一项更昂贵的氡测试也更准确。它能测出实际有高含量氡气的地下室中99%呈阳性。那些没有高含量氡气的地下室中2%呈现阳性。和问题9中一样，你邻居的房子中有20%地下室氡气含量高。如果这项昂贵的测试对你的地下室测出阳性结果，那么你地下室中氡气含量高的概率是多少？

11. 昨天深夜，有辆轿车撞进你邻居家然后开走了。你的小镇上有500辆小轿车，其中2%是保时捷。这场肇事逃逸的唯一目击证人说撞进你邻居家的是一辆保时捷。在相似条件下测试，目击者错将其他牌子认作保时捷的概率是10%，正确认出保时捷的概率是80%。撞进你邻居家的车确实是一辆保时捷的概率是多少？

12. 昨天深夜，有只狗咬了你的邻居。你的小镇有400只狗，95%是黑色拉布拉多，而剩下的是比特犬。事件的唯一目击者是一个有经验的养狗人，他说咬了你邻居的狗是一只比特犬。在相似昏暗光线下测试，目击者错把黑色拉布拉多归类为比特犬的概率仅为2%，且正确辨认出比特犬的概率是90%。咬了你邻居的狗真的是一只比特犬的概率是多少？

13. 在某个学校，一个学生读了上课之前布置的阅读的概率是80%（或0.8）。如果一个学生预先读了布置的阅读，那么该名学生理解这节课的概率就是90%（或0.9）。如果一个学生没有预先读过布置的阅读，那么该名学生理解这节课的概率就是10%（或0.1）。一个学生确实理解了这节课的条件下，该学生预先读过了布置的阅读的概率是多少？一个学生没有理解这节课的条件下，该学生预先没有读过布置的阅读的概率是多少？

14. 在另一个学校，一个学生读了上课之前布置的阅读的概率是60%（或0.6）。如果一个学生预先读了布置的阅读，当被问到的时候，该名学生告诉教授他确实读过了的概率是100%(或1.0)。如果一个学生没有预先读过布置的阅读，当被问到的时候，该名学生告诉教授他读过了的概率是70%(或0.7)。在被问到时告诉教授他读过了的条件下，该名学生预先读过了的概率是多少？在被问到时告诉教授他没有读过的条件下，该名学生没有预先读过的概率是多少？

第十二章

选择

概率不只在我们要判断什么可以相信的时候有用，在我们要选择做什么的时候也一样有用。尽管我们有时会假定自己知道行为会带来什么结果，但我们也时常做出面对风险的决定，那时我们不知道我们选择的后果是什么，但了解那些后果的概率。要帮助我们评估对包含风险的选择所做的推理，本章将解释预期货币价值和预期总体价值。然而，当我们甚至都不知道各种结果的概率时，最困难的选择就出现了。这些在不知情和不确定下所做的决定带来特殊的问题，需要提出一些规则来。尽管这些规则在很多情况下都有用，但它们的局限也会被提及。

预期货币价值

很明显，对可能结果有一定认识对日常生活很重要。如果我们听到降雨概率是95%，这通常已经足以成为取消野餐的理由。

但是概率和决定之间确切的关系很复杂，经常被误解。

展示这些误解的最好方式是观察博彩，其中的数字确定而清楚。一美元赌注可能让你赢到一千万美元。听上去很不错。为什么不试着用一美元赢一千万美元？当然，赢彩票的概率并没有多高——两千万分之一的概率——听上去很糟。为什么要浪费一美元？所以我们来到分叉口。我们想知道的只是赌注好不好。例如，它比下注在其他彩票更好还是更差？要回答这类问题，我们需要进入预期货币价值这一概念。

预期货币价值的概念引入三个决定赌注在财务上是好还是坏的特质：赢的概率、赢的时候赚到的净值、输的时候输掉的净值。假设，一张一美元彩票有两千万分之一的概率赢得纽约州彩票，如果你赢了，你将从纽约州获得 1 千万美元。第一，值得注意的是，如果纽约州付给你一千万美元，你从一美元彩票净赚到的是 9999999 美元。毕竟，纽约州还是得到了你原始的一美元。所以净赚等于收益减去下注的花费。这并不是那些赢了巨额彩票的人需要担心的事，但是当这项花费相较收益规模变高时，就需要考虑下注的花费了。当你输掉一张一美元彩票时，你所输的净值并不复杂：就是一美元而已。[1]

现在我们能以下列方式计算出一注彩票的预期货币价值或财务价值：

1 如果彩票给所有输的人一枚崭新的 25 美分作为安慰奖，他们的净损失将只有 75 分。因为大多数彩票都没有安慰奖，净损失就等于买这种彩票的费用。

预期货币价值＝（赢的概率 × 赢得的净值）－（输的概率 × 输掉的净值）

在我们的例子中，买了一美元彩票的人有 1/20000000 的概率净赚 9999999 美元，而有 19999999/20000000 的概率净输一美元。所以这次赌注的预期货币价值等于：

（1/20000000 × $9999999）－（19999999/20000000 × $1）

最后得出 -$0.50。

这意味着什么？一种解读的方式如下：如果你可以买下所有彩票，因此能确保自己会中奖，你的两千万美元投资会帮你净赚一千万美元，或每美元赚 0.5 美元——其实是很糟的投资。另一种解读这种情况方式如下：如果你在几百万年间在彩票上投资大量金钱，你可以期盼最终会中奖，但从长期来看，你购买的每张彩票都会损失 0.5 美元。最后一种对情况的解读是：你去当地的杂货店，然后花 0.5 美元买一张空白的彩票。因为是空白的彩票，所以你没有机会中奖，结果是你每次下注都输掉 0.5 美元。虽然几乎没有人会这样看待这件事，但实际上，当你买彩票时它就是你正在对自己财务所做的事。

现在区分受欢迎的和不受欢迎的预期货币价值。当大于 0 的时候，预期货币价值受欢迎。修改一下我们的例子，假设一美元赌注中两千万奖金的概率是一千万分之一。这种情况下，纽约州还是拥有你买彩票所付的一美元，所以你实际赢得了 19999999。预期货币价值按如下进行计算：

（1/10000000 × $19999999）－（9999999/10000000 × $1）

结果是 1 美元。财务上看，这是一个好的赌注，因为长期来看，你在这一个彩票上每下注一美元就会赚一美元。

这样，规则就有三个部分：(1) 如果赌注的预期货币价值大于 0，那么预期货币价值就是受欢迎的。(2) 如果赌注的预期货币价值小于 0，那么预期货币价值就是不受欢迎的。(3) 如果赌注的预期货币价值等于 0，那么赌注就是中性的——浪费投入的时间和金钱。

练习 1

计算下面赌注的概率和预期货币价值。每次你下一美元赌注，会出现一副标准的 52 张扑克牌里特定的一张。如果你中奖了，你赢到指示的数额，而你的净赚少一美元。如果你没中了，你输掉这一美元。

例如：抽出一张黑桃 7。抽中则获得 26 美元

中奖的概率 = 1/52

预期价值：[1/52 × $（26－1）]－（51/52 × $1）= －$0.50

1. 抽出一张黑桃 7 或一张梅花 7。抽中则获得 26 美元。
2. 抽出一张任意花色的 7。抽中则获得 26 美元。

3. 抽出一张脸牌（J、Q 或 K）。抽中则获得 4 美元。

4. 抽出一张不是脸牌（J、Q 或 K）。抽中则获得 2 美元。

5. 连续抽牌两次，第一次抽到的牌不放回牌堆，抽出一张黑桃 7，然后再抽出一张梅花 7。抽中则获得 1989 美元。

6. 和问题 5 一样，但是这次将第一次抽到的牌放回牌堆并在第二次抽牌之前洗牌。抽中则获得 1989 美元。

7. 连续抽牌两次，第一次抽到的牌不放回牌堆，抽出的牌不是梅花。抽中则获得 1.78 美元。

8. 和问题 7 一样，但是这次将第一次抽到的牌放回牌堆并在第二次抽牌之前洗牌。抽中则获得 1.78 美元。

9. 连续抽牌四次，抽到的牌不放回牌堆，抽到一张黑桃 7，然后一张梅花 7，然后一张红心 7，然后再一张方块 7。抽中则获得 1000001 美元。

10. 连续抽牌四次，抽到的牌不放回牌堆，抽到任意次序的四张 7。抽中则获得 1000001 美元。

练习 2

内华达州边境上的佛格林宫殿提供下面这种奇特的赌注。如果你赢了，你获得每注的 50% 收益；如果你输了，你只承担 40% 的损失。也就是，如果你下注 1 美元并赢了，那么你拿回 1.5 美元；如果你赌 1 美元并赌输了，那么你收回 0.6 美元。赢的概率是 50 对 50。这听上去有极好的机会，但是却有个圈套：如果要参与，不论输赢必须要用赌注连续玩四局。例如，下100美金，四次下注连续起来可能看上去是这样的：

	赢	赢	输	赢
总数	$150	$225	$135	$202.50

在这个序列的最后，你可以拿到202.50美元，因此也就得到了102.50美元收益。感觉上佛格林宫殿是个赌博的好地方，但思考一下下面这个从另一个角度所做的论证。因为赢的概率是50对50，从平均值来看，有一半次数你会赢。但注意在这样的情况下会发生什么：

	赢	输	输	赢
总数	$150	$90	$54	$81

所以，即使有一半次数赢了，你还是输掉了19美元。

令人惊讶的是，输赢以什么次序出现并不会带来什么改变；如果两赢两输，那么你还是会输钱（你可以验证一下这点）。因为你大概仅有一半次数会赢，而当你有一半次数赢的时候实际会输钱，所以现在去佛格林宫殿赌博好像是个很糟糕的主意。

你应该做什么：要不要在佛格林宫殿赌博？为什么？

预期总体价值

如果彩票总是有极其不受欢迎的预期货币价值，为什么每年还是有成千上万的人投入无数金钱在它上面？一部分答案是有些人又蠢又迷信。人们有时候会推理，“肯定有人会赢，那个人为什么不是我？”他们也会说服自己，幸运的一天要来了。但也不是所有人都如此，大多数花钱买彩票的人知道投入的是很差的赌注，但是仍旧认为值得这么做。人们幻想赢了之后要用赢的钱做什么，而幻想很有乐趣。另外，如果赌注只有一美元，并且下注的人不是极度贫穷，输掉并没有什么损失。即便彩票的预期货币价值是输掉 50 美分，有人可能会觉得这是获得幻想赢钱所应付的合理价格（毕竟，每次你花八美元去看电影的时候，你也接受了肯定要失去八美元的事实）。所以，一个从纯粹货币观点来看很差的赌注，如果加入其他考量要素，也许就是可以接受的了。

也可能出现相反的情况：即便有积极的预期货币价值，赌注也可能是不合理的。例如，假设你被允许参与一种彩票，每一美元彩票收益两千万美元的概率是一千万分之一。像之前已经提到的，这里一美元赌注的预期货币价值是获利一美元，所以从预期货币价值的角度看，这是一个好的赌注。投注在这种彩票上听上去就很合理，而一个小的赌注可能是合理的。但在这些条件下，卖掉你所拥有的一切来买这种彩票是否合理？这一问题的答案几乎肯定是不，因为即便预期货币价值是积极的，但赢的概率仍旧很低，而输掉你全部的资源将会是个人的灾难。

对某个特定的人，当我们检验成功或失败相对于他 / 她的需求、资源、偏好等有什么影响时，我们是在检验所谓的预期总体价值或一项选择的预期效用。这类考量往往会迫使我们在权衡成本和收益的重要性方面做出调整。在我们刚检查过的例子中，输钱的瞬时性灾难性后果远超出参与彩票所期待的长期盈利。

另一个影响赌注预期总体价值的典型因素是随收益变大，它的边际价值递减或边际效用递减的现象。假设某人提议给你买一个汉堡还债。假定债务等值于一个汉堡的价格并且你也想来一个汉堡，你可能会接受这个提议。但是设想这人提议买十个汉堡来还十倍的债务。很有可能你会拒绝这项提议，因为即便十个汉堡是一个汉堡价格的十倍，它们对你来说却不值十倍。到某个时刻，你会被填饱并且不想再多吃。在一个或两个汉堡之后，多于一个汉堡的边际价值变得非常低。边际价值的概念也可以应用在货币上。如果你要饿死了，十美元可能对你来说意义重大。你可能愿意努力工作去得到它。如果你很富裕，十美元或多或少都没太大差别；输掉十美元可能只是个小麻烦而已。

因为边际价值递减这一现象，投注买彩票可能比大多数人所认为的更糟糕。有两千万美元收益的彩票听上去很诱人，但它并不比一百万美元收益多二十倍吸引力。所以即便下注一美元彩票的预期货币价值是损失 0.5 美元，对你来说的实际价值事实上也比这要少，所以赌注比它最初表现的要更差。

那么，一般来说，当收益很大，由于边际价值递减的影响，收益对某人来说的预期总体价值就在下降。但也不总是如此。可以想到一个奇异的例子，其中预期边际价值随收益规模而增长。假设，一个女巫告诉你如果你明天之前不给她一千万美元，她就会把你变成一只蟾蜍。你相信她，因为你知道她确实把其他没有付清的人变成了蟾蜍。你名下只有一美元，但是你有个机会参与上面描述的第一种彩票，即一美元彩票给了你两千万分之一的概率命中一千万美元的收益。我们看到了，那个赌注的预期货币价值是不受欢迎的负 0.5 美元。但现在考虑一下，如果你被变成了一只蟾蜍后美元对你来说的总体价值。钱对蟾蜍来说没用处，对你也一样，作为一只蟾蜍，一美元的价值就降到没有。因此，除非有其他可行的、有吸引力的选择出现，买一张彩票是很合理的，尽管下注有不受欢迎的预期货币价值。

练习 3

1. 尽管情况有点牵强，还是假设你要去药店帮你的朋友买药，没有这个药他就要死了。你只有十美元——刚好是药物所需的钱数。药店外面，一个年轻男人正在玩三张牌游戏，这是一种简单的游戏，玩牌的人向你展示三张牌，然后翻过来，迅速在手上换来换去，然后摆开，扣在桌子上。你辨认某张特定的牌（通常是黑桃 A）；如果你做到了，就会给你钱。你自己是一名魔术师，你知道骗大多数人的快速手法，并且肯定十次里面你能猜对九次。那么，第一，十美元赌注的预期货币价值是多少？在这个故事中，下这个注是否合理？为什么合理或不合理？

2. 提供一个你自己的例子，其中预期货币价值是不受欢迎的，但赌注是合理的。然后再提供一个例子，其中即便预期货币价值是受欢迎的，但赌注是不合理的。解释是什么使这些赌注合理或不合理。

讨论问题

考虑下面的游戏：你连续掷一个硬币直到扔出一次字。如果没得到头像（第一次扔就是字），那么不会付给钱。如果你扔出一个头像（第二次扔是字），那么就给你两美元。如果你扔出两个头像（第三次扔是字），那么就给你四美元。如果你扔出三个头像，那么就给你八美元。以此类推。普遍的规则是对任意数字 n，如果你扔出 n 个头像，那么就给你 2^n 美元。这个游戏的预期货币价值是多少？你会付多少来玩这个游戏？为什么数字更多或更少？

不知情下做的决定

到目前为止我们已经讨论了各种结果不确定的选择，但是我们知道它们的概率。这种决定被称为冒风险的决定。然而，在另一些例子中，我们并不知道各种结果的概率。这种决定被称为不知情下做的决定（或者有时称为不确定下做的决定）。如果我们完全不知道各种结果的概率，这种不知情是完全的。如果我们知道这些概率存在某些普遍的范围内，这种不知情就是部分的。

有一个部分不知情的例子，设想，刚从大学毕业后，你收到了三份工作邀请。Exe 首先给了你一份薪水 20000 美元的工作。Exe 建构良好并且安全稳定。下一份工作邀请来自 Wye 公司。薪水 30000 美元，但是 Wye 是一个新公司，所以它较不安全稳定。你认为这家新公司可能会发展挺好，但是你不知道它到底多大可能会撑住或维持多久。Wye 可能会破产，那样你就没有工作了。最后一份工作邀请来自 Zee 公司，这家公司和 Exe 一样稳定并且给你一年 40000 美元的薪水。这些邀请总结如下表：

	Wye 不破产	Wye 破产
接受 Exe 的工作	$20000	$20000
接受 Wye 的工作	$30000	$0
接受 Zee 的工作	$40000	$40000

让我们假设这三份工作中其他因素（比如补助金、假期、工作地点、利益、工作条件、奖金、加薪和升职）都是同样好的。你应该接受哪份工作?

答案很清楚：接受 Zee 公司的工作。这个决定很简单，因为你不管 Wye 是否会倒闭，你得到的都会更好，所以 Wye 多大可能倒闭没有什么影响。每个人都同意，你应该选择不管发生什么都是最好的选项。这叫作**支配规则**。

支配规则的问题是，当没有选项能够不论发生什么都更好的时候，它无法帮你做出决定。假设你发觉 Zee 公司的来信是伪造的——你室友对你开了一个残忍的玩笑。现在你只剩下 Exe 和 Wye 两个选项。如果 Wye 不破产，那么 Wye 的工作更好，但是如果 Wye 破产了，那 Exe 的工作就更好。两份工作都没能不论发生任何事总是比另一份好，所以支配规则不再适用。

要帮助你在 Exe 和 Wye 之间做出选择，你会寻找一种理性的方法来分配概率，尽管你并不知道哪种分配是对的。这类方法之一使用**不充足理由规则**：当你没有理由认为任一结果比另一个更有可能的时候，那么假设这些结果是同等可能的。这一假设使得我们能够像之前几节里一样计算预期货币价值或效用，然后我们就能够选择具有最高预期效用的选项。在我们的例子里，不充足理由规则支持 Exe 的工作，因为你在那份工作中的预期收入是 20000 美元，而你在 Wye 工作中的预期收入只有 15000（$=0.5\times30000$）美元，假设 Wye 公司倒闭的概率和继续运转的概率一样高。

不充足理由规则的问题是，假定未知概率都相同可能太过武断。通常我们推测不同结果的概率并不等同，即使我们不知道概率是多少时。此外，当对选项的描述不同时，不充足理由规则会产生不同的结果。我们可以区分四个可能性：Wye 破产了、Wye 维持原有规模、Wye 规模扩大，以及 Wye 萎缩但仍旧运营。如果我们没有任何理由认为这些结果中任何一个比其他更为可能，那么不充足理由规则就会告诉我们要分配给它们同等的概率。基于这个假设，且假设只要 Wye 继续运营你就一直有工作，那么你只有四分之一的概率会失去工作。所以你在 Wye 工作的预期收入现在就是 22500 美元（= 0.75 × 30000）。因此，如果我们继续坚持不充足理由规则，在 Wye 工作的预期价值以及你是否应该接受这份工作似乎就取决于选项如何被分割。这个案例中，这好像很疯狂。

另一种方法试图在没有关于不知情情况下的任何概率假设的条件下发挥作用。这种方法可能要采纳若干规则。一种可能是**大中取大规则**，即选择最好结果优于其他选项的最好结果的选项。如果你遵从大中取大规则，那么你会接受 Wye 公司的工作，因为如果这家新公司不破产的话，那份工作最好的结果是 30000 美金的薪水，而这优于 Exe 公司的任何结果。乐观主义者和冒险者会喜欢这条规则。

其他人会更悲观并且倾向于规避风险。他们会喜欢更像是**小中取大**这样的规则，即选择最差结果优于其他选项的最差结果的选项。如果你遵从小中取大规则，那么你会接受 Exe 公司的工作，因为那份工作最差的结果是 20000 美元稳定的薪水，然而如果你接受 Wye 公司的工作，最差的结果是失业。

这些规则中每一条都是通过仅仅关注你所有信息中的一部分而忽视你知道的其他事情来运作。大中取大规则只考虑每项选择最好的结果——最佳设想情况。小中取大规则只注意每项选项最差的结果——最差设想情况。因为它们都忽视了其他结果，大中取大规则给很多人留下了太冒风险的印象（因为它不考虑你选择一个机遇可能会失去多少），而小中取大规则让很多人觉得太过保守（因为它不考虑你冒一点风险后可能得到多少）。

另一个问题是，大中取大和小中取大规则并没有将概率纳入考量。当你对概率一无所知的时候，这样会有意义。但是当可以获取一定（即便是有限的）关于概率的信息时，尽量使用你拥有的信息似乎更好。例如，假设两个选项中每一个都可能会导致灾难，而且你不知道其中任何一个导致灾难的可能性有多大，但是你确实知道其中一项会比另一项更容易引致灾难。在这样的情况下，一些决策理论家会认为你应该选择那个能最小化发生任何灾难概率的选项。这被称为灾难规避规则。

要展示这条规则，让我们来考虑一下另一种案例：

> 一名 40 岁的男子被诊断出患有一种罕见的疾病，他咨询了世界上治疗这种疾病最著名的专家。他被告知这种疾病基本上肯定不会致命，但却常常会引发瘫痪使受害者终身卧床不起（在另一些案例中，它并无持久的影响）。该疾病过于罕见以至于专家只能提供瘫痪概率的一个模糊的估计：20%—60%。如果使用一种仍在实验阶段的药物，几乎可以确定治愈该疾病。然而，它导致服药者中相当大但还不知道确切百分比的患者死亡。专家猜测药物致命的概率小于 20%，因此病人认为他服药致命的概率肯定小于让病情继续发展而最终瘫痪的概率。病人宁愿终身卧床不起也不想死，但是他仍觉得相比继续健康的生活，两种结果都是彻底的灾难。他是否

应该服用该种药物？[1]

因为最坏的结果是死亡，而该结果如不服药就不会发生，小中取大规则会告诉他不要服药。两相对比，灾难规避规则会告诉他服药，因为死亡和瘫痪同为灾难，而服用药物可以最大限度地降低两种灾难发生的风险。所以，尽管灾难规避规则反对冒风险，它实现的方式却与小中取大规则不同。

那么，我们有过多的规则：支配规则、不充足理由规则、大中取大规则，小中取大规则以及灾难规避规则。也还有其他的规则。既然有了这么些规则，人们很自然会问其中哪个是正确的。不幸的是，关于这个问题没有共识。每条规则都可以用于一些案例中并且也很合理，但到另一些案例中就不行了。很多人认为每一条规则适用于不同的情况。然而，哪条规则应该在怎样的情况下支配决定仍旧不清楚。在不知情的情况下做出决定这一重要问题仍旧是无解的。

1　Gregory Kavka, "Deterrence, Utility, and Rational Choice," reprinted in *Moral Paradoxes of Nuclear Deterrence* (New York: Cambridge University Press, 1987), pp. 65-66. 卡夫卡（Gregory Kavka）用这个医疗案例来论证他的灾难规避规则并且以此类推为核遏制力的合理性辩护。

讨论问题

1. 在不知情游戏中，你从一副牌中抽取一张，但是你并不知道这副牌中有多少张牌或有哪些花色的牌。它可能就是一副普通的牌，也可能只有方块或是只有黑桃A或其他任意组合的牌。玩牌不需要任何花费。如果你赌抽到的牌是黑桃，而它就是一张黑桃，那么你就赢100美元。如果你赌抽到的牌不是黑桃，而它也不是一张黑桃，那么你赢90美元。你只能赌一注。如果采取大中取大规则，你应该赌什么？如果采取小中取大呢？灾难规避规则呢？不充足理由规则呢？这个例子中哪种规则看上去最合理？你会赌哪注？为什么？

2. 你认为哪种情况适用支配规则？哪种适用不充足理由规则？大中取大规则？小中取大规则？灾难规避规则？为什么？

3. 假设你会选择两个信封中的一个。你知道其中一个信封里包的钱是另一个的两倍，但是你并不知道它们中任何一个的具体钱数。你选了一个信封，打开它，发现里面有100美元。现在你知道另一个信封里肯定有50美元或200美元。这时，给你一个选择机会：你可以用你的信封换另一个信封。根据不充足理由规则你是否应该交换信封呢？这个结果合理么？为什么合理或为什么不合理？

第四部分

谬 误

当推理有缺陷的时候，它们就被称为谬误。当有缺陷的推理样式一而再再而三地被重复时，因为人们经常被它们愚弄，那么我们就有了一个值得起名标记的论证谬误。论证谬误的数目和种类超乎想象。因此，建立一个完整的谬误表没什么意义。重要的是感知最常见和最易犯的谬误类型。一旦有了感觉，我们应该也能够辨识很多其他种类的谬误。第四部分的目的就是训练这项技能。

第十三章

含混谬误

本章检验论证有缺陷或是谬误的主要方式之一，是因为所用语言在上下文中不足够明晰。这种不明晰性就是含混。当在给定语境中，使用一个术语涵盖过多个案，使得该术语是否适用变得不明晰，这时含糊就出现了。含混构成了若干常见谬误的基础，包括三种滑坡论证。

不明晰性的用途

在一个好的论证中，一个人清楚地陈述结论，然后以同样清楚的方式为这一结论提供理由。日常生活中的论证往往达不到这一标准。通常，不明晰的语言表示不明晰的思维。然而，有时人们也会有意不说清楚。他们可能使用不明晰来营造诗意的效果或是留下空间待之后再决定。但他们的目的通常是令人困惑。这被称作迷惑（obfuscation）。

在看语言不明晰的各种方式之前，要先提醒一句：没有绝对清楚这件事。清楚与否取决于出现的语境。一个植物学家不使用普通的词汇来描述和分类植物。同样，如果一个人用植物学术语来描述他或她的后院景象通常会很蠢。亚里士多德说，一个有教养的人的特点，就是在每种事物中只寻找那种题材的本性所容有的确切性。因为清楚和严格取决于语境，需要判断和良好的感觉来确定论证所在的正确层次。

含混

不明晰最普遍的形式可能就是含混。当概念应用于一个连续体或是一系列非常小的变化时，含混就出现了。标准的例子就是秃顶。一个满头都是头发的人是不秃的。一个头顶没有一根头发的人是秃的。然而，在这两者之间，在大范围的个案中，我们无法确定地说此人是秃的或不秃的。这些被称作“边缘案例”。这里我们说的是没那么笃定的事，比如，这个人“快要秃了”。

我们无法将秃这一概念应用于边缘案例，并不是出于对一个人头上发量的无知。数清楚头发数目没什么帮助。即便我们知道确切的数目，我们仍旧无法断定一个人是否是秃子。大部分允许程度存在的有关性质的形容词都是如此——例如，“富有”“健康”“明智”以及“残忍”。

就绝大部分而言，不精确——缺乏清晰明确的限制——几乎不会引起什么困难。事实上，这是我们语言中一种有用的特质，因为假设我们确实不得不数清楚手指之间盐的颗粒，以决定我们是否捏了少量的盐。那么，按照一个简单的食谱取出所需少量的盐都将花费很长的时间。

然而，当边缘案例本身有争议时，困难就出现了。假设某个州通过了一项法律，在公共场合禁止所有色情行为。会有很多案例明显触犯这条法律，也会有很多案例明显没有触犯该条法律。还会有很多案例并不清楚它们是否触犯该条法律。有时，法条出于很多理由被宣告为违宪。在此我们要说这条法律是含混的。称这条法律含混是在批评它。我们并不只注意到边缘案例的存在，因为不论多么小心总是会有边缘案例。相反，我们是在说在这个语境下有太多边缘案例。更准确地说，一项表达如果为其在既定语境中成功及合法的使用留下太广泛的边缘案例的话，那么它在该语境下的使用就是含混的。

这样，含混就取决于语境。要进一步展示这一语境依赖，让我们想一想“轻量足球运动员”这种表达。当然，在轻量足球运动员和非轻量足球运动员之间还是有边缘案例。但光是出于这些理由，我们不会说该表达是含混的。它往往是一个极好用的表达，而我们可以说诸如“琼斯是个稍微有点轻的足球运动员”来指出边缘案例。然而，假设俄亥俄州立和加州理工之间要在轻量足球运动员之间举办一场比赛。很明显，就这个新的语境来说，之前对什么能算作轻量的理解都显得过于含混。在俄亥俄州立，任何人只要小于210磅都被认为是轻量的。而在加州理工，任何人超过150磅都被认为是重量的。那么，这里需要的就是一条规定，比如任何人只要低于175磅都将被认为是轻量的。这个例子展示了一个常见问题以及它的解决办法。一个在某一领域完美运用的术语，当被运用于其他（通常是更专门的）领域时就会变得含混。通过在有问题的领域采取更精准的规则就能去除这一含混。含混可以通过定义消解。

练习1

对于下列术语，给出一个明显适用的案例、一个明显不适用的案例，以及一个边缘案例。然后试着解释边缘案例为什么是边缘案例。

例如：在北半球，“夏季月份”明显适用于7月，明显不适用于1月；6月是一个边缘案例，因为夏至日是6月21日，而学校通常会一直上到6月，但是6月、7月和8月还是被认为是夏季月份。

1. 大型动物
2. 人口众多的国家
3. 篇幅长的书
4. 老教授
5. 受欢迎的歌手
6. 有权力的人
7. 很难的课题
8. 较晚的会议
9. 在会议上较晚出现

练习 2

下列每句话都包含可能含混的词语或表达。描述一种语境，使该含混在其中带来区别，并解释它造成的差别是什么。然而通过用更精准的表达代替加着重点部分来减低这一含混。

例如：哈罗德有很坏的名声。

语境：如果哈罗德申请银行保安的工作，那么某些方面而非全部的坏名声就会有影响。建筑业工作做得很糟的坏名声是无关的，但是不诚实的坏名声就是相关的。

替代：哈罗德是一名有名的盗窃犯。

1. 罗斯有巨额收入。
2. 可卡因是危险药物。
3. 露丝是聪明的女人。
4. 安德烈是很棒的网球运动员。
5.（手术过后）马克做得不是太好。
6. 沙克是个大家伙。
7. 丹的分数很低。
8. 瓦尔特看不清。
9. 地震是一场灾难。
10. 这条新闻好极了。

谷堆

边缘案例的存在对于自古以来被确认和使用过的很多不同类型的推理都是不可或缺的。其中一种论证被称为谷堆理论或堆垛论证（出自古希腊语的“soros”，意思是谷堆）。这个经典的例子试图展示通过一次添加一个颗粒，是无法产生一堆沙子的。作为其变体，我们将要展示没有人能够变富裕。论证可以按如下表述为一个长序列：

（1）有 1 美分的人不算富裕。

（2）如果只有 1 美分的人不算富裕，那么只有 2 美分的人也不算富裕。

∴（3）只有 2 美分的人不算富裕。（由 1—2）

（4）如果只有 2 美分的人不算富裕，那么只有 3 美分的人也不算富裕。

∴（5）只有 3 美分的人不算富裕。（由 3—4）

（6）如果只有 3 美分的人不算富裕，那么只有 4 美分的人也不算富裕。

∴（7）只有 4 美分的人不算富裕。（由 5—6）

[如此往复，直到：]

∴(199999999999)只有100000000000美分的人不算富裕。

当然，问题是有100000000000美分的人是富裕的。如果有人拒绝承认这点，我们可以继续。或者我们可以将整个论证总结如下：

（1*）有1美分的人不算富裕。

（2*）对任意数目n，如果只有n美分的人不算富裕，那么有n+1美分的人也不算。

∴（3*）有任意数目美分的人不算富裕。(由1—2)

当然，前提2*只是前提2、4、6等等的总结。

除了好像有道理，但每个人可能都会同意这个论证某个地方不对。如果我们交给彼得足够多的小钱，之前贫穷的彼得将会变成世界上最富裕的人。有问题的另一个标志是，一个平行的论证完全从相反的方向进行：有一千亿美分是富裕的。对任意数目n，如果有n美分的某人是富裕的，那么有n-1美分的人也是富裕的。因此，身无分文的某人也是富裕的。这很荒谬（因为我们说的不是只要一个人还有朋友，他的人生就是富足的）。

我们能够看到，这些论证以下列方式开启了边缘案例：如果我们立下规定（可能出于征税的目的），即任何拥有一百万美元或更多钱的人就是富裕的，而所有财产比这个少的任何人就是不富裕的，边缘案例就被移除，那么论证将会失败。如果再给有999999.99美元的人一分钱，那么他将从不富裕转变成富裕的人，所以这个节点上，前提2*在此规定下就是错误的。当然，我们并不总是如此精确地使用“富裕”一词。我们知道一些人明显富裕，而另一些人明显不富裕，但是其间有一个模糊的区间，在那里很难说人们到底富还是不富。在这个模糊的区间内，其实在明确的区间也一样，一分钱无论如何都不会造成什么差别。

上面便是论证如何运作，但是到底哪出错了呢？这个问题并不好回答，而且始终是一个激烈争论的议题。这里有一种看待这个问题的方式：考虑一个超重80磅的人，我们都会同意，这人要是减掉100磅就从胖转变成不胖。如果他／她五年内每天减重1盎司，就刚好减掉114磅重量。一个谷堆论证会否认这个人能够停止做一名胖子（所以节食有什么意义呢？）。任何接受结论或结论3*的人似乎都会认为一系列不重要的变化不能与一次重要的变化等量齐观。当然，这是错误的。这里我们可能会遇到这样的回答，即每一次变化都必然发生在某一特定时间（和空间），但是并没有那么特殊的一天，这个人从一个胖子变成一个不胖的人。这个回答的问题在于，像这样的概念，变化似乎是在漫长时间内逐步发生的，而不是发生在某个单一的时刻。无论如何，不管它如何或何时发生，变化确实发生了。如果减掉足够的重量，一些人确实不会再是胖子。

这告诉我们像结论3*那样的谷堆论证的结论是错误的，所以这些论证不可能是合理的。另外，如果选择适当的起始点，那么几乎每个人都接受像前提 1 和 1* 这样的前提为真。所以主要的争论集中在前提 2* 和论证是否有效上。一些哲学家不接受前提 2* 并且认为在一个精准的点上一个人会变成富裕的，即便我们不知道这个点在哪里。另一些人会尽量避免任何明确的分割点，而是发展出了某种替代逻辑。还有一些人仍承认前提看似为真，并且论证看似有效，但是结论却似乎为假，所以这个论证制造了一个没有解决办法的悖论。这些观点已经很复杂且专业化，所以我们这里不予讨论。已经足够说明几乎每个人都同意像结论 3* 和结论 199999999999 这样的结论都是错误的，所以基于多个理由谷堆论证都是不合理的。那也就是为什么这样的论证会被贴上谬误的标签。

讨论问题

你认为谷堆论证到底从哪开始出错？

滑坡论证

与谷堆论证近似的一种论证是滑坡论证，但是它们却得出不同的结论。谷堆论证断定没有任何东西有确切的特质，然而一个滑坡论证不断力图展示在秃顶和不秃顶之间，没有真正的、可辩护的、显著的或至关重要的差别。这种主张不是认为因为一个头发掉光的人仍旧不是秃顶的，所以没有变化发生，就像在谷堆论证中那样。相反，滑坡论证主张我们不应该将人们分为秃或不秃，因为这些分类之间没有重大差别。

一项差别是否重大取决于各种因素。尤其是对于某种目的来说意义重大的，对于其他目的可能就不重大。不同的关切点就产生不同种类的滑坡论证。我们将讨论三种类型，从概念性滑坡论证开始。

概念性滑坡论证

概念性滑坡论证试图表明，在连续体的另一端事情没有那么不同，乃至重要到足够有必要在一个概念或理论中做出区分。这样的论证貌似经常依赖如下原则：

1. 我们不应该在没有重大差别的事物之间做出区分。
2. 如果 A 与 B 没有重大差别，且 B 与 C 也没有重大差别，那么 A 与 C 没有重大差别。

第一条原则有意思且复杂，并且至少大体上为真。我们会马上更仔细地检查它。第二条原则明显是错误的。前文已述，一系列微不足道的差别加起来能够成为重大差别。当美国参议员埃弗里特·德克森说“这里的 10 亿美元和那里的 10 亿美元能够汇总成实实在在的一笔大钱”时，他令人们对这一点记忆深刻。就概念性滑坡论证依赖这些有问题的前提的程度来说，它们并没有比谷堆论证为其结论提供更多的支持。

然而，与谷堆论证不同，概念性滑坡论证却时常能够引导人们接受它们的结论。滑坡论证被用于否定精神正常和不正常的人（有些人只是比其他人稍微古怪一点）之间差别，以及业余和职业田径运动员（一些田径运动员只是比其他运动员赚得稍微多了一点或者更直接一些）之间的差别。当很多小差别造就大差别时，这样的概念性滑坡论证就是荒谬的。

这一谬误很容易犯，因为通常很难判断什么时候很多小差别确实造就了一个大差别。这里有一个最近具有争议的例子。一些人有非常深色的皮肤，另一些皮肤很白皙。当这些不同族群的成员结婚的时候，他们小孩的皮肤可能具有任意中间色度的颜色。这个均衡的图谱导致很多人拒绝承认，人种之间的差别对成熟的生物学理论来说很重要。他们的论证似乎是，丰富的中间案例会导致很难或者不可能形成运用于某一种族而不适用于其他种族的精确且无例外的规律，所以种族之间的差别在寻找这种规律的科学中没有什么重要作用。批评者则回应，一些有关人种的科学规律仍旧普遍适用且没有例外，即便肤色和其他特征确实在以微小增量变化。

不论接受哪一边，这一争议都表明，即便两个端点之间有均衡的图谱，这种连续性本身并不足以显示人种之间没有科学上的重大差别。该结论仅得到概念性滑坡论证的支持还不够。要显示某一概念对于特定理论的目的无用需要添加更多信息，尤其是有关该理论目的及其规律的信息。那些就是决定特定领域里哪些差别重要的东西。概念性滑坡理论可以与这样的附加前提一起运作，但是它们不能单独运作。

练习 3

只要我们发现一件事情通过渐变的一系列边缘案例滑向它相反的一端，我们就能够通过以下方式建构（a）一个谷堆论证和（2）一个概念性滑坡论证：找到某些没有大到将我们带出边界领域的增长，然后使用如上所给出的论证类型。运用这一方法，为下列主张组织论证，然后解释这些论证错在哪里。

1. a. 没有一堆（沙子）。
   b. 一堆沙子和一粒沙子之间没有差别。

2. a. 没有人是高个。
   b. 高个和矮个之间没有差别。

3. a. 不存在书籍。
   b. 一本书和一个小册子之间没有差别。

4. a. 热量不是真的。
   b. 热和冷之间没有差别。

5. a. 税收从来不高。
   b. 高税收和低税收之间没有差别。

6. a. 科学是一个错觉。
   b. 科学和信仰之间没有差别。

讨论问题

1. 你是否认为人种之间的差别在生物学、社会学或其他科学领域的成熟理论中不起任何作用？为什么是或为什么不是？

2. 如果动物逐步从一个物种进化为另一个物种，那是否显示任何物种（比如，马和狗）之间在生物学上没有重大差别？为什么是或为什么不是？它是否显示人权和其他种属动物权之间在道德理论方面没有重大差别？为什么是或为什么不是？

公平滑坡论证

当边缘案例形成一个连续体，如果有人将某个案例分类到连续体的一端，对手通常会质疑这样的划分："你的线划在哪？"这个修辞学问题暗示连续体中的差别"只是程度的问题"，所以在连续体中任一特定点上画出一条线都是武断的，因此也是不公平的，因为这条线两边非常相近的案例将立刻被分别归类并且受到不同的处理。

划线的公平问题常常出现在法律中。例如，出于合理理由，警察一般来说无须获取搜查令就可以搜查一辆摩托车，原因显而易见，当警察去找法官申请搜查令时摩托车有可能就开跑了。另一方面，除了少数例外，警察不能在没有搜查令的情况下搜查一个人的家。在"加利福尼亚州诉卡尼"[1]一案中，美国最高法院就

1 1471 U.S. 386（1984）。本案由琳达·格林豪斯（Linda Greenhouse）报道，见"Of Tents with Wheels and Houses with Oars," *New York Times*, May 15, 1985。

要裁定警察是否需要搜查令来检查一辆停在圣地亚哥市中心停车场的“完全能跑的超大房车”。因为房车是一辆完全能移动的交通工具，所以它似乎落入了第 1 条原则的管辖之下；但是它也是其主人的住处，所以好像又落入第 2 条之下。如法院所见，困难在于处在那些明显是机动车辆而非住宅（比如摩托车）和那些明显是住宅而非机动车辆（例如公寓）之间存在灰色地带。首席法官沃伦 · 伯杰考虑到，房车公园里的一个移动住宅绑在水电管线上并且拆除了轮子。法官桑德拉 · 戴 · 奥康纳询问了一顶帐篷是否也无需搜查令就可以被搜查，因为它也是高移动性的。随着争论的继续，船屋（不管是否有发动机或桨）、大篷车，直到最后被铰接式卡车从一处搬往另一处中的房屋都被检验。最终，我们的最高法院判定有问题的房车是一辆交通工具并且允许在不事先获取搜查令的情况下进行搜索。法院没有详细解释为什么房车被用作住宅而不是其他一些非常相似的情况下允许无搜查令的检查——以及最终将人送入监狱——是公平的。

有关线划在哪里的问题往往比无搜查令的搜查更为重要。想一想死刑。大部分社会都保有死刑，以惩处那些他们认为最严重的犯罪。但是我们到底应该在哪划出需要死刑惩处的罪行和无须死刑惩处的罪行之间的界线？死刑是否应该适用于谋杀监狱看守的人？强奸犯？贩毒犯？造起死亡事故的醉酒驾驶员？不管在哪里线划，死刑似乎都有一个不可避免的结果，即相似的案件会得到截然不同的处理方式。支持死刑的人会论证，划出一条线并不公平，因为一旦划定界线，公众会得到公平的警告，知道哪些罪行会判死刑，而哪些又不会。这样将由每一个人来决定是否要冒生命危险跨越界限。然而，是否能够以使论证可信的可预见方式对法律进行管理仍旧有争议。

死亡终结在另一个领域也引发了极困难的问题：堕胎的合法性。有一些人认为堕胎永远都不会是正当的，并且应该宣判其完全违法。另一些人认为堕胎根本无需任何正当性证明，应该完全合法化。在这些极端观点之间还有很多人认为堕胎在一些特定的情况下正当，而在另一些情况下不正当（例如当堕胎是拯救母亲生命的唯一途径时是正当的，在堕胎仅防止母亲免受较轻伤害时则不正当）。也有很多人认为怀孕一定月份内堕胎应该被许可，但是之后则不行。具有这些中间立场的人要面对在哪划定界线的问题，这也使得他们遭到任意一方极端立场拥护者的批评。

这个问题没有简便的解决方式。因为每一条划定的界线在某种程度上都是武断的，拥护中间立场的人需要论证划定某一界线——即便是有点武断的界线——毕竟比不划线更好。承认需要某一界线及其理由往往能够帮助我们确认真正的问题所在。这是朝向理性立场的第一步。

当然，这仍旧没有告诉我们线要划在哪儿。需要单独的论证表明应该在某一个点上或是在某个区域内划出界线，而不是其他地方。在法律中，这样的论证通常诉诸对在某处而非其他地方划线所产生效果的价值判断。例如，在容易查明的地方划线效率会更高，以及在某处划线比起其他地方划线能够为某些价值或人群提供更大的保护。不同的价值会支持不同的界线，而有时这样的论证根本不可能。因此最终将难以解决很多这样深刻而重要的问题。

讨论问题

老师让百分制考试中比及格线少得一分的学生不及格是否不公平？为什么是或为什么不是？是否有替换的给分体系会更公平合理？

因果滑坡论证

还有一种常见的论证通常也被归为滑坡论证。这些论证如下主张：一旦某种特定事件发生，其他相似事件也会发生，而这最终将导致灾难。其中最著名的（或最臭名昭著的）论证案例是 20 世纪 60 年代美国政府用其来替入侵越南辩护。政府宣称如果共产党拿下越南，他们将继而拿下柬埔寨、整个亚洲以至其他大洲，直到他们统治全世界。这就是所谓的多米诺骨牌效应，因为一个国家的倒下会导致邻国也倒下。这一类型的论证有时也被称为多米诺论证。这种论证认为一个事件即便本身并不严重，但却会引发其他更可怕的事件，所以这样的论证也被称为恐怖系列（parades of horrors）。

因果滑坡也能滑入好的结果。毕竟，希望共产党统治世界的人可能会用上面的多米诺论证来说明美国为什么不应该入侵越南。然而，这样乐观的滑坡论证不如恐怖游行那么普遍，所以我们要将讨论限制在悲观的角度。

在依靠一系列小变化这一点上，这些论证很像其他斜坡论证。然而，多米诺论证并不宣称第一步和之后的步骤之间——在越南成为社会主义国家和亚洲剩下的部分都成为社会主义国家之间——没有任何差别。在让越南变成社会主义国家而不让其他国家也变成社会主义国家之间也不会有任何不公平。恐怖系列的关键在于特定事件会引发恐怖的效果，因为它们与其他事件的相似或接近。因为关键的主张是原因和结果，这些论证就被称为因果滑坡论证。

第四章中，我们见过另一个例子。当论证反对提高文书聘用补贴的时候，凯尔说：

> 增加的补贴金额似乎并不高。然而，我相信我们大家不会有人认为增加一名文书不包含其他补贴：新的办公桌、新的打字机、更多办公用品，而下一步要求更大的办公空间，甚至最后需要一幢新的办公大楼也并非不可能。[1]

尽管这一论证被保护得很好，基本的主张是文书聘用补贴很有可能会导致超出预算的更大的开销。用更形式化的方式表述该论证就是：

1　Congressional Record (vol.107, part3, March 15, 1961, pp.4059-4060).

（1）如果文书聘用补贴提高了，其他开销也很有可能会提高。

（2）其他开销提高会很可怕。

∴（3）文书聘用补贴不应该被提高。

反对者可以以若干方式回应。一种回应方式是拒绝承认预期的可怕结果真的就那么可怕。例如，一个人可以辩论到，额外的办公空间和一幢新的办公大楼是有益的。人们通常依靠用特别可怕的词汇描述结果而抵消这种回应。

第二种可能的回应是否认提高文书聘用补贴真的会带来第一个前提中所宣称的那些可怕结果。例如，一个人可以辩护道，旧的办公室已经有足够空间给增加的文书使用。

最好的回应通常是两者的结合。一个人可以承认某些宣称的结果确实会很可怕，但是否认这些可怕的结果会真的发生。然后，他可以承认某些更小的问题会接踵而至，但仍旧辩护项目的收益会远大于这些成本。

要确定这些回应中是否有以及哪一个是充分的，必须仔细审查每一个特定的论证，并且问如下问题：

某个宣称的结果真的那么糟糕么?

某个结果真的可能发生么?

这些危险是否超过了被批评的东西所带来的全部益处?

如果这些问题的答案都是“是”的话，那么因果滑坡论证就是很强的。但是如果这些问题中有任何一个得到了否定回答，那么因果滑坡论证在基础上就是有问题的。

练习 4

将下列论证分为谷堆论证（H）、概念性滑坡论证（C）、公平滑坡论证（F）或因果滑坡论证（S）。解释划分的理由。

1. 我们必须对初中性教育采取反对立场。如果我们允许对 8 年级进行性教育，那么 7 年级学生会想要它，然后是 6 年级学生，然后很快我们就得对幼儿园学童进行性教育了。

2. 由于精神失常而不可避免地违反法律不被判有罪。但是在特定贫困社会环境中长大的人们并不比精神失常的人们更能避免违反法律。所以判他们有罪是不公平的。

3. 当人们做出各种奇怪的行为时被认为有精神疾病，但是很多所谓的怪人做的事情一样奇怪。所以在精神失常和古怪之间没有实质差别。

4. 如果你每天抽一支烟，那么你最终会抽两支，然后抽三支、四支、五支等，直到你每天抽掉两包烟。所以你一支烟都不应该尝试。

5. 人类的卵子受精一分钟后与再一分钟后，或再一分钟之后没有什么差别，以此类推。因此，刚受精的卵子和成年人类没有真正的差别。

6. 因为在一颗卵子发展到一个婴儿的连续过程中没有一个时刻尤其至关重要，除非赋予每一颗受精卵同等权利，否则只赋予婴儿生命权利就是不公平的。

7. 如果我们允许医生杀死承受巨大痛苦的濒死病人，那么他们会杀死其他痛苦较轻的病人，以及那些只是略微伤残的病人。最终，他们会杀死所有社会不待见的人。

练习 5

解释为下列案例划出确定界线的理由，如果有的话。然后解释如何能够以一种合理的方式划出界线，如果确实要如此的话。

1. 开车的最小（或最大）年纪
2. 投票的最小年纪
3. 参军（或被征召入伍）的最小年纪
4. 饮用酒精饮品的最小年纪
5. 参加总统竞选的最小年纪
6. 强制退休的最大年纪

练习 6

确定下列论证是否为其结论提供充足的支持，或任何支持。解释原因。

1. 我不应该因为每小时开 56 英里就被开超速罚单，因为当我超过限速 55 英里的时候，我的行驶不会突然变得很危险。

2. 学生不应该被允许在上课过程中提问，因为一旦一个学生问了一个问题，那么另一个也想提问，然后很快就没有剩余时间给老师讲课了。

3. 色情作品不应该是违法的，因为无法在色情作品和情色艺术之间划出一条界线。

4. 大麻应该合法，因为它并不比酒精或尼古丁更危险。

5. 大麻不应该合法，因为吸大麻的人可能会继而使用大麻麻醉剂，然后吸食可卡因，然后是精炼可卡因或注射海洛因。

6. 政府不应该对自由贸易施加任何新限制，因为一旦进行限制，政府就会管得越来越宽直到对外贸易受到很大限制从而伤害了我们的经济。

7. 政府应该永远不和任何恐怖分子讨价还价。一旦这么做了，他们就不得不与出现的各个恐怖分子做交易。

8. 如果攻击性武器被禁，国会接下来会禁止手枪，然后是步枪。最终，猎人将无法打猎，而遵纪守法的公民将没有办法保卫自己抵御犯罪。

讨论问题

1. 解释并评估下面反对限制仇恨言论的论证：

试图将种族主义言论作为没有言论自由的特例会引

起滑向众所周知的“滑坡论证”的重大风险。……审查结果可能出于很多预知的或被采用的大学政策，包括准许基于种族或其他被禁理由故意“辱骂和羞辱”的言论的斯坦福规范。例如，某些女权主义者认为任何异性恋性交都是强奸，因为异性恋男性都是普遍存在性别歧视和暴力对待女性的文化氛围下的侵犯者。难道这些女权主义者不是基于性别和性向的原因辱骂或羞辱异性恋男性么？那么指责所有（“雅利安”）德国人都是二战中的共谋者的大屠杀幸存者们呢？难道这一影射没有基于国籍和种族起源而进行辱骂和羞辱么？显然我们能够想到众多其他例子，让我们不得不好好认真思索。[1]

2. 解释并评估下面对批评限制高校仇恨言论的回应：

[支持这些限制的人]会问，一间教育机构是否有力量……实施旨在确保校园平等人格的合理规范。如果以这种方式刻画该议题……将有一组新的滑坡出现。如果我们这里不介入保护平等，下一波出现的愤怒将是什么？[2]

1 Nadine Strossen, “Regulating Racist Speech on Campus: A Modest Proposal?” *Duke Law Journal* (1990): 537 - 538. 史托森（Nadine Strossen）写这篇文章的时候正任美国公民自由联盟国家董事会成员。

2 Richard Delgado, “Campus Antiracism Rules: Constitutional Narratives in Collision,” *Northwestern University Law Review* 85 (1991): 346.

3. 约翰·斯图尔特就同性恋婚姻采访威廉·本尼特（里根政府前教育部长）时，双方都使用了滑坡论证，并且以下列交互的方式回应了对方的滑坡论证。他们使用的是哪种滑坡论证？任何一方的论证是否优于另一方？任何一方的回应是否优于另一方？为什么是或为什么不是？

本尼特：问题是，你如何定义婚姻？你把线划在哪里？你怎么看多妻制？

斯图尔特：你不用转移到多妻制。那只是个选择，要有三个或四个妻子。那不是一个生物处境，即“我和我要结婚的多个女人都发生关系了”。那是一个选择。作为同性恋是人类处境的一部分。这之间有巨大的差别。

本尼特：不过，有些人认为他们的人类处境就是拥有三个妻子。看看，多妻制就是这样的。

斯图尔特：那么来用另一种方式进行滑坡论证。如果政府认为我能够将婚姻定义为在一男和一女之间，为什么他们不能将其定义为在不同收入阶层之间，或者他们能够决定对某个特定的女人来说你是否是一个适合的丈夫？

本尼特：因为性别在婚姻中至关重要，在每一个人类社会中都如此，在每一种宗教中都如此……

斯图尔特：种族也在每个人类社会中至关重要。这不是进步的理解么？[1]

1　John Stewart, The Daily Show, Episode11069, June 6, 2006, Comedy Central.

4. 如果可能的话，当滑坡论证能够用于一个议题争辩双方时会是什么样的？

第十四章

歧义谬误

本章考察的谬误来自第二种不明晰：歧义。当一个术语在给定语境中所应有的含义并不明晰时，歧义就会发生。歧义导致含糊其辞的谬误，下文将会看到定义和示例。本章末尾将会讨论在规避或回应含糊谬误中很有用的各种不同定义。

歧义

含混的概念基于语言中词汇的一个普遍特征：很多词汇都给广泛的边缘案例留有空白。歧义的概念也基于语言的一个普遍特征：词汇通畅具有多个不同的含义。例如，《新韦氏便携字典》在“cardinal”一词下有如下条目：

cardinal 形容词 1：很重要的；首要的，主要的，最优先的。
2：鲜红的。
名词 1：罗马天主教会仅次于教皇的基督教神职人员。
2：一种鲜艳的红色。
3：北美红雀。

以复数出现，"the Cardinals"是一支位于圣路易的棒球队（圣路易红雀队）；"cardinal"也可指基数。

人们不太可能搞混"cardinal"这些非常不同的含义，但是我们可以设想一名神父、一个鸟类观察家和一个棒球迷都听到一句话，"cardinal 来了"，神父会为神圣的场合做准备，而鸟类观察家拿出了望远镜，棒球迷则出发去体育场。在这种语境下，这句话就被批评为有歧义的。更准确地看，我们会说在给定语境中，当且仅当一个措辞具有或潜在具有误导性时，它的使用是有歧义的，因为很难分辨该语境中应该使用的是哪一个可能含义。

使用这个定义，"bank"一词在下面句子中的使用是没有歧义的：

琼在银行（bank）存了 500 美元并且得到了一张存款凭证。

然而，一些作者只因为一个措辞有不止一种解释，且不添加分辨所指的是哪一种含义（这一条件）就说它是有歧义的。按照这样的定义，上面的句子就是有歧义的，因为它可能表示琼把 500 美元放在河边（bank）长椅上，而有人不知为了什么，因此给了她一张收据。按照这第二种对歧义的定义，实际上每一个措辞都是有歧义的，因为每个措辞都可以有不止一种解释。按照第一种定义，只有对措辞有误导性的或可能有潜在误导性的使用才会被称作是有歧义的。以下,我们将按照第一种定义来使用“歧义”一词。这样，歧义就取决于语境，因为是否有误导性也取决于语境。

日常生活中，语境常常决定众多含义中哪一种是适当的。然而有时，真正的误解也会出现。一个美国人和一个欧洲人讨论“football”（足球、橄榄球）时脑子里想的可能是完全不同的运动。欧洲人说的是美国所谓的足球（soccer），美国人所说的运动欧洲人称之为“美式足球”（American football）。对术语有歧义的使用的特征是，当摊开来看它的时候，我们会这样说“哦，你说的是那种红色！”或者“哦，你是在说美式足球呀！”这类误解会带来麻烦。当它确实引起麻烦的时候，如果我们想要批评制造问题的措辞，我们就说它是有歧义的。

因此，“歧义”取决于语境，同时是与“含混”差不多相同的批评术语。但是这两种不明晰在其他方面有所差别。在词语用法有歧义的语境中，不明晰的是究竟应该赋予该词两个含义中的哪一个。在词语使用含混的语境中，我们无法给该词用法赋予任何准确含义。

到目前为止，我们已经讨论了单个术语或词汇的歧义问题。这被称为语义学歧义。但有时我们不知道要给予一个短语或句子哪种解释，因为它的语法或句法允许多于一种的解读。这称为句法歧义或歧义句构。因此，当我们说“波斯的征服”时，我们可能指波斯人征服了其他人，也可能是指其他人征服了波斯人。有时句子的语法为大量可能解读留白。例如，考虑下面的句子［来自保罗·贝纳塞拉夫（Paul Benacerraf）］：

只有儿子们只娶女儿们（only sons marry only daughters）。

这句话可能表达的是还是孩子的男性会娶还是孩子的女性。它也可能表示儿子是唯一会娶女儿的人，而不会娶其他人。此外也还有其他可能的解释。

重写句子使它一种可能含义变得清晰的过程叫作**消除**句子的歧义。消除句子歧义的一种方式是整个重写，一点一点讲清楚具体内容。这就是我们如何消除“只有儿子们只娶女儿们”这句话的歧义。另一种程序是继续这个句子，以提供语境的方式促使一种解释脱颖而出。考虑一下句子“Mary had a little lamb”（玛丽有过一只小羊羔／玛丽吃了一点羊羔肉）。注意在下列延续中，含义是如何彻底转变的：

1. 玛丽有过一只小羊羔；它跟着她去上学。
2. 玛丽吃了一点羊羔肉，然后又吃了一些西兰花。

只是简短地提一下，我们并不完全明确应该如何描述句子“Mary had a little lamb”中的歧义。最明确的建议是“had”（有过／吃了）一词是有歧义的，第一种解读中是“拥有”的意思，而在第二种解读中是“吃了”的意思。然而要注意的是，这也引起了对措辞“a little lamb”（一只小羊羔／一点羊羔肉）的不同解读。它大概是一只小的、完全的、活的羊羔，跟着玛丽去上学，然而也可能是她吃的少量烹饪过的羊羔肉。所以，如果我们尝试确认到底哪个具体词汇有歧义，我们肯定要说不光“had”（有过／吃了）一词有歧义，“lamb”（羊羔／羊羔肉）一词也有歧义。这是一种合理的方法，但是另一种也是可行的。在日常语言中，我们通常会省略一些事。因此，我们不说“玛丽吃了少量的取自羊羔身上的肉”，只是说“玛丽吃了一点羊羔肉”，我们省略了加着重号的部分，默认别人理解它们。大多数语境中，这种省略不会引发误解。但是有时候省略会被误解，而这就会引起歧义。

练习 1

通过两种途径展示下列句子至少都有两种解读，（1）用两种不同的方式整个重写句子以及（2）以两种不同的方式扩充句子以澄清语境：

例子：Kenneth let us down（肯尼思让我们低落）

重写：肯尼思把我们放到下面去。

肯尼思让我们失望了。

扩充：肯尼思用一根绳子把我们放下去。

肯尼思在我们需要他的时候让我们失望。

1. 贝瑞·邦兹（棒球选手）在家很安全。（Barry Bonds [the baseball player] was safe at home.）

2. 我不知道梅瑞迪斯在哪个国家 / 州。（I don't know what state Meredith is in.）

3. 你在哪被咬了？（Where did you get bitten?）

4. 总统给她发去贺词。（The president sent her congratulations.）

5. 访问教授会很无聊。（Visiting professors can be boring.）

6. 温迪跑了一场马拉松。（Wendy ran a marathon.）

7. “变化”一词的含义是改变。（The meaning of the term “altering” is changing.）

8. 我不想和他太接近。（I don't want to get too close to him.）

9. 我通常有朋友一起吃饭。（I often have my friends for dinner.）

10. 小孩玩要要慢（街边标语）。[Slow Children Playing（on a street sign）.]

11. 节省香皂且浪费纸张（二战期间标语）。[Save Soap and Waste Paper（on a sign during World War II）.]

12. 按照他的意愿，他留给两个儿子，吉姆和约翰 1000 美元。（In his will, he left $1,000 to his two sons, Jim and John.）

13. 每样事情都有解释。（There is some explanation for everything.）

14. 她是一名亚洲历史学家。（She is an Asian historian.）

15. 今晚没有人会在休息室。（Nobody may be in the lounge this evening.）

16. 没有人晚上 8 点去音乐会。（Nobody came to the concert at 8 pm.）

练习 2

遵从下面真实报纸标题的相同指示。它们很多出自《哥伦比亚新闻评论》编辑部编《警队帮助遭狗咬的受害者以及其他来自国家媒体的错误》(*Squad Helps Dog Bite Victim and Other Flubs from the Nation's Press*, Garden City, NY: Doubleday, 1980)。

1. 牛奶饮用者转向奶粉(Milk Drinkers Turn to Powder)
2. 反校车乘客被议员所杀(Anti-busing Rider Killed by Senate)
3. 甘地夫人在印度的群众集会中被扔石头(Mrs. Gandhi Stoned in Rally in India)
4. 大学毕业生忽悠年长的公民(College Graduates Blind Senior Citizen)
5. 豆子价格暴跌影响穷人(Jumping Bean Prices Affect the Poor)
6. 吞拿鱼咬掉了华盛顿黄金海岸(Tuna Biting off Washington Coast)
7. 到了足球和焖肉丸的时间了(Time for Football and Meatball Stew)
8. 警察杀了带斧子的人(Police Kill Man with Ax)
9. 警队帮助造狗咬的受害者(Squad Helps Dog Bite Victim)
10. 儿童教育专家有话说(Child Teaching Expert to Speak)
11. 娼妓恳求教皇(Prostitutes Appeal to Pope)
12. 立法机构通报合法的外围建筑(Legalized Outhouses Aired by Legislature)

13. 警察无法禁止赌博（Police Can't Stop Gambling）

14. 法官允许俱乐部继续色情酒吧（Judge Permits Club to Continue Sex Bar）

15. 希腊人收妓女罚金（Greeks Fine Hookers）

16. 连体婴儿中的幸存者与父母团聚（Survivor of Siamese Twins Joins Parents）

17. 加勒比群岛向左偏航（Caribbean Islands Drift to the Left）

18. 青少年卖淫问题正在加剧（Teenage Prostitution Problem Is Mounting）

19. 死亡事件后矿工拒绝上工（Miners Refuse to Work After Death）

20. 警察发起运动减少乱穿马路的人（Police Begin Campaign to Run Down Jaywalkers）

21. 红带子拦住了新桥（Red Tape Holds Up New Bridges）

22. 少年法庭审判枪击案被告（Juvenile Court to Try Shooting Defendant）

23. 儿童制营养快餐（Kids Make Nutritious Snacks）

24. 肥胖症研究寻找更大的测试组（Study of Obesity Looks for Larger Test Group）

25.7 位足科医生诉医院（Hospitals Sued by Seven Foot Doctors）

26. 本地高中辍学生减半（Local High School Dropouts Cut in Half）

27. 伊拉克头目在寻找武器（Iraqi Head Seeks Arms）

28. 提琴案中醉酒者被判 9 个月（Drunk Gets Nine

Months in Violin Case）

29. 老师打偷懒的学生（Teacher Strikes Idle Kids）

30. 英国左派对马尔维纳斯群岛的态度摇摆不定（British Left Waffles on Falkland Islands）

31. 丢失的画在树旁找到（Stolen Painting Found by Tree）

32. 新疫苗可能涵盖狂犬病（New Vaccine May Contain Rabies）

练习 3

诗词、歌曲以及笑话时常有意使用多义效果。从你喜爱的诗词、歌曲和笑话中找出例子。这些歧义的例子是否符合上面的定义？为什么是或为什么不是？

含糊其辞

歧义会给论证带来各式各样的问题。它往往会产生滑稽或囧迫的副作用，如果听众因为其中包含不雅含义的意想不到的双关语而咯咯发笑，那么你的论证很难得到严肃对待。

歧义也能产生包含含糊其辞谬误的糟糕论证。当一个论证在不同阶段使用同一措辞的不同含义时，我们就说该论证犯了含糊其辞谬误，会毁了该论证。这里有一个很傻的例子［来自卡尔·沃尔夫（Carl Wolf）］：

指一匹马有几条腿的话，6 是一个奇怪的数目（odd number）。
奇数（odd numbers）不能被 2 整除。

∴ 6 不能被 2 整除。

很明显，“奇”在第一个前提中指“不寻常”，但是在第二个前提中指“非偶数”。因此，两个前提都为真，然而结论为假，所以论证不是有效的。

让我们考虑另一个更严肃的例子。在《功利主义》(1861)一书中，约翰·穆勒宣称用下列论证“证明”了“幸福是一种善”：

> 能够证明一个对象可见的唯一证据是人们确实看见了它。一个声响能够被听见的唯一证据是人们听见了它。与此类似，能够证明任何事物值得做的唯一证据就是人们确实想做它。……每个人，只要相信它可实现，都追求自己的幸福。然而，这作为一个事实，我们不仅有了这个事例所允许的所有证明，也有了它可以要求的所有证明，即幸福是一种善。[1]

有时，穆勒被指责在这段中犯了一个很明显的谬误。尤其是下面的论证要归罪于他：

1 John Stuart Mill, *Utilitarianism*, ed. George Sher (Indianapolis, IN:Hackett Publishing Company, 2001), p. 35.

（1）如果某件事被期待，那么它就是值得期望的。
（2）如果它是值得期望的，那么它就是善的。
∴（3）如果人们渴望某件事，那么它就是善的。

穆勒从未以此形式陈述他的论证，将此归罪于他或许有些苛刻。然而，不论它是不是穆勒的论证方式，它确实为含糊其辞谬误提供了良好的样本。

对该论证的反对在于“值得期望的”一词在两个前提中含义不同。尤其是在第一个前提中，它被用来表示“能够被期待”，然而在第二个前提中，它被用来表示“值得期望”。如果如此，该论证实际等于说：

（1*）如果某件事被期待，那么它就是能够被期待的。
（2*）如果某件事是值得被期待的，那么它就是善的。
∴（3）如果某物被期待，那么它就是善的。

这个论证明显不是有效的。然而，要指控含糊其辞，就必须展示当“值得期望的”一词在两个前提中使用同一个含义时，论证是无效的。这产生两种待检验的情况：

（1*）如果某件事被期待，那么它就是能够被期待的。
（2**）如果某件事是能够被期待的，那么它就是善的。
∴（3）如果某件事被期待，那么它就是善的。

现在我们有了一个有效论证，但是第二个前提是非真的，因为有时人们会期待不好的东西。第二种修复有效性的方法采用如下形式：

(1**) 如果某件事被期待，那么它就是值得被期待的。

(2**) 如果某件事是值得被期待的，那么它就是善的。

∴ (3) 如果某件事被期待，那么它就是善的。

我们又有了一个有效论证，但是这次第一个前提是假的，因为人们有时确实会想要他们不应该期待的东西。因此，在两种情况下，转换前提以产生一个有效论证都造成了一个假前提，所以论证不可能合理。

这是处理包含含糊其辞谬误的论证时出现的类型。当以能够产生有效论证的方式解读前提时，至少有一个前提是假的。当以一种确保前提都为真的方式解读它们时，论证就是无效的。那么这里有一种处理可能包含含糊其辞谬误论证的策略：

1. 分辨论证中潜在的含糊措辞所具有的可能含义。
2. 按每一种可能的含义，重述论证使每一措辞在所有前提和结论中都明确具有相同含义。
3. 分别评估所产生的论证。

只要当每个术语在整个论证中具有一致的含义时论证失败，那么该论证就是含糊其辞的。

练习 4

下列每一个论证都在利用歧义。对每个论证，展示一个或多个表达能够以不同方式解读，以定位其中的歧义。

1. 我们不应该雇佣皮特，因为我们公司有政策反对雇佣吸毒（drug）者，而我曾看见皮特服用阿司匹林，那是一种药物（drug）。

2. 人类（man）是唯一的理性动物，而没有女人是男人（man），所以女人是不理性的。

3. 我的医生在医疗行业从业（practice）已经30多年了，而实践（practice）带来完美，所以我的医生肯定是近乎完美的。

4. 我们的麦片是纯天然的（natural），因为它没有任何明显超自然的（supernatural）东西。

5. 冰激凌从来不是完全天然的（natural），因为没有人类的介入，它永远不会出现在自然（nature）中。

6. 我有权利（right）把我所有的钱花在买彩票上。因此，当我将自己的所有钱都花在彩票上时，我在做正确的（right）事。

7. 你没在路上超过任何人（no one）；因此，你不比任何人（no one）走得快。

8. 每件事都肯定有某些理由（cause）；因此，某些事肯定是每件事的原因（cause）。

9. 使徒是十二个（were twelve）。马太是一个使徒。因此，马太十二岁（was twelve）。[取自伯兰特·罗素（Bertrand Russell）]

10. 如果我只有一个（one）朋友，那么我不能说我有任何数目的朋友。所以一（one）不是任何数目。[来自提米·杜根（Timothy Duggan）]

11. “我们的面包确实含有纤维（fiber），因为它包含木浆。”[联邦贸易委员会确实要求大陆面包公司在他们的广告中表明这是在他们的新鲜地平线面包中的一种纤维(fiber)。]

12. 任何试图违反（violate）法律的人，即便尝试失败，都应该被惩罚。尝试飞翔的人违反了（violate）重力定律。所以他们应该被惩罚。[据报道这个论证被用在19世纪的一个真实法律案例中，但是对比斯蒂芬·科拜尔（Stephen Colbert）的“物理学是终极的大政府干预——普遍规律注定时时事事约束我们……嘿，我有时候想去行动而不必去处理等量相反的反作用力是错的吗？”]

讨论问题

1. 当一家报纸被批评为诽谤的谣言散布者时，它的主编用如下论证[由黛妮·埃利奥特(Deni Elliot)改写]做出回应。主编的论证是否犯了含糊其辞谬误？

> 报纸散布有关性丑闻的谣言并没有错。报纸有责任报道符合公众利益（public interest）的故事，而公众明显对性丑闻的谣言有兴趣（interest），因为，当报纸刊

登这种报道时，它们的发行量提升，并且它们会收到大量来信。

2. 在以下段落中，托马斯·希尔（Tom Hill Jr.）宣称一种反对平权法案的普通论证犯了含糊其辞谬误。你是否同意该论证含糊其辞？为什么是或为什么不是？

有人认为所有平权法案运动的不公平很明显或很容易被识破。[有个论证]这么说："平权法案从定义上，就给了少数群体和妇女优惠待遇。这是有利于他们而针对非少数群体男性的差别对待。所有公共机构的差别对待都是不公平的，不论是老旧的还是新潮的'反向差别对待'。因此，所有公共机构的平权法案运动都是不公平的。"

自然，这个有欺骗性的简单论证在利用歧义。在某个意义上，"差别对待"意味着"造成差别"以注意不同之处。当然，在价值中立的意义上，平权法案运动确实是在差别对待。但是公共机构必须，并且也有理由在这种意义上"差别对待"，例如，在公民和非公民、新人和老手、天才和智障，以及那些付账和不付账的人之间。在既定语境中指出并利用特定差别是否不公平取决于很多因素：机构的性质、所涉各方的相关权利、造成差别的目的和效果，等等。

这一切都很明显，除了一个事实，即“差别对待”也有贬义的用法，表示（大概是）“以一种不公平或不合理的方式利用一种差别”。这一意义上的差别对待明显是错误的，但现在，在平权法案运动中使用性别和种族差别是否真的是这个意义上的“差别对待”仍旧是一个开放问题。这个过分简化的论证使用价值中立含义上的“差别对待”来展示平权法案进行差别对待；然后当它宣称差别对待总是错的时候转向了贬义。最后，虽然可以总结认为所有对种族和性别差别的公共使用都是不公平的，但要得出这个结论需要比（刚给出的）这个仅利用“差别对待”一词歧义的简单论证更多（内容）的论证。[1]

3. 很多人论证认为同性恋是不道德的，因为它是反常的。捍卫者批评该论证在“反常”一词的众多含义中含糊其辞。区别出“反常”的几种含义。对每种含义提问：同性恋是该意义上的反常么？是否每当行为是该意义上的反常或因为它们是该意义上的反常，这些行为就是不道德的？为什么是或为什么不是？

1 Thomas E. Hill Jr., “The Message of Affirmative Action,” in Thomas E. Hill Jr. ed., *Autonomy and Self-Respect* (New York: Cambridge University Press, 1991), pp. 193-194.

定义

时常有建议称，如果人们定义术语的时候能够做好预防措施，就可以避免大量争论了。某种程度上，这是真的。人们有时看上去意见相左，确实仅仅是因为他们以不同的方式在使用术语，即便他们在非语言议题上达成一致。

然而，定义并不能解决所有问题，而对定义的盲目坚持会将一场严肃的讨论变为语义学上的吹毛求疵。如果你坚持对每一个术语进行定义，那你永远无法得到满足，因为每个定义都会引入有待定义的新术语。另外，定义本身可能是令人困惑的或含糊不清的，例如当一位经济学家告诉我们：

我将“通货膨胀”定义为过多的货币追逐过少的商品。

这个定义不仅是比喻且模糊的，其中还内嵌了一套通货膨胀原因的理论。

要正确使用定义，我们必须明白它们有各式各样的形式且服务于各种目的。至少有 5 种需要辨识清楚的定义：

1. 词典或字典定义是最常见的定义种类。当我们不知道特定语言中一个词语的含义时，我们会查字典。如果你恰巧不知道“jejune”“ketone”或“kreis”的含义，那么你可以分别在英语字典、科学词典以及德语字典中查询。

除了个别示意图，字典一般使用读者可能已经会的其他词汇来解释一个词的含义。这些解释常常是一个循环，例如《牛津美式英语字典》将“小轿车”（car）解释为“汽车”（automobile），又将“汽车”解释为“小轿车”。循环定义仍旧很有用处，因为如果你知道循环中某个术语的含义，就能用这个背景知识加上定义来搞清楚其他术语的含义。

字典定义的目标是为我们提供特定语言中词汇标准含义的实时信息。实际上，字典定义是有关人们一般如何实际使用特定词汇的事实主张，所以它可以准确也可以不准确。《牛津美式英语字典》定义“扇子”的一个含义是“用手挥动或机械驱动而产生气流的一种工具”。严格地说，这是不对的，因为“风箱”也能满足这些条件，但它却不是“扇子”。字典定义可以基于说话者的语感而被批评或辩护，或者更正式地说基于对说话人认为术语使用恰当而接受或认为术语不恰当使用而拒绝的经验调查来批评或辩护。

2. 消除歧义定义确定一种特定说话人在特殊场合使用或者可能使用一个词或词组的意义［“当我说河堤（bank）垮掉的时候，我指河堤（river banks），而不是金融机构”］。消除歧义定义能够告诉我们特定语境中的词语意指字典定义中的哪一个，或区分可能意指的多个含义。它也能用来去除句法歧义或歧义句式（“当我说我所有的朋友不都是学生的时候，我指他们不全是学生，而不是他们都不是学生”）。

不管歧义是语义上的还是句法上的，消除歧义定义的目标就是把握说话人的意图，所以这样的定义可以通过询问说话人他/她意指什么来加以证明。这和询问一个词的含义不同。字典定义告知词汇的含义或大多数说该语言的人如何使用它们，消除歧义定义则集中关注特定说话人并且确认他在特定场合意图表达的含义是哪个。

这样的消除歧义定义能够用于回应似乎犯下含糊其辞谬误的论证。一个批评者可以使用消除歧义定义来辨识可能的含义，然后发问，“你指的是这个还是那个？”给出该论证的人通过在这些备选项中挑出一项或提供其他消除歧义定义来确认所指含义。说话人有时不太确定他们到底指哪个含义，那么批评者需要表明如果通篇使用某一单个消除歧义定义，论证就无法进行。不论是论证者还是批评者，如果没有消除歧义定义的帮助，运用术语有歧义的论证都无法被彻底评估。

3. 约定定义用来给新的（往往是专业性）术语规定一个含义，或者给一个熟悉的术语规定一个新的或特殊的含义。它们具有下面一般形式：“用某某词语，我（或我们）想要指某某事。”所以，数学家引入新的术语“古戈尔”（googol）来表示 1 后面有 100 个零的数字。物理学家用像“粲数”（charm）、“色”（color）和“奇异性”（strangeness）来表示亚原子粒子的特定性质。约定定义并不复述一个词语的含义是什么，它们给一个新词赋义或给一个老词新的含义。

注意，如果我说“我约定某事”，那我就因此约定了某事。所以这样的表述是显性施为句，而约定是一个语言行为（见第二章）。这解释了为什么约定定义不可能为假，因为没有施为句能够为假。但是，人们可以用其他方式批评约定定义。它们可能是含混的或有歧义的。它们可能是无用的或令人迷惑的。有些人为一个术语约定了一个含义，接下来可能会按另一含义来使用该术语（就像人们有时无法兑现诺言一样）。不过，约定定义不可能因为无法对应一个词语的真实含义而为假，因为是它们给了该词汇该含义。

4. 厘清定义用以解决含混。当一个术语指涉的事情在日常使用中有模糊或不确定的边界时，人们使用厘清定义给它们划定清晰的（或更清晰的）边界。例如，对大多数目标来说，决定一个人口聚集的中心必须有多大才能够算作城市而不是城镇并不重要。通过使用诸如“非常小的城市”或“相当大的城镇”这样的词组就可以处理边缘案例。大多数情况下，我们使用哪个词组都没有太大差别。然而我们也很容易能设想到一种境况，其中人口中心是不是城市可能造成差别。城市可能有获得发展基金的资质，而城镇则没有。在此，一个厘清定义——一种划定之前没有存在过的清晰边界的定义——将会有帮助。

厘清定义实际上是约定定义和字典定义的结合。像约定定义一样，它们包含一个选择。一个人可以定义城市为任何人数超过5万的人口中心，或者另一个人可以决定将最低门槛降低到3万人。然而，厘清定义并不完全武断，因为它们往往应该符合一个术语被普遍接受的含义。定义城市为人数超过17个人的任何人口中心不合理。因此，字典定义给厘清定义设定了限制。

从另一个方式看，厘清定义也不是武断的：采用优先定义会比其他定义效果更好时，就有了厘清定义优于其他备选的好理由。

如果发展基金只在城市之间分配，那么用多于 5 万人口来定义城市会让较小人口中心，比如有 1 万人的中心得不到发展基金。因此，我们需要理由支持以一种方式而不是另一种方式解决“城市”一词中的含混。这种情况下，选择可能基于可用于发展的基金数额。在更令人印象深刻的例子中，“死亡”的厘清定义能够用来解决有关安乐死的争议——涉及什么医生可以或必须给濒死的病患实施安乐死——我们在可能的厘清定义之间所做的选择可能基于我们最深的价值承诺。无论如何，我们都需要某个论证来表明一种厘清定义要优于其他备选。

这些论证通常会留有余地。即便有正当理由用最少 5 万人口而不是 1 万人口来定义城市，这个理由也不太可能证明以 5 万为限而非 4.9 万为限是正当的。如果有人使用滑坡论证来展示只给 5 万人口的城市发展基金，而不给与它毗邻的只有 4.9 万人口的城镇是不公平的，那么就需要另一种辩护。反驳这种指控，唯一一种为厘清定义辩护的方式可能是展示某一厘清定义是必需的，界限应该存在于某个普遍区域内，而人们优先选择的定义确实也存在于该区域内，且没有备选项更优。这样的回应也可能被用于临近备选，但是它们有时仍旧足以支持一个厘清定义。如果这类回应不可能，那么我们就可以批评一个厘清定义是没有根据的。

5. 人们引入**系统的或理论的定义**，为一个主题提供系统的次序或结构。例如，几何学中，每个项都必然是原始（未被定义的）项或通过这些原始项而被定义的项。因此，如果我们将点和距离作为原始项，我们能够定义直线为两点之间最短的距离。然后，通过设定更多的概念，我们能够定义三角形为一个由三条直边组成的封闭图形。通过一系列这样的定义，几何学中的各个项就被置于相互的系统性关系之中。

以相似的方式，我们可以尝试只用父母、男性和女性这些原始概念来表示家族关系。然后，我们能建构下面这种定义：

“A 是 B 的兄弟” ＝ “A 和 B 有相同的父母并且 A 是男性。”

“A 是 B 的祖母” ＝ “A 是 B 的父母的父母并且 A 是女性。”[1]

当我们尝试定义诸如“父母两系同辈三代血亲的孩子或父母”（Second cousin once removed）或“继父”这样的概念时，事情会变得很复杂。然而，通过将一些基本定义从简单扩展到更复杂的情况，所有家族关系都能够得到系统性的表述。

形成家族关系的系统定义相对简单，但是科学、数学等领域中的相似活动就需要聪明才智了。通常对一个科目要有很深的洞见才能看清哪些概念是真正基本的，而哪些又是次要的和派生的。当牛顿用质量和加速度来定义力时，他不仅陈述了他准备如何使用特定词汇，也阐明了提升我们对物理世界理解的一种基本的概念关系。

1 注意在这些定义中，一个单独的词并不是孤立定义的。相反，包含该词的整句话被另一整句替代，其中再无被定义的词。这种定义被称为“语境定义”，因为包含该词的语境是定义的单位。字典定义、消除歧义定义、约定定义，以及厘清定义也可以用这种语境形式表述。

这种理论定义可以基于它们是否真的帮助我们形成更好的理论或理解世界来评价。评价理论定义往往需要大量经验调查。当水被定义为 H_2O[1] 的时候，它使得形成有关水如何与其他化学物质进行反应的更精确定律成为可能。其他备选也是可行的。然而，被视为 H_2O 的分子——由此也算作水——即便包含氢和氧的非正常的同位素，化学家仍旧能够将水定义到只需包含氢和氧的最普通的同位素。他们为什么不（考虑同位素）？因为他们发现同位素之间的差别一般不影响 H_2O 分子与其他化学物质的反应。因此，最简单和最有用的对水的组成的概括就可以被表述为 H_2O，而不考虑氢和氧的特殊同位素。这展示一种选择某个理论定义而不选另一个的方式，能够带来更好的理论。

定义可以在陈述论证中发挥重要作用，但是对定义的需求也可以阻碍论证的进程。在讨论过程中，人们常常会询问定义，或者——通常以一种胜利的口吻——说所有事都取决于你定义术语的方式。我们在第二章中看到定义并非一直必要，大多数议题并不在于词语被定义的方式。当被问及定义时，如下回答是恰如其分的 ："你想要哪种定义，以及你为什么想要它？"当然，如果你以一种背离惯常用法的方式使用一个词，或是以你自己独特的方式使用它，或者使用一个对既定语境来说太过含糊的词，或者以有歧义的方式使用一个词，那么询问定义就完全是合理的。这

1　如果你对把"水就是 H_2O"这一认知用作定义有疑问，只要考虑一下你会如何回应某人宣称发现了一些不是 H2O 的水就行。我们会认为这个人语言混乱而不加理会，因为如果不是 H_2O，那把被发现的物质称作"水"就是不合适的。

种情况下，询问定义表示论证中重要的进展，而不是从中脱离。

练习 5

查阅下列词汇的词典或字典定义（为了增加趣味，你可以在查字典之前试着猜一下这些词的含义，像在游戏《胡言乱语》中一样）.

1.jejune

2.ketone

3.fluvial

4.xebec

5.plangent

练习 6

1. 给单词“klurg”一个约定定义。

2. 约定一个词表示冬天汽车挡泥板下形成的大块冰块。

3. 描述一种没有通用名字的事物，而为其约定一个名称会很有帮助。解释名称是如何有帮助的。

练习 7

给出下列词语的厘清定义。在每一个案中，提供一个语境体现你的厘清定义的优势。

1. 书

2. 酒精饮料

3. 犯罪

4. 暖和

5. 快速

练习 8

对下列词语给出消除歧义定义。在每一个案例中，提供一个语境让你的定义为规避混淆所需。

1. 跑

2. 笔

3. 游戏

4. 绘画

5. 快速

练习 9

使用父母、男性和女性作为基本概念，给出下面家族关系的系统定义。

1.A 和 B 是姐妹。

2.A 和 B 是兄妹。

3.A 是 B 的同母异父 / 同父异母兄弟。

4.A 是 B 的侄女 / 外甥女。

5.A 是 B 的堂 / 表兄弟 / 姐妹。

讨论问题

美国联邦禁止酷刑的刑事禁令（18U.S.C. §§2340–2340A）禁止“尤其是有意带来巨大肉体或精神痛苦或折磨的”行为。2002年8月1日，美国检查总长办公室签发一份声明指出，条文中的“巨大”痛苦应限定为“强烈程度等同于严重肢体伤害，诸如器官衰竭、身体机能损害甚至是死亡等所伴随的那种痛苦”。（这一解释于2004年撤回）这是哪种定义？它是否是有根据的？这一争议展示了哪些有关定义的特征和重要性的事情？

第十五章

相关谬误

本章将考虑另一种论证中的缺陷。当一个前提不论是否为真，都与其结论不充分相关时，相关谬误就产生了。这种不相关性有无穷多变体，但我们将集中在两种最普遍的形式上：诉诸人身以及诉诸权威。这两种论证并不总是谬误的，所以我们会讨论决定这种论证何时有缺陷、何时没有缺陷的众多因素。

相关

在一个好的论证中，我们给出真的陈述来为某个结论提供理由。一种背离这一理想状况的方式是陈述本身为真但却和结论是否为真无关的事物。

我们可能会奇怪，为什么无关言论会有任何影响。答案是，我们一般会假设人的言论都是相关的，因为这是顺畅、成功的对话所需的条件之一（如格莱斯在他的相关规则中指出的那样，见

第二章）。通过违反这一自然假设来利用人们是可能的，下面选自《麦田里的守望者》中的一段就能显示。

> 这个新来的电梯工好像不是个聪明人。我用很随便的口气叫他把电梯开到迪克斯坦先生家那层 ...
>
> 他关好电梯门正要载我上去，却又转过身说："他们不在家，在参加十四楼办的派对。"

"没关系，"我说，"说好我等他们回来，我是他们的侄子。"

> 他用有点儿愚蠢和怀疑的眼光看了我一眼。"伙计，你最好还是在大堂等。"他说。
>
> "我也想啊——真的，"我说，"可是我的腿有点儿毛病，只能把它固定在一个位置，我想我最好还是坐在他们家门外的椅子上等。"
>
> 他根本不明白我他妈到底在说什么，所以只是"噢"了一声就把我载上去了。乖乖，还不错，有意思。你只用说些谁也听不懂的话，就几乎想让他们干什么，他们就会干什么。[1]

这里发生的事情很明显。当你提供某个东西作为原因时，对

1 J. D. Salinger, *The Catcher in the Rye* (New York: Bantam Books, 1951), pp. 157–158.

话进程中会暗示它和你要论证的东西之间有某种联系。在大多数情况下，联系是明显的，无须讲明。而在另一些情况下，联系并不明显，但是出于合作的精神，其他人会自愿假定存在联系。而在眼前的这个例子中，似乎在一条腿不好与坐在一张特定的椅子上之间并没有什么联系。那么，为什么电梯工没有质疑这个叙述呢？部分原因是挑战人们所说的东西并不容易；另一方面，那也不太礼貌。但电梯工似乎并不是出于礼貌而却步，相反，其实是他不想表现得愚蠢。提供理由的人在对话中暗指存在一个联系，而我们不想承认我们没能看出这一联系。宽宏大量和惧怕表现出愚蠢结合在一起导致我们接受各式各样不相关的陈述成为理由。

相关谬误在日常生活中出奇的普遍。人们常常会引入大量无关细节或突然转换话题，以便通过转移对真问题的注意力来误导他人。使人分心的无关的事有时被描述为红鲱鱼（据说是因为一个人在他逃跑路线上拖着红鲱鱼来混淆追寻他的猎狗的嗅觉）。对待这种把戏的最佳策略就是划掉所有无关的言论，然后看看还留下些什么。有时候，什么都留不下。

另一方面，我们不应该太过严厉指责不相关这件事。有时，不相关的出现是无害的；好的论证常常包含无关的旁白（一如我们在第五章中所见）。更重要的是，相关性往往是通过对话暗示来确保的，所以我们必须明白给定语境中到底在讲什么，以判断一个言论是否相关。最后这一点可以通过检验两种时常包含不相关谬误的论证来展示：诉诸人身和诉诸权威。

诉诸人身论证

顾名思义，诉诸人身论证是一种针对提出主张的个人而非针对其主张和论证的论证。从表面上看，这一转移似乎包含了不相关谬误，因为个人的性格、社会处境或地位应该与此人所说的话是否为真无关，也与他的论证是否合理、是否强而有力无关。即便抗议者衣衫褴褛、不洗澡，他们的着装和卫生状况也不体现其抗议本身的合法性。说话人的种族、民族、性别还是性向几乎从来无法提供给我们任何好的理由去质疑他言论的真实性或他／她论证的合理性。而一名法官是由自由派（还是保守派）任命的事实并不能显示法官的法律判决是不正确的或无根据的。诉诸人身谬误经常处理的是这样无关的个人特征。人们常常引入它们只是要将我们的注意力从真正关键的问题上分散掉。

然而，在极少数不寻常的例子中，说话人的性格或位置是怀疑他所说的话真实性的一个理由。假设露西被怀疑犯下谋杀罪，但是路易作证谋杀发生时他正与露西一起。而后的审判显示，路易去年在 10 次审判中为被控谋杀罪的人提供相似的不在场证据，而最后发现他每一次都是为了换钱而说谎。路易从未在没有酬劳的情况下作证，他说的是付钱让他说的话，而如果有任何更好的辩护，人们也不会雇他。这一有关路易的背景信息提供了某些理由使我们相信路易所说为假——他在谋杀发生的时候并没有和露西一起。露西仍然可能未犯下谋杀罪，但是我们不能用路易的证词来证明。这类诉诸人身论证可以被称为否定式，因为它们否定对方所说内容的真实性或论证的强度和合理性。尽管大多数诉诸人身论证的否定式是存在谬误的，但路易的个案表明还有一些不是谬误。

另一种诉诸人身论证是质疑一个人提出主张或摆出论证的权利。设想立法程序在争论税率。一次会议中，泰德站起来并论证说应该减税。如果他不是立法人员，泰德就应该被批评，因为他缺少赋予他会议发言权的法律地位。即便在任何正式机构之外，比如一个邻居告诉某人她应该带她的孩子去特定的教会，那个妈妈可以回应道："管好你自己的事，你这个大忙人。"这样的回答可以被称为消音式，因为它们在无须否定对方所说为真的情况下就取消了对方说话的权利。

第三种诉诸人身论证的变体更精妙一些。考虑下面的交谈：

> 诺姆：冷战已经结束了，而且古巴和美国之间糟糕的关系对双方都有伤害，所以现在是美国与古巴发展正常关系的时候了。
>
> 克里夫：是的，所以你可以从那些共产党手里弄到一大票进口雪茄了。

克里夫的回答并不是攻击诺姆所说言论的真实性。克里夫也没有否认诺姆有说话的权利。然而，克里夫的评论并非没有任何相关性——它并不古怪。克里夫在质疑诺姆的动机。他在暗示诺姆说那些话不是因为他相信这些事，而仅仅是因为如果足够多的人相信后他就能赚一大笔钱。在对话交流中，我们信赖说话人的诚实，而当我们有理由相信此人的诚实品质有问题时，可能就会这么说话。这是克里夫言论的意义所在。克里夫指出一项事实，它让我们有理由不去相信诺姆在讨论美国与古巴关系时是诚实的。

克里夫的攻击可能被证实也可能不被证实。如果诺姆支持美国与古巴之间正常关系的唯一理由是这能让他赚一大笔钱，那么克里夫的人身攻击就是有根有据的。但如果诺姆谈话的真正理由是他确实相信正常关系对美国和古巴都有益，那么诺姆的立场就不受缺乏诚实的影响。在那样的情况下，克里夫的攻击就是没有根据的，即便诺姆确实能够从正常关系中获利。

不论是否被证实，诉诸人身论证的第三种变体都可以被称为摒弃式，因为它们将说话人作为不可信赖和不可靠的人而不予考虑。他们的论点不在于否认主张的真实性或说话人讲话的权利。相反,摒弃式是要表明说话人支持该主张并非我们相信该主张（甚至是否认该主张）的好理由。

这三种变体都是诉诸人身论证，因为它们都从有关个人性格或位置的前提出发。它们的分歧发生在结论中：否定式认定一个主张不是真的或一个论证是不合理或很弱的。消音式认定在特定语境下某人无权发言。摒弃式认定某人是不可信赖或不可靠的。每一种都可以是正当的，或是不正当的，所以诉诸人身论证就有6 种形式可以被图表表示如下：

诉诸人身论证	正当的	不正当的
否定式	路易，受雇作伪证的人	衣衫褴褛的抗议者
消音式	泰德，如果他不是立法人员	泰德，如果他是立法人员
摒弃式	克里夫的回应，如果诺姆缺乏诚信	克里夫的回应，如果诺姆并不缺乏诚信

逻辑学家通常所说的诉诸人身谬误是指没有根据的否定式。即便当这种论证的前提为真，它们与结论仍是无关的。那使它们成为相关谬误。一旦你习惯认出诉诸人身谬误，它们就显得常见且明显。

在评估诉诸人身论证的时候，第一步是判断它的结论是有关某人说话的权利、某人的可靠程度，还是有关所主张内容是否为真、其合理性以及强度。第二步是判断它的前提是否为结论提供了充足的辩护。这些步骤让你能够将论证归入上面的表格中，但是它们往往既不简单也不明显。尽管受雇的作伪证者几乎总是在撒谎，但大多数人展现出一定中等程度的可靠性。得知有人没有检验其真实与否就传播谣言后，当他们再传播其他谣言时，这就是怀疑他们言论的一个理由（即便不是确信他们所说为假的理由）。在评估言论时，最好再看看其他证据。如果无法获得任何其他证据，那么我们就需要问他们在这类事件上有多少证词为真。只有仔细审查每个案例，我们才能确定这些诉诸人身论证的强度。

不一致

当某人被指责前后不一致的时候，一种相关类型的论证就出现了。如果你的邻居说修剪玫瑰最好的时间是秋季，但是第二年春天她又告诉你春季是修剪玫瑰最好的时间，那么这种不一致就让你有理由怀疑她作为一名园丁的专长。可能冬天的时候她得到新信息改变了想法，但是她的可靠性仍旧存疑，直到你找到解释能说明她为什么在不同时间说了不同的话。如果她在相对立的立场之间摇摆不定，那么她的观点至少有一半是不对的，所以你有理由问你的邻居，“你为什么改变了你的论调？”“为什么现在我应该相信你？”

她正在说的话仍旧可能是正确的。也许春季就是修剪玫瑰的好时间。另外，如果她为自己的主张给出论证（比如修剪过的玫瑰在春季长势更快，而当玫瑰长势更快的时候修剪玫瑰更好），那么该论证仍旧可能是合理的。她当前的主张和论证并不依靠她去年秋天所说的话。因此，基于与人们其他时候观点的不一致而拒绝他们当前的观点通常是一个谬误。他们这一次可能是正确的。他们当前的立场需要按照当下的状况来评估（当然，我们是否想要政治领导人见风使舵是另外一个问题）。

另一种不一致出现在被称为**诉诸伪善**（*tu quoque*）的传统谬误中，这个拉丁词语的意思是“你也是”。当家长告诉孩子要戒烟时，小孩会反驳：“看看谁在说话。你也抽了好多年烟。如果抽烟那么糟，你为什么不戒？”这一指责的力度可能正在于家长是伪善的，或者一个人没有资格批评其他人做自己也做的事情。如果那是关键，那么这一回应就是一个消音式，而它可以有根据也可能没有根据。在任何情况下，家长抽烟这件事并不能为得出吸烟不坏的结论提供任何理由。用诉诸伪善论证得出那样的结论，会是一个没有根据的否定式（和诉诸人身谬误）。即使是伪善的人也能够做出真的主张并给出好的论证。因此，要表明某人的主张和论证是有缺陷的，通常来说需要看那些主张和论证本身，而不是说话者的行为。

起源谬误

某些诉诸人身论证不引用说话人过去的信念或行为，而是针对说话人信念的来源或起源。例如，斯蒂芬·科拜尔通过解释科学家如何沉迷于科学来破除对他们的迷信："他们外表看上去奇怪而孤独，所以他们整个青春期都蹲在河边研究那里的生物。'在学校我可能被嘲笑，'他们想，'但是小龙虾绝不会嘲笑我。'"[1] 当然，这种滑稽的模仿是要来展示因为它的起源而拒绝科学是多么愚蠢的事（即便这种起源是可信的）。当它的起源与主张是否为真无关，这样的论证就犯了所谓的起源谬误。

有时整个运动都会被指责犯了起源谬误。马克思主义者通常会拒绝相反的观点，因为那些观点产生在资本主义制度之下。弗洛伊德的信奉者有时会基于批评者儿童时的成长经历而忽视这些批评者。通常，他们的对手也可以做出同类的论证。弗洛伊德的批评者有时会援引他的童年和训练来解释他的观点。起源论证能

1　Stephen Colbert, *I Am America (and So Can You!)* (New York: Grand Central Publishing, 2007), p. 193.

够用来支持相悖的结论，说明它们实际并不支持任何一方。

起源论证的问题在于大量好的想法的起源是有问题的。数学很大部分起源于毕达哥拉斯教派。重力和很多化学理论首先是在炼金术士试图将铅练成金子的时候讨论到的。据说凯库勒·冯·斯特拉多尼茨（Kekule von Stradonitz）第一次想到苯环的结构是在一个蛇咬自己尾巴的梦里。早期宗教接近于魔法，富人和有权势的领导人用它来控制自己的属下。在这些例子中，观念的起源并不能被用来反驳它们后来的观点或论证。学习一个观念的起源有助于提高对其内容和发现过程的理解。有时，起源会指示去哪里寻找证据或反对意见。然而，要评估一个观念或是论证，应该关注它而不是它的起源。

练习 1

对下列论证，指出它是否包含（1）针对说话人主张或论证的否定式诉诸人身，（2）针对说话人发言权利的消音式诉诸人身，（3）针对某人可否信任的摒弃式诉诸人身，或（4）以上皆非。解释你的答案。确保关注的是讲明了的内容，而不是每个例子可能在对话过程中暗示的内容。

例子：当然，萨拉说我在游戏里出老千，但是萨拉很蠢，所以你不应该理会她。

回答：这是一个摒弃式诉诸人身，因为关键在于萨拉是不可靠的。说话人没有否定萨拉说的话，也没有拒绝承认她有说话的权利。

1. 当然，萨迪说她看见我出老千，但当时很暗，她的视力又很差，所以她看见的肯定是别的什么，然后就以为那是我在出老千。

2. 当然，萨姆说她看见我出老千，但是他这么说的唯一原因是他想赢得游戏。他真是个王八蛋。

3. 当然，史蒂文说他看见我出老千了，但是他根本没在玩游戏。他没立场指责我们这些在玩游戏的人。

4. 当然，西比尔说她看见我作弊了，但是我根本没参加考试，所以我也不可能在考试中作弊。

5. 当然，萨莉说她看见我出老千了，但是她指责每个人，而她几乎总是错的，所以你应该知道这次她也是错的。

练习 2

解释下面言论的意旨所在。指出每一项言论是否包含诉诸人身的消音式、摒弃式和否定式，还是全都未包含。然后说明论证是否为其结论提供了充分证明，解释为什么是或为什么不是。

1. 美国烟草公司争辩很多年，称吸烟并不真的有害健康，但是你还能期待这家公司说些什么呢？不论有什么证据，它都会采取相同的立场，所以我不能相信他们。

2. 参谋长联席会议认为美国政府需要提高国防预算，但是一个反对者回应："嗯，他们当然会想给他们的部门争取尽可能多的钱。他们总是要求更多的钱，即便大部分时间他们真的不需要这些钱。所以这一次，他们可能也不会需要这么多钱。”

3. 在国会通过一项战争期间的军事草案后，一名反对者说：“如果国会成员有资格执行这份草案，那么他们就不会投票赞同该草案。所以我们肯定不需要一份草案。”

4. 当然，当权的党派反对任期限制。那只是因为他们想要一直当权。

5. 减税的主要反对声来自那些依靠政府财税资助项目的人，所以他们很难做到公正，而只有那些公正的人才应该被允许对这样关系全国的重大议题发表意见。

6. 减税的主要支持来自缴税的人，因此他们的观点不能作为最佳政策的可靠指标。

7. 很少有公民研究过整套税法，而且没有人理解税务对经济的影响，所以当人们说现在的税收政策会毁了经济的时候，我们没什么理由相信他们。

8. 一位经济学家引用原料销售的最近趋势作为经济好转的证据，之后，一名怀疑该经济学预测的批评者回应：“如果你那么聪明，为什么不富裕？”

9. 作为对支持堕胎的活动家的批评，罗纳德·里根说：“我注意到，每个支持堕胎的人都已经生过小孩了。”

10. 为攻击男性反堕胎者，一名女性主义者宣称：“堕胎的大多数反对者都是男人。”

11. 当一个兄弟会成员为兄弟会内男女混合宿舍力争时，

一个批评者回应:"等他退出兄弟会以示抗议并且入住男女混合宿舍之后,他才有权利来批评我们。"

12. 当弗雷德在兄弟会会议上争论说他的房子应该允许女性进入,其他成员宣布:"让我提醒你们一下,弗雷德去年持完全相反的立场。"

13. 你们当中谁没有罪,谁就可以先拿石头打她。(《约翰福音》8:7)

讨论问题

1. 在一场激烈的争论中,人们有时会问对手:"你为什么如此戒备?"这很明显是一个修辞问题。这个问题的意旨何在?它是否隐含一个诉诸人身谬误?

2. 在《圣经·约伯记》中,约伯被描述为一个"完全正直,敬畏神,远离恶事"的人(《约伯记》1:1)。撒旦挑衅上帝,允许他将约伯置于最糟的灾难中看看约伯的信仰是否坚定不移。在经过最糟的不幸洗礼之后,约伯终于痛哭失声,质问为什么他要承受这一切(《约伯记》38:1–4):

于是,耶和华从旋风中回答约伯说:

谁用无知的言语使我的旨意暗昧不明?

你要如勇士束腰。

我问你,你可以指示我。

我立大地根基的时候,你在哪里呢?

你若有聪明,只管说吧。

上帝给约伯的回答是否包含消音式、摒弃式或否定式诉诸人身？它是否有理有据？为什么是或为什么不是？

诉诸权威

通常在论证过程中，我们援引权威来为自己所说的话背书。如第三章中所见，这是提供保证的标准方式。通过援引权威，而不是对我们所说的话给出理由，我们表示那个人（被援引的权威）会给出理由。

尽管逻辑学家有时会指出诉诸权威的谬误，但是援引权威或专家来支持我们所说的往往没什么错。权威是在特定信息方面具有特殊地位的人或机构。通过训练，一名医生是某种特定疾病的专家。在农业部工作的人可以是美国大豆生产方面的专家。在沼泽地带长大的人可能会是捕捉麝鼠的专家。因为某些人站在更好的位置上去了解一些事情，将他们引作权威没有任何不适之处。事实上，如果我们要对自己能力之外的事物做出判断，诉诸专家和权威是基本的做法。

与此同时，诉诸权威可能被滥用，而只要有诉诸权威，就有几个我们明显应该问的问题。最明显的是，我们应该总是询问一下所援引的人究竟是否是真的权威。另外，在这个或那个领域是权威并不足够。我们需要问，被援引的这个人是不是我们正在讨论的特定领域的专家。如果得到的答案是“否”的话，那么我们就要处理相关谬误了。例如，作为一名电影明星并不能让一个人有资质论断某个特定品牌牙膏的品质。运动员来为发乳、除臭剂、啤酒和汽车代言也是同样的情况。当然，要做出这样的指责我们必须得小心。某些运动员在支持一款除臭剂之前可能对各种除臭剂做过系统研究。但那不太可能。

大部分人明白，运动员、电影明星以及类似的人主演广告主要是来吸引注意力，而不是因为他们是所代言产品方面的专家。更令人吃惊的是，人们常常引入错误的权威来判断严肃事物。引述一个例子，尤里·盖勒很容易地使一群出色的英国科学家相信他具有念力。尤其是他曾使科学家相信他能够仅凭精神力量折弯勺子。与之相对，职业魔术师詹姆士·兰迪也很容易发现并复制欺骗科学观察者的那些把戏。这个案例中引人注意的特色并不在于一群科学家被一名魔术师愚弄了，而是这些科学家假装自己具有辨别超自然现象到底发生与否的必要专业知识。毕竟，对盖勒超能力最直白的解释就是他作假。要检测这一可能性，所需的不是一名具有无可挑剔学术资格的科学家，而是一名本身也能够做出同样把戏，因而了解该找什么的魔术师。[1]

当然，当你自己不是某方面专家时，很难判断另一个人是不是该方面专家，但是有些蛛丝马迹能帮助你做出决定。如果认定

1 对此案有趣且具启发性的叙述，见 James Randi, *The Magic of Uri Geller* (New York: Ballantine Books, 1975)。

的权威自己宣称具有他/她不可能具有的知识（比如，有关他不可能听过的私人谈话），那么你就没什么理由相信这个人说的其他事情。你知道他/她对编造谎言不会愧疚不安。另外，抽查特定主张以确认它们是否正确通常来说是可行的做法。辨别专家可能需要另一个专家，但是识别骗子往往只需良好的常识以及不愿被愚弄的心就足够了。

即便所引的人很明显是适当领域的专家，我们仍能够质疑该问题是不是诉诸权威就能解决的那类问题。一个问题不能够诉诸专家解决的标记是，该领域专家相互之间并没有达成一致。为支持一主张而援引一个权威并没有多大帮助，如果另一权威刚好有同等专业水准但支持相反的主张。另外，即便最好的专家有时也会犯错误。例如，1932年，毫无疑问是该领域专家的爱因斯坦宣称，“没有任何迹象显示可以获取[核]能。这意味着原子能随意碎裂。”实际上，仅仅一年以后原子就裂变了。即便如此，英国顶尖物理学家欧内斯特·卢瑟福坚持认为原子裂变不会带来核能的发展，他说：“原子产生的能量是一种非常弱的东西。任何期待从这些原子形变得到能量来源的人都是在胡说八道。”[1] 考虑到当时的知识水准，爱因斯坦和卢瑟福的论断可能都能得到证明，但毕竟他们的主张更多是猜测而非科学支持的事实陈述。我们从中学到的

---

1 两处引用都来自 Christopher Cerf and Victor Navasky, *The Experts Speak* (New York: Pantheon Books, 1984), p. 215。这本书包含了大量专家所说但其实是错误甚至有时是相当愚蠢的事情。一个著名的例子是北军将军约翰·塞奇威克在被南方狙击手击中头部身亡前的话：“这么远……就是头大象他们也打不中。”（第135页）

教训是，最好的专家有时也是会出错的，而当他们逾越自己所在学科已确认的事实而要去推测未来时，会变得更加容易犯错。

尽管下一个问题看上去很明显，但我们还是常常忘记问一下专家是否被正确引用了。当一个人引述权威时，他／她是在做一个事实主张，称某人持有某些特定观点。有时，这一主张是错误的。如果某人告诉你，“根据医学权威的说法，毒常春藤引起的皮疹外溢时会传染”，你可能会相信。事实上，这个引用是不正确的。根据医学权威的说法，毒常春藤引起的皮疹从不传染。然而很多人还是认为它传染，他们觉得有支持自己的医学观点。错误引用权威的那些人很难对付，因为我们不会随身携带年鉴或是百科全书。如果我们有电脑，可以上网查询，但是那会显得不太礼貌。然而，对诉诸权威进行抽查还是一个好主意，因为人们经常歪曲权威来附和自己的观点。

是否相信所援引的权威会讲真话也是值得问的问题。再直白一点地说，我们应该问一下特定权威是否有任何理由撒谎或歪曲事实。最了解C国食品生产的官员大概是各个农业部门的领导。但是仅凭这些就对他们的报告信以为真就过于天真了。农业生产不足是C国经济长久以来的窘境。因此，每一层级都有压力要让事情看上去尽可能好。即便善意地假设国家官员想要分辨真相，他们得到的信息很有可能都是不准确的。

专家也会撒谎，因为这能带来名声和职业提升。科学，有时是最高层次的科学被数据篡改和扭曲的问题困扰。考虑一下西里尔·伯特爵士在遗传智力研究上的案例。伯特想要展示父母和子女的智商之间有重大关联。困难在于找出一种方法屏蔽其他影响——例如，生长环境的影响。为了克服这个难题，伯特对出生就分开并且在不同社会环境中养大的同卵双胞胎进行了系统研究。他的研究揭示这些双胞胎的智商之间有非常高的关联性，而这为相信智商在很大程度上依赖于遗传而非环境提供了强有力的理由。

不幸的是，伯特的所有数据，或者至少是很大一部分数据被篡改了——也就是说那是瞎编的。伯特的假研究能够持续那么久而未受怀疑很有意思。最终他是如何被揭下假面的也十分有趣。首先，他的很多结果好得不真实。他宣称找到50对以上自出生就分离并在明显不同环境中长大的同卵双胞胎。考虑到这种情况的罕见性，这是一个非常大的数目。第二，他宣称发现的相关性极其高——事实上比该领域研究通常所发现的高得多。这两个事实都引起怀疑。史蒂芬·杰伊·古尔德这样描述伯特最终的败露：

> 普林斯顿心理学家利昂·卡民首先注意到，虽然伯特在一系列著作中将他的样本量从不到20对提升到50多对，但各对智商之间的平均相关性维持不变且精确到小数点后第三位——一种几乎不可能的统计情况，用白话说就是不可能的。随后，在1976年，伦敦的《星期日泰晤士报》的医药记者奥利弗·吉利将指责从不可原谅的粗心大意提升为有意的造假。吉利发现，除了很多事以外，伯特的两个“合作者”——两位采集和处理了他所用数据的女士，要么根本不存在，要么

至少是在伯特写作包含她们名字的那些论文的时候与伯特并无联系。[1]

当然，伯特的主张仍然可能是正确的：基因和智商可能具有关联性。然而这里的关键只是伯特和他的研究不应该被当作权威信任。如此著名的人物这样公然造假很罕见，但是即便是如此少的案例也已经为质疑权威提供了理由，至少在他们的结果还没有被独立验证的时候。

我们可以问的最后一个问题是，到底为什么要诉诸权威。援引权威是给出保证。像我们在第三章中注意到的一样，人们通常通过给出保证来加强他们论证中薄弱的地方。令人惊讶的是，我们往往只要留意哪里用诉诸权威来支持就能发现论证的问题所在。除此之外，我们应该警惕依赖过多权威的论证（这个可以叫脚注过量谬误）。好的论证倾向于立足自身。

总结一下，依赖专家和权威在我们这个复杂且专业的世界是不可避免的。然而我们对诉诸权威仍需要审慎，并询问如下问题：

1. 所引权威是否真的是相关领域的权威？
2. 这种问题现在是否能通过专家一致意见解决？
3. 权威是否被正确引用？
4. 是否能信任所引权威说的是实话？

1 Stephen Jay Gould, *The Mismeasure of Man* (New York: Norton, 1981), p. 235.

5. 到底为什么要诉诸权威？

如果对问题1—4的回答是“是的”，那么诉诸权威可能有正当理由。然而，即便是最好的权威也会犯错，所以任何诉诸权威的结论都可能最终被发现是假的。我们可以诉诸更好的权威来降低错误，但是没有权威能够保证真理。

练习 3

针对以下诉诸权威，回答上文中的五个问题，然后判断每一诉诸权威是合理的还是谬误的。

1. 卫生局局长说吸烟对你的健康有害，所以确实如此。
2. 卫生局局长说堕胎是不道德的，所以确实如此。
3. 迈克尔·乔丹说飞人乔丹运动鞋是有弹性的，所以它们肯定是有弹性的。
4. 这肯定是一部很棒的电影，因为广告牌上写着《时代》杂志说它“棒极了”。
5. 我朋友乔说这部新电影很好笑，所以它肯定值得看。
6. 班杰利牌冰激凌肯定是最好的，因为我知道胖子弗雷德吃的冰激凌比其他人都多，而他说班杰利是最好的。
7. 其他星球上肯定有生命，因为很多伟大的科学家都在寻找它，所以他们肯定认为那里有。
8. 左撇子洛佩兹肯定是年度最佳投手，因为他获得了（由全美棒球记者协会颁发给年度最佳投手的）赛扬奖。
9. 瓦娜肯定是全美国最美的女人，因为她赢得了美利坚小姐比赛。

10. 聚会有 250000 名抗议者，因为它的组织者给出了这个数字。

11. 聚会有 250000 名抗议者，因为它的反对者这么说。

12. 真正的基督教徒应该散尽家财，因为《圣经》上写着“穷人有福”。

其他相关谬误

用来评价诉诸权威的那些问题也能够被用以评价其他通常被指责是谬误的常见推理类型。

诉诸民意

这里有一个例子：

> 美国人相信，如果我们卷入朝鲜事务，我们会困在那里很久。所以我们一开始就不应该入侵。

显然，这一论证依赖隐藏前提。按某一种重构，论证如下：因为美国人害怕困在朝鲜，所以他们反对美国卷入，而一个民主政府不应该做人民反对的事，所以我们不应该卷入朝鲜事务。该论证似乎还暗示了美国不应该卷入的另一理由——如果我们卷入了，我们的部队会困在朝鲜。相信它的唯一理由是很多美国人相信如此。所以论证似乎成为因为如此多美国人相信它，所以它肯定就是真的。

这样的论证不是诉诸权威，因为没有人能够算得上是权威或专家。相反，它是诉诸民意。如果民意已流传很久，论证就可以被称为诉诸传统。这类论证假定，当很多人对某个议题意见一致或长时间这样认为的话，它们可能就是正确的。这一假设往往是错误的。很多人都持有某一观点可能只是因为他们全都是从共同的源头获得的，比如电视或某个知名的政治家。那么，共有的观点就不可信赖，除非它的来源是可信赖的。当然，共有的观点可能是真的；一旦卷入，美国可能会困在朝鲜。但是为这一结论所做的论证仍然是谬误，因为仅凭某一观点被广泛持有并不足以显示该观点是正确的。

尽管这样诉诸民意往往存在谬误，但也存在一些领域，在其中民意就是真理的证据。如果读过一本书的大多数人都觉得这本书有趣且容易理解，那么它就是有趣且容易理解的。如果大多数人认为天空看上去是蓝色的，这就是天空看上去是蓝色的证据。因此，不是所有诉诸民意都是有缺陷或存在谬误的。

要确定某个特殊的诉诸民意是不是谬误，我们需要问几个与我们问诉诸权威类似的问题。这些问题包括：

1. 该观点是否真的被广泛持有?
2. 这类领域中的民意是否可能是正确的?

3. 到底为什么要诉诸民意?

即便粗略的检查都能揭示诉诸民意是谬误时，这样的论证似乎还是能让很多人信服。这可能因为很多人想要附和其他人，这样他们就能讨人喜欢且不必自己思考。

诉诸情感

其他相关谬误论证不是诉诸信念，而是诉诸情感。诉诸情感的一种通常的形式是诉诸同情。辩护律师常常详述被告的成长环境多么悲惨，或者如果被告进了监狱，他／她的家庭会遭受什么样的伤害。如此诉诸同情可能表明被告不应该被判最高刑罚。但是当这类诉诸同情被用于论证被告是无罪的或不应该被判有罪，那么该论证几乎总是存在谬误的。

诉诸恐惧也很常见，尤其是2001年9月11日基地组织摧毁纽约世贸中心以后。2005年伦敦遭受空袭之后，新闻主播和脱口秀主持都在抛出各种危言，比如“谁有危险？”“在美国我们是下一个吗？”“我们在美国有多安全？”“我们准备好了吗？”“我们是否能够阻止在美国发生地铁或巴士袭击？”还有“你可能会好奇，我们是否真的能重新感到安全？”平心而论，电视台问这些问题是因为他们知道观众想要知道这些问题的答案。当媒体不断激起恐慌又不能对真实风险提供客观公正的评估时就会产生一个问题。斯蒂芬 · 科拜尔在节目《威胁下》(The Threat Down)的环节中对这种散布恐慌的行为进行了滑稽的模仿，列出了越来越多肆意蔓延的恐惧。政客用夸大的恐惧为无法被人们面临的现实威胁所证明的昂贵政策赢得支持时，就产生另一个更为严重的问题。当然，恐惧有多少以及哪些政策可被证明是合理的仍有争议。当保守派用对恐怖主义的恐惧来证明他们的反恐政策合理时，自由派指责保守派歪曲了事实；当自由派描绘出全球变暖带来的影响的可怕图景时，保守派指责自由派夸大了事实。任何特殊政策的捍卫者都能说确实需要该政策来规避危害。当然，一些恐惧是合理的，包括对恐怖主义和全球变暖的那些恐惧。只有当诉诸恐惧被滥用，或是被夸大以导致人们偏离对实际存在的风险的准确评估时，它们才是存在谬误的。但这也常常发生；所以，只要任何人诉诸恐惧，我们就要问那些恐惧是否被夸大或是滥用了。

愤怒是很多论证会援引的另一种情感。例如，2004 年共和党全国代表大会第 3 天，民主党参议员泽尔·米勒宣称："今天的民主党领袖将美国视为一个占领者而非解放者；而没有什么比让人把美国军队称为占领者而不是解放者更让这支海军陆战队更抓狂了！"这句话引来热烈的掌声，即便米勒既没有提出理由反对称美国军队为占领者，也没有给出支持将其描述为解放者的理由。然而，一个愿意接受的听众会倾向于认为，要是如此受人尊敬的演讲人那样地愤怒（并且如果听众中其他人也有如此愤怒），那么愤怒所指向的必定是非常令人难受的某事。像对其他情绪一样，要评估这种诉诸愤怒，我们需要明白这些共同的假设，这样它们才能得到审慎的评估。

诉诸情感也可以是正向的。很多广告将产品与正向情绪相联系而发挥效用。每个人都知道仅在风景如画的背景下展示并不能让一辆轿车变得更好，但神奇的是广告中这样的背景却很能影响人们买同款车的意愿。相似的，条约或政府项目的支持者通常描绘出一幅如果条约或政府项目运作良好后生活会如何美好的图景。这类诉诸情感可能为其计划被采纳提供一些理由，但是如果每件事都不太可能运作如此良好，并且如果事态不对时可能产生严重的危险，那么这些论证就可能是非常有误导性的。因此，即便情感反应某种程度上是相关的，我们也必须小心不要让它们掩盖问题的另一面。

练习 4

指出下列论证是诉诸民意、传统还是感情（论证可能适用不止一种范畴。要是如此，解释理由）。之后确定它是否是存在谬误的，解释原因。

1. 欧洲好几个世纪里，女人被认定为女巫而被烧死，所以肯定有很多女巫。

2. 其他星球上肯定有生命存在，因为大部分人这么认为。只要读点小报就知道。

3. 大多数生活在美国的人认为美国是史上最伟大的国家，所以它肯定是。

4. 佛教徒比其他宗教的信众多，所以佛教中有更多真理。

5. 乱伦肯定是不道德的，因为全世界的人在很多个世纪以来都认为这是不道德的。

6. 过去和现在的几乎每一伦理体系都接受黄金法则（Golden Rule），所以它可能是有意义的。

7. 克里斯肯定无罪，因为十二名看过所有证据的陪审员同意无罪裁决。

8. “民意调查显示美国绝大多数人民希望更少的移民或者甚至暂停移民进入……这些是长久以来一直持续的结果。不可能大多数人一直是错的。”（引自美国移民改革联盟所做的广告，*Atlantic Monthly*, June 1995, p.67）

第十六章

空虚谬误

当论证不带来任何实质结论的时候，它是空虚的。这类情况有两种主要方式。有时论证一开始就假定了它的结论，所以论证并没有做出超出其前提的实质进展。另一种情况是，论证的结论是空洞的，所以论证没有任何具体的推进。这两种论证都是谬误的和空虚的，所以我们把它们称之为空虚谬误。循环论证和乞词都属于这一类别。通过自我封闭以使自身免受批评的那些立场也是一样。

循环论证

论证的一个目的是向心存怀疑的人证实主张为真。在典型的情境中，某人 A 提出一个主张；另一个人 B 对其提出异议；随后，A 试图找出论证来回应质疑并证实最初的陈述。用图表示就是：

A 主张 p 为真。

B 提出针对它的异议 x、y 和 z。

随后 A 提出理由来消除这些异议。

面对 B 的异议，A 的回应必须如何呢？在最简单的情况下，面对 B 的挑战，A 不能只是重复最初的主张。如果有人认为不用酷刑就无法遏止恐怖分子，那么在争论中再次原封不动搬出原主张——不用酷刑就无法遏止恐怖分子——作为辩护，就不会有任何帮助。那样的话，论证会变成如下：

不用酷刑就无法遏止恐怖分子。

∴ 不用酷刑就无法遏止恐怖分子。

当然，这个论证是**有效的**，因为如果结论不为真的话，前提不可能为真。另外，如果前提为真，那么论证也是**合理的**。尽管如此，在这个对话设定中该论证不具有效力，因为 B 对结论提出的任何异议同样也是对前提的异议，因为它们是同一的。

不幸的是，当人们循环论证的时候，他们并不总是让它容易分辨。通常，循环论证会被换个说法重述结论而掩盖。有些人可能会论证不用酷刑就无法遏止恐怖分子，因为如果不用酷刑，就没有其他办法能阻止恐怖分子。前提的意思和结论一样，所以这一推理还是循环的。

另一种掩饰循环论证的方法是隐藏重复结论的前提（见第五

章隐藏前提部分)。假设有人论证不用酷刑就无法遏止恐怖分子，因为他们冷酷无情而他们的目的是杀戮或残害无辜的平民。这一论证依赖于对任何要杀戮或残害无辜平民的人不施以酷刑就无法遏止他们这一隐藏前提。那么如果将恐怖分子定义为要杀戮或残害无辜平民的人，那么这个隐藏前提就还是归结为不用酷刑就无法遏止恐怖分子的结论。所以这个论证也是循环的。

还有另一种诡计是先提出一个陈述作为待证的结论，然后在过了很长一段之后——在一堆子论证或多次话题转换之后——又使用同样的陈述作为该结论的前提。考虑如下简单的论证：

> 阻止恐怖分子犯下可怕罪行的唯一方法是在其身上施加足够的痛苦来吓阻他们或迫使他们透露信息以使警方能够拦截恐怖袭击。因为这是唯一起效的方法，我们无法劝服他们或让他们放弃。我们不可能和他们交友或跟他们达成协议。我们不能收买他们或满足他们的要求。因此，不用酷刑就无法遏止恐怖分子。

如果第一句话是要为下面三句话提供理由，那么之后这三句话就不能用作最后一句话的理由而不使整个结论陷入循环，因为最后一句，“不用酷刑就无法遏止恐怖分子”和第一句话“阻止恐怖分子……的唯一方法是在其身上施加足够的痛苦”意思差不多。尽管在长而复杂的论证中很难甄别这种诡计，但如果论证串中任何前提重复或复述了最终的结论，这种推理仍旧是间接的循环论证。因此，当且仅当被用来直接或间接支持结论的前提中有一个等同于结论本身，我们就得到一个循环推理。

乞词

循环推理通常是糟糕的推理，但是要讲明它到底哪里不好并不容易。当我们留意那些并非严格意义上循环的论证所共有的基本缺陷，循环推理的问题就会变得更清楚。我们不去论证“不用酷刑就无法遏止恐怖分子”，而可以添加一些新内容得出新的论证来避免循环论证：

如果不用酷刑就无法遏止恐怖分子，那我就是猴子的叔叔。

我不是猴子的叔叔。

∴ 不用酷刑就无法遏止恐怖分子。

这一论证不是循环的，因为没有任何前提重复了结论。它也是有效的，并且可能还是合理的。然而，作为一个论证，它仍旧不怎么样，理由同“不用酷刑就无法遏止恐怖分子，所以不能不用”。问题出在它的第一个前提上。第一个前提是一个条件式，而它的后件（“我就是猴子的叔叔”）明显为假，所以第一个前提整体也为假，除非它的前件（“不用酷刑就无法遏止恐怖分子”）同为假。然而，这意味着为使第一个前提为真，结论也必须为真。因此，如果不是已经有了同样的理由确信结论的话，不可能有任何理由确信第一个前提。简言之，不可能有任何针对前提的独立理由。

更普遍地说，当且仅当（1）一个论证取决于不受任何独立于结论的理由支持的前提，并且（2）存在对这种独立理由的需求，则这种论证在上下文中可以被认定为在乞词（begs the question）。

说一个论证在这个意义上乞词并不仅仅是说它提出问题。那是体育解说员表达的意思，例如她说“他的伤提出问题（begs the question）即他是否还能及时回来打决胜轮”。短语 begs the question 通常的用法与谬误不同，但是它们也不是完全不相关。当论证的语境质疑为什么拒绝接受结论的人应该接受它的前提，并且这个疑问没有适当答案的时候，该论证也可以被看作乞词。

更准确地说，对独立确证的需求出自论证的语境及论证被用以实现的目的。前提需要独立理由的支持，例如在争论中或遭受异议且论证者的目的是给听众一些理由使其接受前提并进而接受结论时。有对独立理由的需要却没有被满足的事实解释了为什么论证会被批评犯下了乞词谬误。

这种谬误通常很难被发现，既因为它受语境的影响，也因为有很多方法隐藏前提取决于结论这一事实。因此，当人们没有更好的话可说时，尤其是在争议问题上，他们常常会使用乞词论证。例如，如下论证很常听见：

谋杀人类总是错误的。

死刑意味着谋杀人类。

∴ 死刑是错误的。

这里第一个前提因其定义而为真，因为所谓“谋杀”就意味着它是错误的杀害。然而，第二个前提是乞词，因为说死刑是谋杀预设了有争议的问题——死刑是错误的。死刑明显是杀害，但它是不是错误的杀害这一意义上的谋杀恰恰是有争议的。因此，任何反对结论的人会或应该明确地对第二个前提提出同样的异议，而如果不先为结论进行辩护就无法为第二个前提提供任何充分的理由。

比这更微妙的是，堕胎的反对者一贯将人类胎儿视作未出生的婴儿或直接就是婴儿。似乎如何看待胎儿无关紧要，但这并不是事实。堕胎争议中的一个核心是胎儿是否具有人的地位，从而也拥有任何人所拥有的权利。现代社会普遍承认婴儿是人并且因此具有人的权利。将胎儿视作未出生的婴儿（或直接看作婴儿），需要论证的关键被不加论证地视作当然。这就算是乞词。当然，很多堕胎的反对者力争人类胚胎具有人的道德地位，并因此不在争论中提出这个核心问题。然而，如果他们不给出这样的独立论证，那么他们就是在乞词。

与此相似，如果某人仅仅基于妇女有权利掌控自己孩子的命运来为堕胎合法的立场进行辩护，那也是在关键问题上用了乞词，因为它将胎儿是妇女身体的一部分而非具有自身权利的独立生命这一主张视作当然。当然，堕胎合法立场的捍卫者们不需要这种方式的乞词，但是他们却常常如此。一个论证或前提是不是乞词也取决于是否需要独立的理由，而这又取决于论证所给出的上下文。在论证乞词的一个方法是或明或暗地依赖于在特定论证语境中仍属争论议题的未经证实的前提。因此，将人类胎儿视作婴儿这一点在胎儿的道德地位不定的语境中会是乞词，但是当这点没有争议的时候就不是乞词。

因为乞词以这种方式依赖语境，在指责对手乞词之前，我们应该特别小心。有些人给每个反对者都扣上乞词的帽子，几乎成了一种本能反应。然而，即便一个反对者使用了你反对的前提，这也不能表示该论证是乞词，因为你的反对者可能有大量的独立证据来支持该前提。在你指责对方乞词之前，你应该先让他们展示一下支持争议前提的理由。如果他们能够拿出独立理由，那么他们就没有犯下乞词谬误，而你能从中学到一些东西。然而，如果他们没有任何支持前提的独立理由，那么他们就确实就在乞词。

练习 1

下列论证是否包含循环论证？在某种语境中它是不是乞词？如果是，是在哪种语境中？解释你的答案。

1. 我的一个学生说我是她最爱的教授，而我知道她说的是实话，因为没有学生会对她最爱的教授撒谎。

2. 能使人醉的饮料应该被禁止，因为他们会让人烂醉。

3. 资本主义是唯一正确的经济体系，因为没有它自由企业制是不可能的。

4. 自由贸易对国家来说是好的，因为它能让国家享受畅通无阻的货物流动带来的所有好处。

5. 枪支控制法是错误的，因为它们侵害了公民持有枪支的权利。

6.B 向 A 申请一份工作：

A：我们怎么知道你是值得信赖的？

B：戴维森会给我写一封推荐信。

A：但我们又为什么要相信他？

B：我向你保证他诚实且严谨。

7.《圣经》是上帝绝对无误的言谈，因为上帝只讲述真理，并且上帝在《圣经》中反复告诉我们《圣经》里都是他的话。

8. 我们要接受改变，因为没有改变就没有进步。

9. 婚前性行为是错误的，因为婚前性行为是通奸，而通奸是一种罪行。

10. 合法饮酒年龄应该降至 18 岁，因为 18 岁已经足够成熟到可以饮酒了。

11. 我们不应该给同性恋颁发免政审资格，因为他们可能被威胁泄露机密信息。他们易遭受威胁，因为我们如果发现他们是同性恋，会吊销他们的免政审资格。

12. 有自杀倾向的人是神志失常的，因为他们想要杀了自己。

13. 杰弗里不可能真的疯了，因为他自己说自己疯了。

讨论问题

1. 解释往往会以论证的形式出现，有时看上去像是循环的。下列论证是循环的吗？它们是不是乞词？它们是否在其他方面是有缺陷的？为什么是或为什么不是？一般来说，如果有的话，什么时候循环论证能够提供好的解释？

A. 汤姆：为什么今年那么多人搬离克莱尔蒙特？

苏：因为它今年经济滑落太快了。

汤姆：但它的经济为什么滑落这么快。

苏：因为那么多人都搬离了本市。

B. 艾米：为什么坐在跷跷板上的贾里德现在向下沉？

约翰：因为跷跷板另一端的杰里迈亚正在向上翘。

艾米：但为什么杰里迈亚会向上翘呢？

约翰：因为贾里德正在向下沉。

2. 解释下面段落中约翰·穆勒的论证。你是否同意？为什么是或为什么不是？

必须要承认，在每一个被认为是作为论证要去证明结论的三段论中，都存在循环论证（petitio principii）（乞词）。当我们说，

所有人都会死。

苏格拉底是人。

∴ 苏格拉底会死。

三段论理论的反对者毫无疑问竭力主张命题“苏格拉底会死”已经在“所有人会死”这个更一般的假设中预设了；我们无法保证所有人都会死，除非我们已经很确定每一个人都会死……简言之，任何像这样从一般到特殊的推理都不能

> 证明任何事情，因为我们无法从普遍原则中推出任何原则本身已经假定好了的那些特殊的内容。[1]

自我封闭

某些立场的特色就是没有证据能够反驳它们。这可能听上去是一个立场所具有的很棒的特征。然而，事实上，它通常使得该立场毫无意义。我们可以从一个愚蠢的例子讲起。一个完美的圣人宣称能够预测未来的详貌。完美圣人的预言是如下这样的：

> 从今天起两周后的 4 点 37 分，你会做的刚好是你那时正在做的事情。

显然，你那时正在做的任何事情都会刚好是你正在做的事情，所以这个预测不可能出错。但这仅仅因为它没有告诉我们任何有关未来的具体情况。不论发生什么，预言都会为真，而这正是它的问题所在。预言是空洞或无意义的。

当然，人们并不总是做出这种预测，但是有时他们所持立场与此类似的空洞或无意义。一个先知宣称能够预测未来，但是每

1 John Stuart Mill, *A System of Logic* (London,1843) book 2, chapter 3, section.

一次预测不准，她都会说这是有人设置了坏的感应，干扰了她的视线。所以，如果预测是准的，她会说这显示了她的预见力；如果最后证明不准，她会用干扰的说辞来解释。这样，不管发生什么，先知的预言总是洞烛先机、无懈可击的。她所谓的预见力和完美圣人的预测一样空洞、无意义。

以这种方式建立起来的不可能被反驳的立场就称作自我封闭。自我封闭的立场就是一个被构建为不论发生什么都不可能找到反对它的证据的立场。这显示了它的空虚，也正是出于这个原因，我们要反驳它。

人们并不总是公然抱持自我封闭的立场；他们往往倾向于回溯到这些立场上去。认为美国经济被一场犹太人的国际阴谋操控的人会指出，有犹太血统的人（或有犹太人名字的人）霸占金融机构的重要职位。这尽管是非常薄弱的证据，但是至少还算是证据。其对立面似乎有更强的证据：这些机构中有大量非犹太人员工。为了进行反驳，现在这人又会辩驳说这些人中有很多是隐秘的犹太人，或者是犹太人大阴谋的工具。犹太人允许一些非犹太人掌握重要的职位，是为了掩盖他们的阴谋。有什么证据呢？实际上没有，但是这更证明犹太人的阴谋有多么隐秘狡猾。到这里，该立场就变成了自我封闭，因为所有能用来反对大阴谋存在的证据都被转变成了证明该阴谋精明的证据。

意识形态和世界观容易自我封闭。马克思主义的意识形态有时就具有这种特质。如果你看不到马克思主义意识形态的真理性，那只能说明你的社会意识觉悟还不够。你反对马克思主义意识形态的事实恰恰说明你还没有充分理解它，而且你还需要再教育。这完全就是自我封闭。有时候，精神分析理论也会有同样的自我封闭。那些强烈反对某些精神分析言论的人们会被指责是在压抑这些状况。如果一个男孩否认他想杀了自己的父亲，然后跟母亲发生关系，这一否认本身就被视作这种强烈欲望以及他不肯承认它们的证据。如果这类推理过了头，精神分析理论也会变成自我封闭且空洞。弗洛伊德意识到了这种危险，并对此提出过警告。

到目前为止，我们已经见过论证自我封闭的两种方式：(1) 它可以捏造临时或武断的方式忽略每个可能的批评。先知总是能够推诿给干扰因素而无须说明到底干扰因素是什么。反犹的人总是能够用犹太人的精明去化解所有的反面证据。我们可以称这种为抵消一切的自我封闭。(2) 一个理论也可以通过攻击批评者来反驳批评。马克思主义的批评者常被指责具有堕落腐朽的资产阶级意识，导致他们对阶级斗争的事实视而不见。精神分析理论批评者的回应被当作压抑、反向形成或类似的东西进行分析（随后被化解）。这里自我封闭是通过诉诸人身谬误达成的。我们可以称这种为居高临下（going upstairs）的自我封闭，因为理论家居高临下地看着他的批评者。

还有一种自我封闭的方式：(3) 遣词造句的方式使得一个立场经由定义为真。例如，一个人强烈认定，人类的所有行为都是自私的。这是一个很有趣的观点，但是它可能是错误的，因为很容易想到人们做出自我牺牲行为的例子。要驳斥这些明显的反例，该论证就有了下面的转向：当一个人做出自我牺牲的行为时，她想要做的是去帮助另一个人，即便付出代价。这是她的欲望或动机，并且这是她要去实现的事情。所以该行为归根结底还是自私的，因为这个人通过行为来实现她所想要的事。这是向自我封闭滑动，因为再援引任何行为作为反面证据——即使是英勇的自我毁灭行为——都没有帮助。如果一个人意欲做某事，即便期间会牺牲她的生命，那么她就是在实现自己的欲求，而这样的行为还是被认为是自私的。

发现其中的诡计并不困难。论证者选择以一种新的、奇特的方式使用“自私”一词：如果一个人做她想要做的事情，那么她的行为就是自私的。这不是我们通常所说的自私。如果一个人过于在意自己的利益，不惜牺牲他人利益，那么我们通常说她的行为是自私的。按照对“自私”一词的标准使用，认为人类所有行为都是自私的观点有无数的反例。但是，当在新的意义上使用“自私”一词时，即“自私的行为”基本等于“行为”的时候，这些反例就不适用了。关键在于按“自私”的这种新的含义，说人类所有行为都是自私的就变得空洞（或近乎空洞的）。因此，按一种解读（日常解读），人类所有行为都是自私的这一观点是有趣但错误的。按其他解读（一种非日常解读），该观点为真却是空洞的。通过在这两种立场之间来回两步极速跳跃，该观点获得它全部表面的利益和合理性。

自我封闭论证在压力之下通常以这种方式改变它们的形式。某人可能开始持有有意义的立场显示事实是这样而不是那样，但是在批评的压力下他会自我封闭立场以至没有证据能够算作它的反例。以这种方式犹豫不决的理论要么是空洞无意的，要么是错误的。如果自我封闭，那就是空洞的；如果不是，它就是错误的。

一种对付这一诡计的好策略是从指控使用这种论证的人说的都是些枝微末节、空洞或无聊的事情着手。要回应该指控，如果他／她说某事很特殊和重要，那么论证就能够沿着正常的路线推进。但要让人这么说清楚讲明白并不总是那么容易。如果你检验一下马克思主义者和反马克思主义者之间，精神分析学家和精神分析的批评者之间，还有那些持不同宗教观点的人之间的争论，这一点就变得很清楚明白了。他们的立场往往封闭，彼此互相隔离异议，而他们的论证几乎总是自说自话。

尽管我们已经强调了大范围的意识形态如何能变成自我封闭，但日常生活中小范围的主张也常常自我封闭以隔绝任何可能的驳斥。事实上，有很多常用语用于这一目的。如果有人说，“所有真的保守党人都支持在校祷告”，而一个批评者点出一名反对在校祷告的保守党人，那么最初的言论可以通过说“他不是真正的（或实际并不是）保守党人”来辩护。如果每种情况下都反复搬出这种回应，就显示最初的言论没有排除任何事情。与这类似，称“某些学生需要比其他人更努力用功，任何学生如果足够用功都会取得好成绩”，只要通过宣称任何用功但成绩不好的学生都不够用功就可以得到辩护。最后，某人说“如果你彻底地考虑一下，你会同意我”，他能够忽视不同意他的人而只靠不承认对方已彻底考虑过。当然，这些术语——“真正的”、“实际”、“彻底”和“足够”——并不总会造就自我封闭的立场。不过，这些通用术语通常用来封闭立场，隔离任何可能的批评。当以这种方式使用这些术语时，产生的立场是空洞的，并且能够像批评自我封闭的意识形态一样批评它们。

讨论问题

1. 安东尼·弗路（Antony Flew）写过著名的一段：

> 现在对于不信教的人来说，仿佛还没有可信的事件或事件序列，它们的发生能够让成熟的宗教人士认可为承认“并没有上帝”或“上帝并不真的爱我们”的充分理由。有人会告诉我们，上帝爱我们如同父亲爱他的孩子。我们得到安抚。但是之后我们看到一个孩子死于无法手术的喉癌。他尘世的父亲发疯一样竭尽全力救他，但是他的天父却没有显现出明显的关心。此时有一些限定——上帝的爱“不仅仅是人类的爱”或它可能是“高深莫测的爱”——而我们意识到这样的解释与“上帝爱我们如同父亲（但是，当然……）”这一断言的真实性并行不悖。我们又一次得到安抚。但我们可能接下来会问：这种对上帝（适当限定过）的爱的保证值得吗？这一明显的保护实际是针对什么的保护？到底必须发生什么才能够不仅是（道德上和错误地）引诱我们，更是（逻辑上和正确地）使我们有权说出“上帝并不爱我们”甚或“上帝并不存在”？[1]

1 Antony Flew, “Theology and Falsification,” in A. Flew and A. MacIntyre ed. *New Essays in Philosophical Theology* (New York: Macmillan, 1955), pp. 98-99.

你要如何回答弗路的问题？如果对弗路问题的回答是没有任何事情能够赋予我们这么说的权利，一如弗路所暗示的那样，那么这是否显示像这样的宗教立场是自我封闭的？是否显示它们是空洞的？为什么是或为什么不是？

2. 达尔文自然选择理论的一些神创论批评者论证如下：

> 自然选择是一个同语反复的概念（循环推理），因为它仅要求最适应（环境）的生物留下最多的后代并且同时它认为最适应环境的生物就是那些留下后代最多的。这样自然选择好像并没有为突变如何造就更适应环境的生物提供可检验的解释。[1]

该论证是否显示达尔文的理论是自我封闭的？自然选择的捍卫者如何做出最佳回应？

1 Duane T. Gish, Richard B. Bliss, and Wendell R. Bird, "Summary of Scientific Evidence for Creation," *Impact*, May/June 1981, pp. 95–96.

第十七章

反驳

第一章展示了论证能够如何用于证明和解释，但是论证也能够用于另一种目的：反驳。本章将解释反驳的性质并探讨论证得以反驳其他论证或主张的几种主要方式。这些反驳的方式包括有反例、归谬法以及并行推理。最后这种反驳可以揭露之前章节介绍过的谬误之外的大量其他谬误。

什么是反驳？

除了证明和解释结论，论证有时也被用来反驳其他论证。反驳一个论证就是要表明它是不好的。然而，一些作者错误地使用了“反驳”一词来表示更薄弱的东西。他们说，比如比尔·克林顿反驳（那些在他总统期间试图弹劾他的人）对他的指控，意思不过是他拒绝接受或回应了那些指控。然而，这并不是“反驳”一词的含义。要反驳对他的指控，克林顿应该给出理由使人相信那些指控是错误的。反驳一项指控必须给出充足的反对它的论证。比起简单地否认指控，这要花费更多功夫。

另一方面，我们无须证明一个论证结论为假就可以反驳它，记住这点很重要。如果对一个论证的反驳能够提出无法回答的异议，那么它就是充分的。因此，成功反驳的类型反映了好论证的评判标准，因为反驳的关键是要表明这些标准中有一项没有被满足。这样，反驳就有了四种主要形式：(1) 我们能够论证前提中的某些内容是可疑的甚至是错误的；(2) 我们能论证论证的结论导向荒唐的结果；(3) 我们能够展示从前提中得不出结论（在归纳论证的例子中，前提不能为结论提供足够强的支持）；(4) 我们能够展示论证是乞词。最后一种指控在第十六章中讨论过了，所以这里我们将集中在反驳的前三种方式上。

讨论问题

反驳一个论证是否与证明一个信念的结论为假是同一回事？是否和证明一个信念的论证无效或薄弱是同一回事？为什么是或为什么不是？

反例

攻击一个论证的第一要诀就是质疑它的某个前提。我们可以论证没有好的理由接受某个特殊前提为真，例如可以问“你怎么知道的？”如果该前提没能被证实，那么论证就无法证明它的结论。更强的方式是，我们可以论证该前提实际为假。在第二种情况下，我们通过反驳它的前提之一来反驳一个论证。

通过表明前提为假来反驳一个前提的通行方法是找到一个反例。反例通常针对普遍的主张。这种方法是正确的，因为单一的反例就能显示一项普遍主张为假。如果有人宣称所有的蛇都产卵，那么指出响尾蛇直接生小蛇就足够反驳这一全称主张。如果此人退回到较弱的主张，即大多数蛇都产卵，保护词语会使得对该主张的反驳更加困难。蛇直接产仔的单一例子不足以反驳该主张，我们必须得说明大多数蛇都不产卵。在此，我们可以不尝试反驳陈述，而是要求此人对其主张进行论证。我们可以攻击他的论证。最后，如果此人退守到非常弱的主张，即至少有一些蛇产卵，那么这一陈述变得非常难以反驳。即便假设它是错误的（实际并不是），要表明这一点我们也必须得检查每一条蛇并且确认它并不产卵。所以，作为一条简便的法则，我们可以说一个陈述越强，越容易受到反驳；陈述越弱，越不易受到反驳。

当一个全称主张被单一案例反驳，该案例就是这一全称主张的反例。推理的类型异常简单：要反驳特定种类中每一项都具有某种特征的主张，我们只需要找出该种类中缺乏此特征的一项。回应反例时，很多人只是重复有误导性的说法，“那只是个证明法则的例外”。大多数人并没有明白“证明”最初意味着“检测”，所以这一说法只表示一个明显的例外能够被用来检测法则或全称主张。当该例外是真的反例时，这一全称主张就没能通过检测。

只有两种方法来抵御被提出的反例，捍卫全称主张。因为全称主张说特定种类中所有项都具有某种特征，所以（1）可以否认明显的反例实际上是该种类中的一项，或者（2）可以否认所谓的反例实际上缺乏该特征。例如，一个为所有蛇都产卵这一主张辩护的人否认（1）响尾蛇是蛇，或者否认（2）响尾蛇生小蛇。在这个例子中，两种回应都不是可信的。也就是说，这使得该反例是**决定性的**。

其他反例不是决定性的。实际上，有些所谓的反例完全迷失了它们的目的。如果一个人宣称除了响尾蛇以外所有蛇都产卵，有人可能用其他反例回应：公蛇。这个反例实际并不反驳预期的主张，因为该主张指的是各种雌蛇的生产方式。

当一个反例可以用简单的澄清或修正回答，而不影响最初主张的基本强度时，它就是一个**浅层**反例。一个**深层**反例需要以更重要或有趣的方式修正最初主张。浅层反例有时会像笑话一样好玩，但往往无助于反驳论证，因为基本上原来的论证只要轻微改变就恢复效力。实际上，给出太多浅层反例的人很让人烦躁。如果你真的想理解实质问题，你应该寻找深层反例。

伦理学是一个争论经常造就反例的领域。考虑传统的道德准则“己所不欲，勿施于人”。这条原则体现了一个重要的道德洞见，但是如果严格按字面意思，它也受制于反例。一名被告被判犯有谋杀罪之后，法官判处该被告入狱监禁，即便这名法官并不想受到同样的待遇——她并不想被判入监。这则黄金法则本意并不要阻止法官的行为，尽管它看上去是这样的。相反，一个施虐狂享受抽打别人。当被问到他是否愿意被以同样的方式对待时，他回答“愿意”。很明显，黄金法则并不是要赞赏施虐狂的行为，但是它看上去是。那么，任务就是重新表述黄金法则以避免这些（以及相似的）反例。那并不如想象中那么简单。

不提及摩根贝瑟的反例，任何对反例的讨论都是不完整的。尽管时间的迷雾已经掩盖了故事的原貌，但它仍以下面的形式从20世纪50年代来到我们面前：一堂课上，一名英国哲学家声称，他知道很多语言中双重否定都表示肯定，但是没有一种语言中双重肯定表示否定；教室的后面，出现了悉尼·摩根贝瑟的反例，“是的，是的”。

练习1

如果可能，给下列主张找一个反例。

例子：主张：“糖”（Sugar）是唯一一个 *s* 发音为 *sh* 的单词。

反例：哦，当然（sure）。

1. 没有素数是偶数。
2. 三点总能确定一个平面。
3. 填充氦气的气球总是能在空气中起飞。
4. 所有的哺乳动物都产仔。
5. 你永远都不可能从一件好事上得到太多。
6. 你不知道的事情不可能伤害你。
7. 你不能太过仔细。
8. 说谎总是错的。
9. 你应该从不要求别人做你自己不想做的事情。

10. 如果很多人做某事，那么我做它肯定就是错的。

11. 如果做某事对每个人来说都是可怕的，那么对任何人来说，做它就是道德上错误的。

12. 如果做某事对每个人来说都是可怕的，那么对任何人来说，做它都不是道德上错误的。

练习 2

下列主张不可能有任何反例。解释原因。

1. 月球上有生命。
2. 杀戮总是错误的。
3. 任何矮个的人都是人。
4. 每一匹马都是一个动物。
5. 2 + 2 = 4。

特殊的反例通常能用来反驳主张，但仅当那些主张是普遍的时候，那么我们要如何反驳并不普遍的主张呢？一种方法是展示待反驳的主张包含某些荒唐或可笑的东西，与任何特殊反例无关。这种反驳称为归谬法，即还原至荒谬。归谬法，就像简称它们的那样，能反驳很多不同种类的命题。它们有时指向论证中的一个前提，有时也能被用来反驳结论。这种反驳方法不是要精确展示对于结论来说该论证到底出了什么问题，但是它会显示该论证有问题，因为当该论证的结论为假时，它不可能是合理的。某些情况下，那可能就足够了。

例如，假设某人辩称因为存在最高的山和最重的人，所以肯定也有最大的整数。我们可以按如下论证回应：假设存在最大的整数，设定其为 N；因为 N 是一个整数，N+1 也是一个整数；另外，N+1 大于 N；但是说任何一个整数大于最大的整数都是荒谬的；所以，我们的假设——存在最大的整数——肯定就是错误的。

在这个数学例子中，我们得出了矛盾，不过还有其他形式的荒谬。假设一个邻居告诉一位家长，“本地的公立学校太差了，你应该把孩子送去私立学校”，而这名家长回答说“你是不是觉得我很有钱？”。这一反问句的关键在于认为他有钱是荒谬的事情，大概邻居从他的生活方式或房子就很容易看出来。这位家长没有钱，无力负担私立学校费用，所以邻居的建议毫无意义。

荒谬经常间接得出。英国议会就死刑的辩论提供了一个极佳的例子。一名议会成员支持死刑的理由是其他选项——终身监禁——比死刑更残酷。这一主张遭到以下回应：按照这一观点，那些被判犯有一级谋杀罪的人应该被判终身监禁，而死刑应该判给犯下更轻罪行的人。第一位发言人可能会以若干种方式回应，因为这一归谬法依赖于第一位发言人能够质疑的背景假设。第一，他可以否认最严重的犯罪行为应该得到可能的最严厉的刑罚。如果第一位发言人将终身监禁视作过于残酷而不应加于任何人，那么他可能会呼吁废止终身监禁而改死刑为最严厉的刑罚。或者，第一位发言人可以宣称，即使死刑比终身监禁要轻，但它从某些其他方面看仍旧适合最严重的罪行，即一级谋杀罪。最后，当然，第一位发言人可以简单地接受所说的荒谬结果并且将终身监禁判给一级谋杀，而将死刑判给较轻的罪行。然而，事实上第一位发言人并不愿意接受这些选择中任何一个。他只是用了一种修辞伎俩，然后被揭穿了。

这些归谬法相当好，但是其他归谬法却因为各种原因而无法成功。要成功反驳一个主张，归谬论证必须满足两个主要的条件。第一，结论必须确实是荒谬的。对手通常试图将一个观点推至荒谬，但实际上却只得出该观点可能完全不荒谬的结论。例如，在一场著名的争论中，托马斯·赫胥黎为进化理论辩护，威伯福士主教质问赫胥黎，他是从母亲家族这一边由猿演化而来的，还是父亲家族这一边。这个问题是想在人群中激起笑声，它做到了，部分原因是他们和威伯福士一样认为对这一问题的任何回答都会很荒谬。然而，赫胥黎却可以回应他从父母两系由猿演化而来。因为这一回应并不真的荒谬——不考虑它对于威伯福士来说多么荒谬——主教的尝试并没有真正驳倒赫胥黎的主张。

另一些案例中，一个人不能否认特定结果确实可以是荒谬的，但归谬法仍不能成功，因为待反驳的主张并不真的隐含荒谬。例如，有时对手说进化理论表示动物都是持续逐步进化的，所以它们不可能分裂为独立的物种。这会是荒谬的，因为很容易观察到不同的物种。然而，进化理论并不真的隐含荒谬，所以这一归谬法没能反驳进化论。它不能满足成功的归谬法的第二个条件，即待反驳的主张必须确实隐含荒谬。

最后，与反例中的情况几乎相同，归谬法可以是深层的也可以是浅层的，注意到这点至关重要。有时一个主张中确实隐含了荒谬的结果，但是只要以轻微的方式进行修正就能避免。例如，如果一名球迷说“老虎伍兹比任何高尔夫球手都要好”，有人可能会回应：伍兹自己也是一名高尔夫球手，所以这一主张是说伍兹比他自己还要好，太荒谬了。当然，球迷的意思是说“伍兹比其他任何高尔夫球手都要好”。所以这个归谬法是浅层的，而主张的力度通过轻微修正就能得到修复。只有当归谬法展示一个主张暗含了不加根本变更或干脆彻底放弃就无法避免的荒谬结果时，归谬法才是深层的。

总而言之，归谬论证力图展示主张 X 是错误的，因为它暗含了另一项荒谬的主张 Y。要评价这类论证，应该回答如下问题：

1. Y 是否真的荒谬?
2. X 是否真的暗含 Y？
3. 是否能够以轻微的方式修正 X 以使它不再暗含 Y？

如果前两个问题的答案是否定的，那么归谬法就失败了；如果第三个问题的答案是肯定的，那么归谬法就是浅层。否则归谬论证就是成功且深层的。

练习 3

依次询问上面问题以评价下列归谬论证。

1. 待反驳主张：即便最糟的敌人也能够成为朋友。

归谬法：如果人们是敌人，那么他们就不是朋友。如果他们变成了朋友，那么他们就不是敌人。所以认为敌人可以做朋友是荒谬的。

2. 待反驳主张：这个球通体既一直是红的又一直是绿的。

归谬法：如果它是红的，它反射一定波长范围内的光。如果它是绿的，它反射另一波长范围内的光。这些范围相互并不重叠，所以认为有东西能够反射各种光的想法是荒谬的。因此，一个球不可能通体一直是红色的或一直是绿色的。

3. 待反驳主张：大部分乌比冈湖区的孩子们（智商）超过平均水准。

归谬法：如果是这样，（智商）平均水平将高于它实际情况；而那样的话大多数乌比冈湖区孩子（智商）高于平均水准就不会是真的。

4. 待反驳论证：你的大脑空间几乎是空的，因为其中的亚原子粒子都很分散。

归谬法：那是荒谬的，因为我的大脑是密实的，并且它运作相当良好。

5. 待反驳主张：有些事物是无法想象的。

归谬法：考虑一些无法想象的事物。因为你考虑了它，所以你想到了它。而这样它既是可以设想的，又是无法想象的。那很荒谬。所以没有事物是无法想象的。

练习 4

构造归谬论证反驳下列主张。如果无法找出这样的归谬论证，解释原因。

1. 有些姐妹是叔侄关系。
2. 有些父亲从没当过孩子。
3. 上次测验大部分学生成绩优于中等成绩。
4. 本班的学生几乎人人都出类拔萃。
5. 每一全称主张都有例外。
6. 我知道我一无所知。
7. 一些道德上错误的行为是道德允许的。
8. 上帝存在于时间之外，而我们终有一天会见到他。
9. 镇上有一位男性理发师给镇里所有无法给自己理发的人理发。（提示：他给自己理发吗？）
10. 这个练习中大部分句子都是真的。

讨论问题

1. 普莱西诉弗格森案（*Plessy v. Ferguson*, 163, U.S.537, 1896），质疑一条要求在列车车厢上进行种族隔离的法律的合宪性。该隔离法的反对者给出了下列归谬论证。隔离的支持者要如何回应该论证？他们的回应是否充分？是否有任何充分的回应？为什么有或为什么没有？

能证明州议会要求铁路为两个不同种族提供分离接

待正当的论证，同样也能授权他们要求提供隔离车厢给那些特定发色的人，或外来人员，或特定国籍的人，甚至会基于街道一边和另一边一样好，或一种颜色的房子或车辆与其他颜色一样好的理论，通过法律要求有色人种沿着街道一边行走而白人走另一边，或要求白人的房子刷成白色而有色人种的房子刷成黑色，或要求他们的车子、商业标志必须是其他颜色。

2. 很多无神论者用下列归谬论证反驳对上帝的信仰：上帝被定义为全善全能（也是全知）的。如果上帝是全善的，那么上帝会尽其所能阻止恶。如果上帝是全能（以及全知）的，那么上帝能阻止全部恶。因此，如果历史上的上帝确实存在过，那么世界上应该没有恶。但那是荒谬的。很明显世上遍地是恶。因此，上帝并不存在。评价这一归谬论证。宗教信仰者最好的回应会是什么？

稻草人和假二分法

当人们试图用反例或归谬法反驳的时候，非常容易冒进。普遍规则是这样的：试图反驳某人的主张之前，确认你真的理解了他／她的立场会很重要。如果你误解了对手的主张，却还是开始着手攻击一个特定主张，那么你攻击的这个主张将不是对手所提的主张。你甚至可能无法反驳任何人曾实际持有的任意立场。这叫作攻击稻草人谬误。

有时作为修辞策略的一部分，人们有意攻击稻草人。他们故意错误描述对手的立场，通过将对手与真的很愚蠢的主张联系在一起，使对手看上去愚蠢。例如，如果有人提议将在高中提供免费保险套作为减少未成年人怀孕和性传播疾病的一种途径，一名反对者可能会回应："我认为你想让高中生有更多的性活动！"当然，那并不是真正被提议的内容。与此相似，如果有人支持放松大麻管制，一名反对者可能会回应："你是否想让每个人都一直犯毒瘾？你是否想要我们的社会遍布瘾君子？"这种攻击稻草人可能会愚弄一些听众，可能会点燃他们的恐惧，但是它并没有反驳任何真正关于大麻合法化的论证。

攻击稻草人谬误也可能来自无心之过。一些人迷失在自己论证之中，忘记了最初要反驳的观点。对手也要负部分责任。如果某人含混地陈述她的立场，那么她是否要这样做出某个主张并不明晰。因此，他人真的会相信说话人采纳了该主张，于是可能会攻击那个更明确的主张。或者，批评者会反驳那个更明确的主张，只是要让说话人明确说出那不是她所要说的，以此来澄清她的立场。按这种方式，它对反驳并非说话人实际持有的立场可能很有帮助，即便这样做并没有反驳说话人实际持有的任何立场。

在更隐秘的情况中，稻草人通过一种相关谬误——假二分法设立起来。对于伊拉克战争，布什总统常说这样的话："我必须做出决定：要么接受一个狂人（萨达姆·侯赛因）的话，要么保卫美国。面对这样的抉择，我会一直保卫美国。”当然，关键的表达是“面对这样的抉择”。如果只有那些选项，那么布什的批评者也会一直保卫美国。布什的暗示存在的问题是他的对手不想保卫美国，相反会“接受一个狂人的话”。那种影射树立了一个稻草人。

政治空话充满了这类树立稻草人的假二分法。一个有线新闻台主持人据传曾经说过：“让政府收集我们的电话记录肯定不爽，但总比让他们为我们收尸好。”让我们期盼还有第三个选项！当然，反对政府收集电话记录的人认为还有其他方式避免危险。但有时候，他们随后会补充：“你要么抵制政府收集电话记录，要么就是根本不在意公民权利。”双方都用了假二分法。那些支持政府收集电话记录的人也关心公民权利，即使为了对抗恐怖主义而支持对民权的某种侵害（他们认为那是轻微的侵害）。

斯蒂芬·科拜尔滑稽地模仿了这种假二分法，他说，“你要么与我们一起,要么就是与恐怖分子为友”,“你要么支持（伊拉克）战争，要么就是憎恨美国”，还有最妙的是，“乔治·布什：伟大的总统还是最伟大的总统？”很明显，这里的诡计是给你某种选择，所以你最终遵从你所选择的选项，但是你只能选择科拜尔提供给你的选项。

听过他的二选一之后，科拜尔通常会再加一句:“如此简单！”最好的回应是看出这些议题通常一点都不简单。这些把戏之所以能奏效，部分是因为很多人希冀简单的选择，或者他们无法想出任何第三选项。不论何时有人告诉你只有两个选项，你都应该认真寻找其他可能性。每当你对这些选项的选择看上去显而易见的时候，你都应该问问被拒绝的选项是不是作为稻草人被提出的，而不像描述的那样势均力敌。

练习 5

下面的论证是否攻击稻草人？为什么是或为什么不是？

1. 任何认为美国不应该向伊拉克派军的人肯定都认为萨达姆·侯赛因强加给他的民众的痛苦无关紧要。

2. 任何认为美国本就应该向伊拉克派军的人肯定都觉得他们只会在那儿待一段时间。

3. 人类不可能是在上帝的图景中被创造出来的，因为上帝不是有形存在，而只有有形存在才能够拥有图景。

4. 无神论者认为上帝并不存在，所以万事皆被允许。但即便是无神论证也不得不承认我不会被许可杀了他们！所以无神论是胡说。

5. 进化论说人类与猿并无差别，但是人类明显比猿更聪明，所以进化论肯定是错误的。

6. 还是斯蒂芬·科拜尔："进化论的主要主张是有一天我们决定不再做猴子了，于是将我们自己转化为人类。好吧，如果那是真的，为什么没有更多的猴子从动物园里逃出来？好好想一想。他们可以变成人类，然后伪装成看门人，然后走出笼子。但是我猜进化论并没有关于那个问题的答案。"[1]

1 Stephen Colbert, *I Am America (And So Can You!)* (New York: Grand Central Publishing, 2007), p. 198.

讨论问题

在本地报纸、电视脱口秀或大学课堂上再找出五个攻击稻草人的例子。

并行推理反驳

即便前提和结论都无法用反例或归谬法反驳，但我们还是可以通过展示演绎论证无效来反驳它。我们知道，如果一个论证从真前提出发得出假结论，那么它就是无效的。然而，我们通常无法通过指出这一点来反驳一个论证，因为结论是真还是假才是焦点问题。当这一问题出现，典型的手法是指出以同样或相似方法论证会得到一个并不令人满意的结论。

这里有一个简单的例子：

> 凯瑞：这门课上大多数人都是大学生。大部分大学生学习刻苦。因此，这门课上大多数人学习刻苦。
>
> 大卫：那就像论证大多数鲸鱼都生活在海里，而生活在海里的大部分动物都是鱼类，所以大部分鲸鱼是鱼类。

乍看起来，第二个论证和第一个论证的关系可能并不明显。鲸鱼和学生有什么关系？然而，要点在于两个论证共享一个基本形式：大部分 A 都是 B，且大部分 B 都是 C，所以大部分 A 是 C。

如果因为这种形式第二个论证是无效的，那么第一个论证也会因为同样的形式而无效。第二个论证显然是无效的，因为它的前提为真但结论为假。这显示至少因为这一共同的形式，第一个论证是无效的。即便第一个论证基于其他基础仍旧可能是有效的，它的辩护者至少有了对于它有效性的另一种解读。通常不会有任何其他解读。

日常讨论中，通过展示论证正如其他论证一样明显不好来反驳它是一种普遍的手法。这里有另一个例子：

> 马修：如果我的薪水更高，我就能买更多的东西；所以，如果每个人都能有更高的薪水，每个人都能买更多的东西。
>
> 柯尔斯蒂：那就像是在论证，如果有个人球赛中站起来了，他的视野会更好；所以，如果每个人都站起来，每个人的视野都会更好。

乍看起来，马修的推理样式可能并不明显是有效还是无效的。通过提出一个例子，其中相同样式的推理让我们从为真的事导向明显为假的事，柯尔斯蒂的这个回应显示了马修的论证是无效的，因为如果球赛的时候每个人都站起来，将只有最高的人能看得更清楚。柯尔斯蒂的回应也展示了为什么马修的论证是无效的：正如一个人的视力会被其他站起来的人影响，因为这提升了能见所必需的高度，一个人的购买力也会受更有钱的人影响，因为这会提高价格并且因此提高购物所需的金额。

这种谬误通常被称作合成谬误（fallacy of composition），因为它依靠一个错误假设，即部分为真，由部分所构成的整体也为真。班里的每个人都有一位母亲，但是整个班并没有一个母亲。从长期平均温度看地球在变暖，即便地球上的某些地点有一年有凉爽的夏天。人们引用这些明显的错误展示具有相同形式的潜在误导性论证不是更好的论证，同时展示它为什么不好。通过使用这种并行推理反驳的方法，能揭露很多新的谬误。

当然，并不是每一个这种类型的反驳都如此简单或这么成功。要理解这种反驳奏效所必须达到的标准，思考一个更复杂的例子会很有用，该例子展示了一些方式回应以“那就像是在论证……”开头的指责。该例子涉及对枪支持有权的法律限制提议。美国全国步枪协会（NRA）担心这些限制会导致全面禁枪令，这是他们所反对的，所以他们广泛散发了保险杠贴标，写着：

（1）如果持有枪支是违法的，那么只有违法者会持有枪支。

关键在于大概大部分人都会添加如下隐藏前提：

（2）如果只有违法者持有枪支，那会很糟糕。

而后会得到结论：

（3）因此，拥有枪支不应该被定为违法。

这一论证并不完全清晰，部分原因在于谁算是“违法者”不明晰。一些批评者嘲笑这一保险杠贴标，因为如果违法者包含任何违反法律的人，贴标1以定义来看貌似就是真的，因为一旦拥有枪支是非法的，那么任何持有枪支的人都违反了法律。但是美国全国步枪协会所说的“违法者”可能指犯下严重暴力罪行的人，如抢劫犯或谋杀犯。如果拥有枪支是违法的，那么只有这些人会持有枪支并不绝对为真，因为警察和一些现存的枪支拥有者会继续持有枪支。然而，这些例外并未触动美国全国步枪协会的主要主张，即拥有枪支被划为违法行为时，那些放弃持有枪支的守法的人将会没有枪保卫他们不受暴力犯罪的侵害。

一个反对者要如何反驳这个论证？存在多种可能性，但是枪支管控支持者实际上做的却是分发其他保险杠贴标。其中有条上写着：

（1*）如果拥有口香糖是违法的，只有违法者能够有口香糖。

主要目的可能只是要滑稽地模仿美国全国步枪协会的保险杠贴标，但是如果我们更严肃地对待它，贴标1*也包含对并行推理反驳方法的运用。该并行论证会如下继续：

（2*）如果只有违法者有口香糖，那会非常糟糕。

（3*）因此，有口香糖不应该被定为违法。

然而，这一结论并不明显为假。实际上，它看上去是真的：应该允许人们嚼口香糖。另外，前提 2* 貌似为假，因为如果只有违法者嚼口香糖并不会有任何特别糟的事情发生。出于这些理由，这一保险杠贴标并不能真正反驳起先的论证。这一失败展示了两个普遍测试：只有当并行论证的结论确实无法接受，且只有当并行论证的前提确实为真的时候，并行推理反驳才能起效。

但是美国全国步枪协会的反对者并没有就此打住。他们分发了第三个保险杠贴标：

（1**）如果拥有枪支是违法的，那么只有违法者会误射他们的小孩。

这一新的保险杠贴标背后的论证仍旧不明晰。如果它是并行推理反驳的一个直白例子，那么并行论证会补充，“如果只有违法者误射他们的小孩，那会很糟糕”，并且总结说，“拥有枪支不应该被定为违法行为”。而那正是美国全国步枪协会想要得到的结论，所以这一最新的论证并不能反驳最初的论证。第三个保险杠贴标背后却有另一个论证。意思似乎是说枪支拥有者有时也会误射自己的小孩，而通过控枪法律减少持枪者的数目，我们能够最小化这类悲剧。那么论证就会展开如下：

（1**）如果拥有枪支是违法的，那么只有违法者会误射他们的小孩。

（2**）如果只有违法者会误射他们的小孩，那么会很好。

∴（3**）因此，拥有枪支应该被定为违法行为。

这一结论对美国全国步枪协会来说貌似为假，且该论证似乎显示相同的推理形式也会导向相反的结论：结论 3 和贴标 3**。另外，前提 2** 似乎为真。该前提并不是说违法者误射他们的小孩就是好的。相反，它是说如果没有人会误射自己的小孩将很好。到此为止，一切尚好。然而，要注意到最后的论证 1**—3** 和最初的论证 1—3 并没采取相同的形式，因为前提 2** 和结论 3** 涉及什么是好的，以及什么应该成为法律，然而前提 2 和结论 3 却涉及什么是糟的并且什么不应该成为法律。结论 3 包含一个否定，而结论 3** 中没有。

下一个问题是，这一不类似是否重要。如果不重要，那么最后那个保险杠贴标仍旧可以反驳最初的那个。然而，美国全国步枪协会可能会辩称这一差别至关重要。一条法律总体来说有不好的效果确实显示该法不应该被通过，而一条法律总体来说将有好的效果并不足以展示该法应该被通过，因为该法仍旧可能侵害个人权利，不能因为对其他人有好的效果就可以忽略个人权利。这一主张是有争议的，但如果它能够得到辩护，那么该并行论证 1**—3** 就没能展示最初的论证 1—3 是无效的。因而更普遍地说，并行推理反驳只有当两个论证确实具有相关相似结构才有效，即只有当一个论证确实在相关方面与另一论证恰恰相似的时候。

总结一下，通过展示在其他本质上具有相同形式的论证中，推理将我们从明显的真理带向了明显的虚假，并行推理反驳的方法就能被用以展示一个论证是无效的。作为对这种攻击的回应，最初论证的辩护者有三种主要的选择。辩护者可能会：

1. 否认并行论证的结论为假，
2. 否认并行论证的前提为真，或
3. 否认据称的并行论证确实在本质上具有与最初论证相同的形式。

如果这些回应中有任意一个得到确证，那么通过并行推理反驳最初论证的尝试就失败了。

诚然，这种步骤并不精确。有时，对于并行论证的前提是否确实为真或显然为真，以及并行论证的结论是否确实为假或显然为假还是会有争议。另外，我们并没有对两个论证有相同基本形式这一观念的普遍解释。前面章节中讨论过一些论证形式，但是它们只是一部分。我们并没有讨论过，也不可能讨论所有可能的论证形式。然而，不争的事实是，人们通常能够看出两个论证具有相同本质形式，并且通过看出这点来判断呈现给他们的论证是无效的。这种能力是合理逻辑判断的基础。它也是智力的基础。最好的略带风趣的说法是，如果上帝想让我们飞翔，他就会给我们翅膀。你应该足够聪明能够马上回答："如果上帝想要我们留在地上，他应该让我们生根。"

练习 6

在下列例子中，并行论证是否成功反驳了最初的论证？为什么是或为什么不是？考虑上文列出的三种可能回应。如果最初的论证被反驳了，是否有简单的方法可以修补它，使它不被并行推理驳倒？如果有，是怎样的？（你可以尝试添加一条前提，在该并行论证中它的相似性是假的。）

1. 克里斯：美国很富有，所以它的公民也都很富有。

帕特：那就像是在论证，一栋建筑很昂贵，所以它墙里的钉子也都很贵。

2. 沙文主义者：因为只有妇女可以生小孩，她们应该生小孩。

女权主义者：那就像是在论证，如果我是唯一一个能够摇动自己耳朵的人，那么我应该摇动我的耳朵。

3. 纽特：孤儿院是个好地方，像电影《孤儿乐园》演的那样。

批评者：那就像是在论证，奥兹国是个好地方，就像《绿野仙踪》写的那样。

4. 早上 6 点的小孩：现在是早上。早上是醒来的时间。所以现在是醒来的时间。

小孩还没睡醒的家长：那就像是在论证，现在是白天，而白天是吃午饭的时间，所以现在是吃午饭的时间。

5. 马克：你不应该走在草坪上，因为如果每个人都那么做，草就死光了。

鲍勃：那就像是在论证，我不应该现在去看这部电影，因为如果每个人都那么做，影院会被塞成沙丁鱼罐头。

6. 托马斯：世界上每件事都有原因，所以世界本身必须有一个原因。

托尼：那就像是在论证，接力赛中每一棒都是单一运动员完成的，所以整个比赛就肯定是由一个运动员跑完的。

7. 霍克：核威慑肯定有效，因为只要我们维持核威慑，我们从未有过互相动用核武器的状况。

德芙：那就像是在论证，在前门挂上大蒜肯定能防贼，因为我把大蒜挂在那儿，而我的房子从未遭窃过。

8. 自由派：我们应该给高中生提供保险套，因为不管怎样他们还是会有性行为。

保守派：那就像是在论证，我们应该给高中生配枪，因为他们总归还是会用枪。

9. 科学家：我在人类克隆技术上最初的尝试，不惯多么具有争议性，都是重大的，因为它们将讨论带入公众视野。

反对者：那就像是在论证，我们应该在房子里纵火，这样能使有关购买新的消防车的讨论进入公众视野。（改编自国家公共电台的真实访谈）

10. 国王："在你的陈述中，你宣称我们的行动，即便是和平的，也必须被谴责，因为它们引发暴力。但是否能合乎逻辑地做出这一断言呢？这是否就像是谴责被抢劫的人，因为他拥有钱财，引发了抢劫的邪恶行为？”（引自马丁·路德·金的《寄自伯明翰监狱的信》）

11. A：他拥有一辆红色的轿车，所以他拥有一辆轿车。

B：那就像是在论证，他拥有一只玩具鸭子，所以他拥有一只鸭子。

12. A：他抱着一个女婴，所以他抱着一个婴儿。

B：那就像是在论证，他在开一辆消防车（a fire truck），所以他在开一团火（a fire）。

练习 7

为下列论证找到具有相同基本形式的论证，其前提明显为真且结论明显为假。

1. 如果茶是危险的，那么咖啡也是。茶并不危险。所以咖啡也不危险。

2. 如果要下雨，那么天会阴。现在天阴。所以要下雨了。

3. 甜点，弗雷德不是吃了冰激凌就是吃了蛋糕。他吃了蛋糕。所以他肯定没有吃冰激凌。

4. 你无法通过法律禁止危险药品，因为没有办法在危险和不危险药品之间划出明确的界限。

5. 如果你从没写过一部小说，那么你就没有立场去评价小说。所以不要妄图批评我的小说。

6. 因为我已经写了好几部小说，我有立场了解哪部小说是好的。所以当我说这部小说很伟大的时候，你应该相信我。

7. 吸烟没有什么不好，因为你烟龄越长，寿命越长。

8. 如果一个人没什么见不得人的东西，他不应该畏惧受调查。所以不应该有人反对受调查。

9. 激进分子不应该被赋予言论自由，因为他们拒绝其他人拥有这项自由。

10. 在自然界中，当一个物种的虚弱成员都死光了之后，它更有可能存活下来，所以我们应该让我们社会中虚弱的人都死光。

11. 公共汽车比小轿车更费汽油，所以这座城市不能靠提供更多公共汽车来减少汽油消耗。

12. 拳击运动不会太坏，因为这么多人喜欢它。

13. 这场战争是正义的，因为公开讲反话就会是帮助我们的敌人。

14. 如果你不买最贵的鞋子，就会买便宜的鞋。你不想要便宜的鞋。所以你应该买最贵的鞋。

15. 我更想要聪明而不是强壮，所以我要放弃锻炼，然后整天泡在图书馆。

16. 你不想变成这个谋杀犯的下一个受害者，所以最好判她有罪并且把她送进监狱，在那儿她伤不到你。

17. 如果不是美国，这些难民将会无处可去。所以他们应该接受美国的生活方式并且放弃他们旧有的文化。

18. 你不可能是正确的，因为答案如果那么明显，之前就有人想到它了。